U0449202

希腊美食史

诸神的馈赠

A History of Food in Greece

Andrew Dalby　　**Rachel Dalby**

[英] 安德鲁·道比　[英] 瑞秋·道比 著

邵逸 译

图书在版编目（CIP）数据

希腊美食史：诸神的馈赠 /（英）安德鲁·道比 (Andrew Dalby)，（英）瑞秋·道比 (Rachel Dalby) 著；邵逸译. -- 上海：东方出版中心, 2025.3. -- ISBN 978-7-5473-2692-3

Ⅰ. TS971.205.45

中国国家版本馆 CIP 数据核字第 2025R9U382 号

上海市版权局著作权合同登记：图字 09-2024-0959 号

Gifts of the Gods: A History of Food in Greece by Andrew and Rachel Dalby was first published by Reaktion Books, London, UK, 2017, in the Foods and Nations series.
Copyright© Andrew and Rachel Dalby 2017.

希腊美食史：诸神的馈赠

著　　者	[英] 安德鲁·道比　[英] 瑞秋·道比	
译　　者	邵　逸	
策划编辑	沈旖婷	
责任编辑	沈旖婷	
封面设计	钟　颖	

出 版 人　陈义望
出版发行　东方出版中心
地　　址　上海市仙霞路345号
邮政编码　200336
电　　话　021-62417400
印 刷 者　上海盛通时代印刷有限公司

开　　本　890mm×1240mm　1/32
印　　张　13.25
字　　数　280千字
版　　次　2025年4月第1版
印　　次　2025年4月第1次印刷
定　　价　78.00元

版权所有　侵权必究
如图书有印装质量问题，请寄回本社出版部调换或拨打021-62597596联系。

献给莫琳和科斯塔

目 录

序 言
I

第一章
源 起 *4*

第二章
古典盛宴：最早的美食学 *50*

第三章
罗马和拜占庭风味 *94*

第四章
帝国重生 *139*

第五章
美食地理（一）：希腊之外 *180*

第六章
美食地理（二）：希腊之内 *217*

第七章
近代希腊的食物 287

尾声
欢宴 354

注释
367

参考文献
393

致谢
398

照片致谢
399

索引
403

序　言

　　这是希腊美食以及人们如何享用它们的故事。故事始于史前。没有人知道在那漫长的时光中说希腊语的人是何时最早到达这个国度的：事实上，确定希腊人何时开始品尝橄榄油、葡萄酒和优质的鱼类反倒更加容易。世界上最古老的享用地方特色美食和葡萄酒的传统形成于希腊古典时代。在罗马时代，尽管在财力和人口方面，希腊不过是一个无足轻重的行省，但这里出产的蜂蜜和山区香草闻名整个罗马帝国。拜占庭时代，希腊是帝国的中心地带，为中世纪欧洲带来了传奇的甘甜美酒。被奥斯曼帝国统治期间，再次沦为僻壤的希腊为奥斯曼帝国城市君士坦丁堡和士麦那提供食物，是散居全球的希腊侨民的来源国。现代希腊是一个民族国家，拥有全欧洲最多样的地形：群山和大海孕育了极具地方特点和鲜明个性的优质美食及美酒。古往今来，希腊一直有独特的饮食和节庆习俗；若是幸运的话，这些传统还将延续下去。

　　我们不清楚米诺斯和迈锡尼宫殿出现之前希腊存在什么样的政治活动。这些宫殿已经因为某种外力或它们自己的重量而坍塌，此后，政治地理永久地改变了。古典时代的希腊是一个令人钦佩但不安的世界，由独立的"城邦"组成，有些城邦不过村落的规模，这些城邦时常交战，总是面临被更大的城邦和帝国欺凌的威胁。波斯是欺凌者之一，然后依次是马其顿和亚历山大大帝后的希腊化君主们，再之后是最强大的罗马。罗马统治下的希腊相对稳定，向罗马传授了文明和烹饪方法，但算不上蓬勃发展。随着罗马帝国衰弱并被拜占庭——以希腊城市君士坦丁堡为首都——取代，希腊成为帝国的农场，但仍未能发挥全部发展潜力。帝国对希腊的发展不利，但它们终会衰落。拜占庭之后的奥斯曼帝国——仍以君士坦丁堡为统治中心——不是最好的帝国：最终也灭亡了。现代希腊——1832年独立，此后一直在扩张领土，直到1947年意大利被迫放弃佐泽卡尼索斯群岛——经历了许多起起落落。如今，希腊似乎又变成了一片"殖民地"，受制于游客，欠北欧——多数游客来自那里——的债；但其如今所属的无形新帝国也和其他帝国一样，终将走向灭亡。

扎金索斯岛坎比一家酒馆的希腊食物和葡萄酒

序　言

在本书中，我们从希腊的地形和人们从史前至今在这里发现的动植物食物开始，讲述希腊美食的故事（第一章）。随后，我们会梳理有文字记载的食物、烹饪和美食学①历史：古典时代（第二章），罗马和早期拜占庭时代（第三章），中世纪和奥斯曼时代（第四章）。此后，我们将着眼于居住在希腊境外的希腊人的饮食传统（第五章），再返回探索希腊各地区和岛屿的地方食物（第六章），最终我们考察整个希腊的现代饮食传统（第七章）。在简短的后记中，我们将希腊美食明确置于更广泛的欢宴②的背景中。这样的结构凸显了希腊对人类饮食文化的独特贡献。希腊独特的地形和微气候造就了丰富的地方农产品和地方美食学，在世界其他地区这些概念很久之后才会出现。希腊作为旅行和贸易枢纽的地位使其对外部世界极为开放，这种开放至今让希腊人热情好客。在这部合著作品中，历史方面的文字多是安德鲁撰写的，食谱和很多照片来自蕾切尔。我们对希腊地名的拼写能够全部保持一致吗？未能完全做到。在这段旅程中，蕾切尔从现代帕罗斯岛出发，安德鲁的起点则是2 700多年前的《奥德赛》。

---

① gastronomy，美食学是挑选、准备、提供和享用美食的艺术，是对食物及饮食文化的研究。本文脚注均为译者注。
② conviviality，指共同用餐、分享食物带来的愉悦感和社会关系。

第一章
源　起

　　陡峭的高山、低洼的平原、岛屿和海洋在这里紧密相连。山脉被郁郁葱葱的森林覆盖，长满生长缓慢的橡树、笃蓐香和椴树。山脚和平原相对干旱，主要是这三种树构成的开阔林地，南方还有一些杜松子。林地里有野梨、野梅、杏树、山楂、山茱萸、矮接骨木、蔷薇和黑莓，但梨树和梅树像山楂一样多刺，它们的果实没有听起来那么甜美。开阔的山坡传来百里香、鼠尾草和冬香薄荷的香味。掌握技巧、嗅觉灵敏的人还能找到其他香草——茴香、茴芹，可能还有香菜；豆类也不少——野豌豆、小扁豆、羽扇豆、家山黧豆——但不是我们最熟悉的豆类，而且并不是所有都可以不假思索地直接食用。低地被青草覆盖，长有值得搜寻采集的燕麦，此外，蒲公英和胡萝卜等植物的叶和根也颇有价值，不过，和豆类一样，这些也需要仔细挑选才能食用。应季的嫩芽、野芦笋等很好吃。开阔的田野上有野驴、野鹿和狍子在吃草。还有野兔、狐狸、野猪；松鼠和各种其他小动物，鸽子和很多其他鸟类。北方的山脉中栖息着巨角塔尔羊和臆羚，它们根据季节在高地和谷地之间迁徙。如果不算鸭子，湿地中最多汁的居民是蠕虫、蛞蝓和蜗牛。浅水中有贝类、虾和很多小鱼，河流中有体型略大的鱼，更多的大鱼在距离海岸不远的海域诱人地

第一章 源 起

徘徊。

我们从多山的大陆半岛说起,这个半岛从同样多山的北方大陆块向南延伸,朝向太阳的方向。半岛西侧是高耸的山脉,向东,高地逐渐下降为被更狭长的山脉分割的多片平原。大陆以东是一片中等深度的、有时风浪很大的广阔海域。这片海域中央有一个相对低洼的大岛——被称为"基克拉迪亚"(Cycladia)——和很多较小的岛屿,南侧,一座岛屿将这片海域与更广阔的海洋分隔开,这座狭长、极度多山的岛屿正是克里特岛。因此这片海域不完全是内陆海。有时它的北侧会完全封闭;有时一条狭窄的海峡从东北部切入,将其与北方遥远的、有冰融水流入的深海相连。位于这条时断时续的海峡两侧的北部和东部海岸拥有广阔的、大草原般的平原,几条大河从中穿流而过。

北方的群山中有凶猛的动物,如狮子和熊,但数量不多。倭河马、矮象和克里特岛的本土鹿未能繁衍至今:它们已经灭绝。不过无论如何,任何此类稀少的物种仅占动物总量的一小部分,食用价值十分有限。

这里人类数量稀少,但有不少宜居的洞穴,从发现的头骨和骸骨可以看出,有些在遥远的过去就已经有人类(尼安德特人或他们的近亲)居住。

这是公元前1.5万年,旧石器时代末期的希腊。不完全是内陆海的海域是爱琴海,名为基克拉迪亚的大岛可能在人们的记忆中存在了很长时间,最终变成了希腊神话中的亚特兰蒂斯。[1]历史上,当时北半球的冰原最为广阔,天气最为寒冷,海平面比现在至少低100米。1.7万年前的希腊是一个美丽的国度,尽管其为数不多的具有冒险精神的居民并不这么认为。我们开始欣赏风景的时间要远远晚于我们赞美形体优美的人或值得狩猎的动物。从如今希腊海岸线上散落的塑料和混凝土来看,我们至今尚未完全掌握这种能力。

石器时代

1.7万年前,希腊的人类采集并狩猎他们的日常必需品。他们必须居住在靠近食物来源的地方。在高山上,他们观察巨角塔尔羊和臆羚的季节性迁徙。他们以岩石形成的遮蔽处——不如洞穴宜居的悬崖峭壁——为据点狩猎迁徙的兽群。在低地上,尽管几乎所有食物都是季节性的,至少一年四季基本能找到一些。洞穴适合居住:能够抵御寒冷和风雨。

鲭 鱼

1.1万年前,鲭鱼是曾居住在斯波拉迪群岛的焦拉岛上的独眼巨人洞穴中的人们用骨鱼钩捕获的珍馐之一。

这里介绍的日晒鲭鱼干(*parianigouna*)是帕罗斯岛的特产,尽管希俄斯岛也有类似的菜肴。在这样一个干燥、阳光充沛的国家,晒干这种保存食物的古老技术非常有效(确实不是所有读者都能这么操作)。这种做法由帕罗斯岛纳乌萨附近的科林比斯雷斯餐厅(Kolymbithres)的烧烤厨师马诺利斯(Manolis)提供。

为了制作日晒鲭鱼干,你需要为每两名食客准备一

第一章 源起

条中等大小的鲭鱼。将鱼洗净，去除内脏，去头，并从一侧切开，使鱼像打开的书本一样仅一侧相连。去骨并将鱼内侧清洗干净。将鱼放在浅盘中，并撒上足量白葡萄酒、盐、胡椒和大量干牛至。要让鱼湿润，但不到用葡萄酒腌制的程度；牛至要几乎遮住鱼的表面，这听起来很多，但这道菜就是相对重口味的。

将鱼放在一个架子上——如冷却饼干用的网架——静置于室外，在夏日阳光下晾晒两到三小时，盖上细纱布防苍蝇。翻动一次，然后再静置几小时。晾晒时间可根据个人口味决定：晾晒时间越长，鱼就越干，鱼越干，风味就越浓郁。有些人会让鱼干燥好几天。

准备食用时，将日晒鲭鱼干放在炭火（或烤盘上）上烤即可，食用时挤上大量柠檬汁。一盘夏季西红柿或用油和柠檬调味的包菜胡萝卜丝沙拉适合与之搭配。

雅典中央市场出售的、希腊最常见的两种鲜鱼：金头鲷，希腊语称 *tsipoura*，和红鲻鱼，希腊语称 *barbouni*

这些低地平原如今大部分被水淹没，相关证据难以获取或已被冲走。因此，位于波尔图切利（Porto Cheli）附近海岸半山腰上的弗兰克西洞穴（Franchthi）非常重要。它位于一片低地平原的边缘，但从未被淹没。不同的人类群体不断发现它并决定在其中居住。在希腊，其作为人类定居点的历史最为悠久，在这段历史的大部分时间里，我们知道弗兰克西洞穴居民的食物选择。在伊庇鲁斯（Epiros）北部克利希（Klithi）的岩石庇护所（春季和秋季使用）和可能全年有人居住的弗兰克西洞穴，我们能够找到今天的希腊饮食最古老的起源。公元前约1.2万年，野小扁豆、野豌豆、杏仁、橡子、野梨和笃蓐香果（比开心果小，但同样营养丰富）构成了日常饮食，时常佐以提味的贝类和近岸鱼，马鹿和野驴是难得的珍馐。一千年后弗兰克西洞穴附近有人大胆创新：天然火山玻璃黑曜石的碎片被用作切割瘦肉的刀具——希腊最早的厨具——而黑曜石来自爱琴海，来自米洛斯岛，即便是海平面最低的时候米洛斯也始终是一座岛屿。只有在米洛斯岛周围划独木舟并注意到两处闪亮岩壁表面不同寻常的颜色，才能发现黑曜石，必须在不同的岛屿间辗转几天并走很长的路才能将黑曜石从米洛斯岛带到弗兰克西洞穴。

　　如果希腊人已经开始进行这样的旅行，他们应该也尝试过捕捉深海鱼？没错，有相关证据：不过不是在弗兰克西洞穴，而是在更北的地方——位于现斯波拉迪群岛的焦拉岛上的独眼巨人洞穴。这个岛当时面积更大，但洞穴已经离海很近了。到公元前9000年，居住在那里的人们已在制作骨制鱼钩。爱琴海过去和现在一样因出产种类丰富的鱼类而著名。这些鱼钩能够捕获欧鳊、鲭鱼、石斑鱼和一些鳕鱼、灰鲻鱼、岩鱼和海鳗——这最后

第一章 源　起

一种猎物是危险的对手，劳伦斯·达雷尔[①]1973年曾在科孚岛的海岸目睹过捕捉海鳗，随着猎手的高呼一声"因梅尔纳！"[②]，一条海鳗被叉中，但"三个人才把它拖上岩石，随后它在干燥的地面上挣扎了十五分钟，头上插着两根鱼叉……我能听见它颌部响亮的咬合声……它如恶魔般凶猛顽固"。当晚，达雷尔一家的晚餐是海鳗配红酱。[2]

回到独眼巨人洞穴，在这里人们还在实验饲养繁殖猪。与此同时，弗兰克西洞穴的居民们在食用各种兽类和鸟类，享用数量突然暴增的蜗牛，搭配野燕麦和野大麦。之后，一个新的群体出现了，他们以捕捉金枪鱼为生活的主要目的，这一点我们是通过他们丢弃的金枪鱼脊骨获知的。金枪鱼和海鳗一样难以捕捉。它们体型巨大，性情凶猛，聚集成群，在远离海岸的地方游动。如今，在往返于黑海和大西洋之间的非凡迁徙中，它们会两次经过希腊水域。它们显然在公元前8000年之后不久就开始这么做了，那时连接黑海和爱琴海的博斯普鲁斯海峡和达达尼尔海峡可能正好刚刚形成，希腊对金枪鱼——新鲜的、腌泡的、腌渍的和风干的——的钟爱就此开始。很久之后，希腊人会沿着金枪鱼迁徙路线建立一系列聚居地：拜占庭（君士坦丁堡，伊斯坦布尔）将会是其中最大的一个。

随后希腊迎来了被称为"新石器革命"的巨大变革。这种变革从东向西传播，最早于公元前7000年后不久到达希腊。出现了全新的植物和动物食物，而且不是采集狩猎而是种植养殖得来

[①] Lawrence Durrell，1912—1990，英国小说家、诗人、剧作家、游记作家，曾在希腊生活过很长时间，尤其是在科孚岛。
[②] Zmyrna，海鳗在方言中的名字。

希腊美食史：诸神的馈赠

不是所有金枪鱼都巨大凶猛

的。人们的日常生活发生了改变，可能变得更加单调了，但因为农业带来了更多的收成，定居点的数量迅速增长。人口开始增长，随着农民们在田地中耕种农作物——包括大麦、二粒小麦、小扁豆、豌豆和后来的蚕豆和鹰嘴豆，并饲养猪、绵羊、山羊和牛，希腊的地貌发生了改变。此后，这些新物种对希腊烹饪至关重要。

部分新做法已在地方被尝试，但这些驯化品种对于希腊来说是全新的，是从安纳托利亚或近东传入的。野小扁豆、豌豆、野大麦和野猪等本地品种变得更加边缘化，北方山区的巨角塔尔羊和臆羚亦是如此。

改变可能是迁徙的人带来的。至少在克里特岛是这样的，因为此前克里特岛上尚无已知的人类居民。之后，在公元前6950

第一章 源　起

早期米诺斯殡葬箱上的狩猎场景

年前后，第一个人类定居点在科诺索斯①的所在地出现。这些移民种植大麦、二粒小麦和一种很像硬粒小麦的小麦。他们饲养绵羊、山羊、猪和奶牛，他们一定是从海上把大麦、两种小麦和所有四种动物带到克里特岛的。

就这样，科诺索斯作为人类古老而大胆的开拓行动的目的地成了近东以外最早出现农业实践的地区之一。克里特岛上的高山从很远的地方就能看到，当时的人类需要在海上航行数日才能到达这里。人类在科诺索斯生活繁衍。这一地区位于克里特岛最大的可耕种区域的北侧，土地肥沃、适合耕种，下方有一条小河，附近有一眼常年泉。开拓者们很会挑选定居地。但无人知道他们

---

① Knossos，克里特岛古代城市。

一棵有几百年树龄、仍旧郁郁葱葱的橄榄树,
位于纳克索斯岛哈尔基村圣乔治教堂边的树林中

第一章 源 起

来自何方或为何选择克里特岛。

克里特岛能够告诉我们奶酪在该地区何时以及如何开始被制作。公元前4000年之后，岛上定居点的数量大幅增长，它们的位置尤其值得注意。克里特岛的大部分区域都不可耕种，这些新定居点除了充当放牧基地之外别无他用——夏季，定居者可以在高原放牧牛、绵羊和山羊等牲畜。那里显然没有大量食用肉类的人，所以人们饲养新的家畜和家禽是为了获取毛、皮和奶，由于离潜在消费者很远，奶必须被制作成奶酪。也有其他证明定居者在克里特岛上制作奶酪的证据，不过它们出现在更晚的年代：如奶酪过滤器（可能是某种其他物品，但无人提出具体是什么）和人牵着山羊并拿着搅乳器的画面。做得好的奶酪非常耐储存。这种食物来自此前仅出产少量食物甚至几乎不出产食物的大片土地，岛上的人口几乎仅靠奶酪就实现了稳步增长。如果仅考虑爱琴海地区，奶酪可能是在克里特岛上发明的，但这一发明很快传播开来。奶酪过滤器的发现显示奶酪公元前3000年前后在色萨利，公元前2000年后不久在米洛斯岛和基克拉泽斯群岛的多个岛屿上被制作。不过克里特岛一直是优质奶酪的大规模生产地。

此外，克里特岛还有其他物产。研究考古沉积物层中发现的花粉的孢粉学家能够证明，早在公元前5000年之前，即克里特岛新石器时代的早期，尽管本地橡树和松树仍是主要的森林树种，但另一树种，橄榄，明显数量大增。这一时期的橄榄仍是野橄榄，不是驯化品种，但克里特岛上的人类一定在扶植这一树种。[3]公元前3000年或之后不久，在克里特岛东南海岸的米尔托斯（Myrtos）有一个大农场或小宫殿，其中的物资不仅有大麦和硬粒小麦、山羊、绵羊、猪和牛，还有葡萄酒（我们后面会再次谈到）和大量橄榄。米尔托斯遗址没有橄榄磨坊或橄榄压榨机，但是有槽——可能用于从橄榄果肉中提取橄榄油——和储存罐："来自22号室的储存罐的烧土样本被浸入水中进行谷物浮选测试时，混合物带有一层油状薄膜，有明显的油腻感。"[4]甚至有橄榄木炭：米尔托斯最常用的燃料是橄榄枝——只能取自成熟且得到定期照料的橄榄树。米尔托斯的文明是成熟的米诺斯文明和科诺索斯、费斯托斯的宏伟宫殿出现的前兆，后者的商店和地下室里满是粮食、橄榄油和葡萄酒。

在爱琴海北岸，现在色雷斯和马其顿所处的位置，情况有所不同。新石器革命后，定居点的数量稳步增长，这里的人类吃什么的问题引起了塞萨洛尼基大学的塔尼亚·瓦拉莫蒂（Tania Valamoti）的关注，她从多处北方遗迹中找到了证据。当地人所选择的主食与克里特岛人不同。主要谷物是二粒小麦、大麦和一粒小麦，最受欢迎的是最简单的小麦种，一粒小麦，这种小麦从未在克里特岛上种植过。豆类有小扁豆——至今仍很受欢迎——和家山黧豆、苦豌豆；后两者需要浸泡才能消除毒性。油从一开始就很重要，但在希腊北部，尚不知道橄榄的人们通常使用亚麻榨油，偶尔也用亚麻荠（*Camelina sativa*）。亚麻提供纤维、可咀嚼的种子和亚麻籽油，但亚麻籽油与橄榄油截然不同，无法储存：很快就会变质。人们采集黑莓、野梨、橡子、笃蓐香果、葡萄和无花果。

种子之外，完整的无花果在两处新石器遗址被发现，其中之一是位于古典时代腓力比①的所在地附近的迪基利塔什遗址

---

① Philippi，古代马其顿城市，靠近希腊西北部爱琴海海岸。

第一章　源　起

（Dikili Tash）。野无花果在耕地附近很常见，以至于它们颇似本地物种。事实上，无花果的野生和驯化品种都是特地种植的。无花果种植者需要附近有野无花果，关于这一点，有一段18世纪对希俄斯岛的描述解释道：

> 他们五月或六月采集一些野无花果，把它们固定在家养无花果树的树枝上，让在野无花果中繁殖的小苍蝇向家养无花果转移并在其中产卵，这样能大大加快其成熟。[5]

这种说法接近正确。在野生无花果果实中繁殖的榕小蜂是唯一可以帮助无花果传粉的昆虫，多数驯化种的果实授粉后才会成熟。最早在加利福尼亚州种植无花果的人因为忽略了这古老的智慧而损失了多年的收成，在新石器革命后不久将无花果从西亚引入希腊的人显然对此十分了解。

新鲜无花果是一种奢侈品，只要夏末的天气足够炎热和干燥，能够晒干无花果，晒干就是处理无花果的最佳方式：无花果干无论整个吃还是用于烹饪都能够提供大量的糖分，而且非常耐储存（迪基利塔什遗址发现的完整无花果干就证明了这一点）。无花果还具有极佳的助消化功效：在锡拉岛（桑托林岛）阿克罗蒂里（Akrotiri）青铜时代遗址的厕所下方的排水沟中发现无花果种子和葡萄籽一点也不令人意外。

新石器时代的希腊北部的另一激动人心的发现同样来自迪基利塔什遗址：可追溯到公元前4000年前的葡萄压榨机、压碎的葡萄籽和葡萄皮。葡萄是野生的——至少葡萄籽在大小和形状上和野葡萄没有区别——但果汁要具有一定的甜度才值得压榨，榨出后葡萄皮上的野生酵母一定会让果汁发酵。所以压榨的目的一定是制作葡萄酒。

葡萄酒的摇篮不是希腊，也不是欧洲的任何地方，而是高加索山脉南侧的多山国家。在格鲁吉亚舒拉韦里发现的含有葡萄酒残留物的储存罐可追溯到公元前6000年前后，在亚美尼亚阿雷尼洞穴发现的酿酒厂遗址——这么判断的依据是现场有压榨机和储存罐的遗迹——可追溯到公元前4000年前，与迪基利塔什遗址同属一个时代。但野生葡萄也是希腊的本土植物，没有迹象表明驯化葡萄品种是从高加索山脉传入希腊的。迪基利塔什遗址发现的葡萄和附近西塔格里遗迹（Sitagri）发现的大量可追溯到公元前4500到前2500年的葡萄籽体现了从本地野生葡萄到驯化品种的不同发展阶段。葡萄籽越来越大：如果不是人类在选择和繁殖能够结出更大果实的葡萄藤，怎么会有这样的变化呢，古希腊哲学家德谟克利特又怎么会在公元前4世纪声称葡萄藤的品种"数不过来，无穷无尽"？正是在这一时期，克里米亚半岛的希腊殖民地克森尼索陶里卡（Chersonesus Taurica）的葡萄园被开发，这些克里米亚半岛葡萄藤显然不是从希腊被带去的，而是从当地的野生葡萄藤驯化的。在有本土葡萄藤的地方，很多品种在人类的干预下逐渐从野生种中被培育出来，并通过扦插繁殖。在这一漫长的过程中，无法确定野生葡萄是在哪一个具体的时刻变成驯化品种的。

葡萄酒制作技艺主要在本地发展和传承。自然发酵带来了一种令人愉悦和迷醉的饮料，但这只是故事的开始。对发酵过程的娴熟控制和对酿造出的葡萄酒的小心存储极大影响了酒的最终品质。这在很大程度上取决于当地的条件。因此尽管迪基利塔什

第一章　源　起

遗址与酿酒技术的起源地相距甚远，但其酿酒历史非常悠久且让希腊北部在葡萄酒的历史中占据了重要的地位。就这样，相较于其他作物，橄榄树和葡萄藤从地方开始赋予了希腊地形独特的个性。比如，在莱斯沃斯岛的特米，橄榄木在公元前2700年到公元前2350年被使用，葡萄木的使用则更早——是在公元前2900年到公元前2700年；这些葡萄藤（和迪基利塔什遗址的一样）"可能是本土种，很早就开始被栽培"。[6]

青 铜 时 代

这个故事中的第二次革命和第一次一样历时漫长：是史前希腊后期基克拉泽斯文明、米诺斯文明和迈锡尼文明的衰落。艺术史学家关心它们的兴盛，而不是崩溃，但这两者并无实际区别。我们因为这些文化的陨落而了解它们，特别是它们的食物和艺术。

它们总共崩溃了三次。第一次大灾难是在公元前17世纪末，可能是公元前1629或1627年，锡拉岛（桑托林岛）的火山大爆发。火山灰掩埋了至少两座城镇，火山爆发引发的海啸摧毁了附近的岛屿和克里特岛北岸。第二个灾难是希腊大陆的迈锡尼人征服了克里特岛上的米诺斯人。第三个灾难是迈锡尼文化本身因不明原因被暴力摧毁；迈锡尼宫殿在公元前1200年前后被烧毁，再也没有重建。三次灾难中的每一场都使整个城镇，它们的艺术、装备、商店、记录一一被毁，这种破坏给现代考古学家留下了丰富的遗迹。

如果艺术反映了现实，那么米诺斯人就是一个和平的民族，有跃上牛背的杂技演员和袒露胸部的女祭司。他们的语言用A类线形文字①刻在泥板上，至今尚未被破译。有关米诺斯人最显而易见，也可能是最真实的假设是他们的文明是公元前6950年前后传入克里特岛的新石器文化的直接延续和最后繁荣。他们被好战的迈锡尼人征服，后者说希腊语，用矛作战，学习了米诺斯人将文字刻在泥板上的做法，使用B类线形文字进行记录。关于迈锡尼人最显而易见的假设——尽管目前仅被少数考古学家接受——是他们是希腊南部和中部新石器时代人类的直系后裔。

　　米诺斯人在希腊美食的故事中扮演着重要的角色。他们底蕴深厚的文化经历自然灾害和暴力征服后仍旧繁荣发展，对爱琴海诸岛的人们产生了深刻的影响，并最终被迈锡尼征服者大量接受。迈锡尼人也很重要，与此前提到的其他民族不同，我们（一定程度上）能够阅读他们的书面文字。米诺斯艺术和迈锡尼文字为我们了解青铜时代的食物来源增添了新的视角，这些视角是此前的时代所没有的。还有《伊利亚特》和《奥德赛》，这两部作品是在迈锡尼文明崩溃几个世纪后创作并形成书面版本的，它们所依赖的口述传统保留了更古老时代的众多细节。但我们不能以它们为基准，因为我们无法辨别哪些细节真的来自迈锡尼。同时代证据至关重要，因此我们仍旧优先以考古学为准。

　　法国地质学家费迪南德·富克（Ferdinand Fouque）19世纪

---

① A类线形文字（Linear A script）和B类线形文字（Linear B script）是古爱琴海文明使用的两种文字。A类线形文字主要由米诺斯人使用，B类线形文字则主要由后来在克里特岛和希腊大陆取代米诺斯人的迈锡尼人使用。A类线形文字未被完全破解，可能被米诺斯人用于行政和宗教目的；B类线形文字已被破解，被认为代表希腊语的早期形式，用于行政记录，如库存、会计和宫殿档案。

第一章 源 起

60年代调查桑托林火山时，偶然发现了被火山灰掩埋的两座古城遗址，一座位于锡拉主岛的阿克罗蒂里遗迹，还有一座在小岛锡拉西亚（Therasia）上。他猜测摧毁它们的火山大爆发发生于公元前2000年前后。当时考古学还处于起步阶段，但发现仍存有近4000年前被遗弃的食物的储藏室对于任何科学观察者来说都是一份礼物。富克发现大量储存的大麦、小扁豆、鹰嘴豆和"一种至今仍在岛上被种植的豌豆，在本地被称为 *arakas*"（后面我们将回到这个话题）。他辨认出了绵羊、马、驴、狗、猫和山羊的骨头，包括三具完整的动物骸骨——这些动物在火山爆发时

深红豌豆（*Lathyrus clymenum*），在希腊被称为 *arakas* 或桑托林蚕豆，是一种地中海野生豆类，但在桑托林岛、阿纳菲岛和卡尔帕索斯岛至少有3500年的种植历史

在棚屋内。他观察到大量碳化的橄榄木和乳香黄连木（Pistacia lentiscus），推断锡拉岛的树木覆盖率在火山爆发前比现在高。他注意到这里没有小麦和牛——它们显然在当时和现在都不适合锡拉岛，更令人惊讶的是没有葡萄藤和葡萄。他发现了面粉磨坊和原始的橄榄磨坊，他的工人向他演示了如何使用。一名本地线人甚至在一个储存罐中发现了一种"糊状物"，他们猜测可能是奶酪，但都没有品尝。[7]

富克的观察证明至少一种独特的基克拉泽斯食物在桑托林火山爆发前就已经在被种植了，格莉妮丝·琼斯（Glynis Jones）和安纳亚·萨尔帕基（Anaya Sarpaki）后来在阿克罗蒂里遗迹的发现证实了这一点。一种家山黧豆属物种，Lathyrus clymenum——在当地被称为arakas，在地中海地区其他一些地方作为一种野生植物为人所知——被大量储存在罐子中，不可能是野外采集的。富克和他的两名后继者对当地食物足够了解，发现锡拉岛以及邻近的阿纳菲岛和卡尔帕索斯岛仍在种植这一物种，这一点其他人都没有注意到。这一物种可能从那时一直被种植到现在。这种从史前幸存至今的物种现在最著名的名字是桑托林蚕豆（fava Santorinis），如今，它突然变成了一种时髦而昂贵的食物，在希腊各地的酒馆中被提供给资深美食爱好者。[8]

目前尚未在桑托林岛上发现酿造葡萄酒的痕迹，但酿酒从古典时代一定就已经开始了，而且相当成功，不过这个时有剧烈火山爆发的岛群地形已经发生了巨大的变化，所以我们其实无法确定：很多人类活动的证据可能已经被完全摧毁，而且，正如富克已经发现的那样，很多证据现在可能已经被掩埋在深处了。在米诺斯和迈锡尼文明的其他地方，葡萄酒和橄榄油可以说同样重

第一章 源 起

要。但有多重要？所有人都想知道，因为葡萄酒和橄榄油后来在希腊和地中海饮食文化中至关重要。但目前人们尚未就此达成共识。在米洛斯岛、西塔格里和其他地方进行发掘的科林·伦弗鲁（Colin Renfrew）在《文明的出现：公元前三千年的基克拉泽斯群岛和爱琴海》（The Emergence of Civilisation: The Cyclades and the Aegean in the Third Millennium BC，1972）中阐述了他的理论，即爱琴海青铜时代的文化是在地方发展起来的，以谷物、葡萄酒和橄榄三种食物来源为基础，后两种已经开始被种植。有些人表示伦弗鲁说得不对，他们认为葡萄藤和橄榄树在更晚的时代才开始在爱琴海地区被种植，但我们可以忽略他们。在米诺斯文明早期的米尔托斯和青铜时代早期的莱斯沃斯岛发现的橄榄枝和

位于叙利亚的拜占庭城市塞尔吉拉（Sergilla）的橄榄油工坊，这座城市不久之后就被伊斯兰征服

25　葡萄枝木炭显示这两种植物都已经得到了人类的照料，它们因为人类的支持而数量增多。在伦弗鲁出版《文明的出现》的同年，米尔托斯遗址的发掘者彼得·沃伦（Peter Warren）宣称："橄榄种植和葡萄栽培在这一时期刚刚出现，其潜力的开发带来了全新的生活模式和进步的动力。"[9]米尔托斯位于爱琴海地区的最南端；在那里葡萄酒可能刚刚出现，但是如今我们知道在位于遥远的北方的迪基利塔什遗址，葡萄酒在更早的时候就已经为人所熟悉了。

　　后来，葡萄酒和油——尤其是油——的储备情况被用B类线形文字记载在了泥板上，数量往往很大。葡萄酒和油的大型储藏室被发掘了出来，尤其是在伯罗奔尼撒半岛的皮洛斯宫殿。与此相关的是，《奥德赛》中对奥德修斯的宫殿——和皮洛斯王国应该同属一个时代——中的储藏室的描述告诉我们，其中"密密摆放着芬芳的橄榄油，许多储存美味的积年陈酒的陶坛，里面装满未曾掺水的神妙的佳酿，在墙边挨次摆放，等待着奥德修斯，倘若他真能历尽艰辛后返回家园"[10]。

　　伦弗鲁坚称爱琴海文明是在三种植物食物来源的基础上在地方发展起来的，饮食史学家可能会想要修正这种观点，因为在古往今来几乎所有社会中，人类的生存都依赖更多种类的食物。因为爱琴海地区收成的不确定性，爱琴海的饮食一直尤其多样：农民必须多元化种植，以充分利用不同的地形。大麦在希腊南部和岛屿上会是比任何小麦品种都更安全的选择：小麦是很好的食物，但可能每四年就会有一年歉收。在收成不好的年份，为了防止粮食短缺，最好种植豆类，它们可以抵抗足以毁掉大麦作物的干旱。但有些豆类（包括很受欢迎的锡拉岛桑托林蚕豆）如果过

第一章 源 起

量食用，会严重危害人类健康。它们无法单独作为主食。不远处有森林会是一件好事：栗子是一种有用的资源。在农作物严重歉收的年份我们可能得让猪挨饿，吃它们的橡子或把橡子磨成粉末：

> 他从地上捡了很多橡子，剥壳并吃了下去。科斯马斯惊讶地朝他看去时，他说："这不是橡子，是栗子。反正夜晚来临，我们没东西吃也看不清东西的时候就叫它们栗子。"[11]

因此，猪可能无法活过歉收的年份。如遇旱灾，放牧动物可

希腊人至少在公元前17世纪就开始养蜂了，伊米托斯山带有百里香香味的蜂蜜已驰名近1900年。陶制蜂箱曾被使用。如今蜂箱都是木质的，岛屿山坡的梯田上的橄榄树中就有这样的蜂箱

能因找不到食物而饿死；那么人类就没有肉吃。这种所有食物都供应不足的灾难性情况很少见，但各种可能性解释了当时的人们为何不仅需要后备谷物、后备豆类、不同的蔬菜和块根作物，还需要清楚野外能找到什么食物。这一切听起来都很糟糕，但并不是没有好的一面。如果饮食多样化，并了解野生食材，在丰年饮食就会更美味、更丰富、更有营养。大多数年份的收成都是好的。

有很多证据表明，在米诺斯和迈锡尼文明崩溃之前，组织将这些文明凝聚在一起的盛大宴会的人们可享用的口味就已经十分丰富了。泥板上用B类线形文字记录的各类具有不同香气和口味的食物包括蜂蜜、香菜、孜然、芹菜、茴香、芝麻、薄荷、唇萼薄荷、红花和"腓尼基香料"。[12]还可以加上莳萝、芥菜、茴芹、罂粟籽、番红花和洋乳香，尽管它们没有被记录在泥板上：罂粟、莳萝和芥菜籽在青铜时代考古环境①中被发现；米诺斯壁画上有采集番红花的景象；富克在桑托林岛的两座遗址中发现了茴芹籽和乳香黄连木木炭。其中几种值得深入探讨。

富克做出诸多发现的一个世纪后，现代发掘开始在阿克罗蒂里遗迹火山爆发前的人类定居点展开，这一区域富克几乎未触及，但如今因非凡的壁画而著名。新发现包括希腊最古老的蜂房。野蜂蜜是一种很多掠食者都知道的资源，但只有人类让蜜蜂住进了人工的蜂箱，在那里人们可以安全地采收（或者说盗窃，取决于你站在谁的角度）蜂蜜。这一创意可能是从埃及传入

---

① context，此处"环境"指的是文物被发现时的具体环境，包含文物的物理位置以及不同文物间及文物与固定结构间的关系。

第一章　源　起

希腊的，因为从壁画和其他发现看阿克罗蒂里遗迹显然与埃及有联系。

香菜是我们所知的希腊人最早感兴趣的香料：一颗香菜果实在公元前7世纪的弗兰克西洞穴的环境中被发现。在青铜时代的西塔格里，香菜非常多，一定已经被种植。锡拉西亚岛和阿克罗蒂里遗迹不久之后也出现了大量香菜（香菜很快又出现在了图坦卡蒙的墓中）。

香菜在现代希腊饮食中用得很少，但在野外蓬勃生长的茴香用途却很多：其叶被用来做油煎饼（fritter）；被与油脂丰富的鱼、章鱼和贻贝一同烹饪；被用来给橄榄和腌菜（toursia）调味；种子被撒在面包上，在野生植株常见的基克拉泽斯群岛和南爱琴海岛屿，也会被加入香肠里。

芹菜也是爱琴海地区的本土植物，不仅在泥板上有记载，其种子也在铁器时代遗迹中被发现。一袋白芥子在色萨利马尔马里亚尼（Marmariani）的青铜时代环境中被发现。卡斯塔纳斯（Kastanas）的青铜时代定居点发现了希腊古典文献中经常提到的莳萝的种子。把茴芹和茴香、莳萝区分开对于富克来说并不容易，但他在锡拉西亚岛的青铜时代遗迹中找到茴芹的发现仍可能是正确的。[13]茴芹是安纳托利亚西部和爱琴海东部的原生植物，现在是最好的希腊茴香酒中使用的香料：次等的茴香酒可能含有中国八角茴香。

泥板没有解释迈锡尼人为何需要 sa-sa-ma。它从东方被引入（在古伊拉克被称为 šamaššammu），原产于印度洋沿岸，显然就是我们所知的芝麻：一种极好的油源，但在希腊它作为香料被加入面包、蛋糕和甜点中。青铜时代在莱斯沃斯岛上的特米和卡斯塔纳斯都有人采集罂粟籽；罂粟具有药用价值的乳汁和种子都很有用。在古典时代初，芝麻、罂粟籽和亚麻籽这三种油脂丰富、香味浓郁的种子都被用来点缀面包，当时斯巴达诗人阿尔克曼（Alkman）在一首诗中偶然间列举了它们，诗中有这样的片段：

> 七张长榻和七张桌子
> 摆满了罂粟籽面包、亚麻籽面包和芝麻面包
> 和为女孩们准备的一桶桶蜂蜜和亚麻籽甜点。[14]

28　　番红花如今在多个地中海和中东国家都有种植。各地都未发现野生植株，但其可能是从生长在希腊南部崎岖的山坡上的卡

野生番红花在纳克索斯岛通往宙斯洞（Zeus's Cave）的道路的石缝中张扬生长。橘红色的雄蕊骄傲地伸展着，是世界上最昂贵的香料

第一章 源　起

在爱琴海上，锡拉岛（桑托林岛）位于纳克索斯岛南侧不远处，在岛上的阿克罗蒂里遗迹中发现的壁画上有女孩采摘番红花的场景，该地毁于公元前17世纪的火山爆发

莱番红花（Crocus cartwrightianus）驯化而来的。如果确实如此，驯化可能是在爱琴海地区发生的；具体时间不明。在被公元前1629或前1627年的火山爆发摧毁的阿克罗蒂里的一幢房屋中，有一间最近发掘的、引人注目的房间是以番红花为装饰主题的：其中的装饰展现了女孩在崎岖的地带采摘红色的雄蕊，她们用篮子盛装花蕊并最终把它们献给一位女神。壁画明确地展现了番红花对爱琴海宗教的重要性。其并未证明这种植物已经被驯化，不过番红花在画中场景中的密度更像种植园而非野生植物的随机分布。

　　在现代希腊，香菜在一定程度上被从中亚引进的异域香料孜然取代了；孜然的希腊名（kyminon，B类线形文字写作 ku-mi-no）可能来自叙利亚的一种闪语族语言，在迈锡尼时期，孜然在那里定有种植。（在迈锡尼泥板上被称为）"腓尼基香料"的是另一种东西：应该是盐肤木果，希腊人对这种果香浓郁、有益健康的香料的熟悉可以追溯到早期古典文献，但它的痕迹在考古中很难找到。从两个角度看，它都是"腓尼基"（Phoenician）香料：第一，它是暗红色的，而古希腊语中phoinikeos一词的常见意思正是暗红色。第二，其只在叙利亚被制作，应该是由腓尼基船只运到希腊的。

最后一种被提到的史前希腊香料笃耨香也是本土物种。第一，弗兰克西洞穴新石器时代的居民采集的大西洋黄连木果表明了它的存在；第二，在新石器时代的克里特岛，花粉样本显示大西洋黄连木果和橄榄在公元前5000年前后突然开始繁盛，可能是得到了人类的帮助；第三，如果富克对乳香黄连木木炭的辨别是正确的，那么这一物种也存在于火山爆发前的桑托林岛。这一属的所有物种——灌木形态的笃耨香（*Pistacia terebinthus*）、大树形态的大西洋黄连木（*P. atlantica*）、灌木形态的乳香黄连木（*P. lentiscus*，即富克发现的物种）和小树形态的乳香黄连木希俄斯岛变种（*P. lentiscus* var. *chia*）——都有有用的果实和具有香味的树脂。小树形态的乳香黄连木希俄岛变种仅产于希俄斯岛南部，树脂最为丰富。其树脂是在古典时代和今天都因芳香和保健效果而倍受推崇的希俄斯岛洋乳香。对于古希腊人来说，洋乳香的独特味道与清新的口气和干净的牙齿紧密地联系在了一起。因此，尽管各种木材都可以被用来制作牙签，但残留有洋乳香气味的乳香黄连木牙签最为流行。"乳香黄连木最佳。"诗人马提雅尔（Martial）断言道。[15]洋乳香是被用于制作储存葡萄酒的双耳细颈瓶（amphora）的树脂之一。其味道经久不散，但有些食物需要更浓郁的洋乳香味：希俄斯岛生产洋乳香药酒和洋乳香油，

第一章 源 起

盐肤木果常见的形态是一种深红色的粉末：撒在米饭上时其果香最为浓郁。其来源相当难猜，是将西西里漆树（*Rhus coriaria*）的果实干燥、压碎再磨成粉制作而成的

用于出口。洋乳香是复方药物的原料之一，偶尔也被用作烹饪香料，至今仍常在烤面包时被混入面团。

并不保守的古典时代

正如古典时代的希腊人所知，来自土地和海洋的野生食物是他们通过努力获取的。阿耳忒弥斯是女猎人，波塞冬是全能的海神，但他们并不帮助人类猎人或渔民。恰恰相反，阿耳忒弥斯和波塞冬对于凡人来说都是危险的。

农业则不同。希腊人知道，如果没有神的帮助，他们永远无法学会种植农田作物、发现橄榄或理解葡萄的正确用法。就连

希腊美食史：诸神的馈赠

旧石器时代弗兰克西洞穴的居民采集的不起眼的橡子——众所周知，在古典时代，橡子仍在伯罗奔尼撒半岛的阿卡迪亚山区被用作食物——以及将橡子磨成粉的做法都是在神话英雄的帮助下发现的。"人们曾经吃新鲜的树叶、草和根，它们不宜食用，有些甚至有毒，"古典时代的地形学家保塞尼亚斯（Pausanias）在他的阿卡迪亚指南中告诉我们：

> 佩拉斯戈斯阻止了他们，正是他发现橡子是一种食物——但并非所有橡树的果实都可食，只有法罗尼亚栎（*phegos*）的果实能吃。有些阿卡迪亚人将这种饮食习惯从佩拉斯戈斯的时代保留至今。因此皮媞亚女祭司反对斯巴达人并吞该地区时，说道：
>
> "很多吃橡子的人住在阿卡迪亚，
> 他们会阻止你们的……"[16]

对于大多数希腊人来说，橡子是给猪吃的：谷物才是人的主食。谷物是女神得墨忒耳赠予人类的礼物。寻找她失踪的女儿珀耳塞福涅时，得墨忒耳在厄琉息斯受到了刻琉斯王的庇护。她从刻琉斯王的儿子特里普托勒摩斯处得知黑暗之神普鲁托绑架了她的女儿。珀耳塞福涅被找到时，得墨忒耳赠予特里普托勒摩斯小麦、大麦和关于它们的种植方法的知识，特里普托勒摩斯又将各种方法教给了所有人类。但得墨忒耳赠予厄琉息斯的礼物是厄琉息斯秘仪，雅典人此后每年都举办这些秘密仪式：

看到这些秘仪的人是幸福的。

第一章 源起

但是没有入会的人和未加入他们的人,
死后在黑暗和阴沉的地府则厄运连连。[17]

厄琉息斯秘仪保证季节流转和每年春季,珀耳塞福涅从冥界归来时,大地焕发生机。

人类最早认识橄榄是在雅典。历史之父希罗多德(Herodotos)简要地介绍了那段故事:"在雅典卫城上,有一座据说是大地所生的埃里克修斯的神庙,神庙里有一株橄榄树和一池海水。据雅典人说,它们是波塞冬和雅典娜在争夺这片土地时放置在那里作证的。"[18]这个故事很快在帕特农神庙的壁画中被纪念,成为标准版本,被一些人插入了城市是单一男神和女神的封地的常见神话中。但关于雅典娜如何赢得这场争夺,解释起来却颇为别扭:

> 于是波塞冬第一个来到阿提刻,用那三尖叉打在高城的中央,他显现出海来,现今叫作厄勒克忒伊斯。在他之后来了雅典娜,她叫刻克洛普斯来给她做占领的证人,乃种了一棵橄榄树,这在潘德洛西翁至今还可以见到。但是在他们两人关于这地方发生竞争的时候,宙斯把他们分开了,任命裁判人,并非如有些人所说是刻克洛普斯与克刺那俄斯,或是厄律西克同,却是十二位神明。依了他们的判断,这地方归了雅典娜,因为刻克洛普斯证明她是第一个种了橄榄树的。雅典娜于是用了她的名字称这城为雅典。[19]

从希腊神话反映的情况来看,小麦、大麦和橄榄是希腊人的发现，但葡萄酒却是外来的，被从希腊境外的某个地方引入希腊，这份礼物来自一位从未成为奥林匹斯十二主神之一的神。狄俄尼索斯是希腊众神之王宙斯和塞墨勒之子。他诞生于最古老的希腊城市之一——底比斯。葡萄藤是他在旅行中遇到的：可能是在安纳托利亚东北部，（神话作者并不知道）那里其实几千年前就在酿造葡萄酒了；也可能是在边界与迪基利塔什遗址相邻的色雷斯，（神话作者亦不知道）欧洲最早的酿酒证据后来在那里被发现。葡萄藤及其果实是狄俄尼索斯为了安慰埃托利亚的卡吕冬国王俄纽斯而赠予其的礼物——狄俄尼索斯返回希腊后首先在卡吕冬停留——他以此为引诱俄纽斯的妻子道歉。

32

这个岛屿上的菜园和果园种着南瓜和几种果树，包括一株无花果。水箱对于灌溉夏季蔬菜至关重要。远处的山坡部分是梯田，种植着橄榄

第一章 源 起

古典时代的希腊水果丰富,尽管我们难以获知它们是如何以及何时来到这里的。可能创作于公元前7世纪初的《奥德赛》中有一段抒情诗句流露出了对水果的热情。漂泊的奥德修斯经历了海难,在神话中的斯克里埃岛被冲上了岸,他来到城镇并走近国王的宫殿:

> 院外有一座大果园距离宫门不远,
> 相当于四个单位的面积,围绕着护篱。
> 那里茁壮地生长着各种高大的果木,
> 有梨、石榴、苹果,生长得枝叶繁茂,
> 有芬芳甜美的无花果和枝繁叶茂的橄榄树。
> 它们常年果实累累,从不凋零,
> 无论是寒冬或炎夏;那里西风常拂动,
> 让一些果树生长,另一些果树成熟。
> 黄梨成熟结黄梨,苹果成熟结苹果,
> 葡萄成熟结葡萄,无花果成熟结新果。[20]

这些诗句情感充沛且完全正确。斯克里埃岛或许是虚构的地点,但人们普遍认为它类似位于希腊世界西北角的富饶的科孚岛。并非希腊全境都拥有科孚岛那样温和的气候或适合种植果园的地形。比如,雅典腹地是无花果的理想生长地,也适合种植葡萄和橄榄,但干燥、岩石多,不适合种植温带水果。因此,古典时代的雅典已经进口了一系列水果,其中一些在公元前5世纪末的雅典戏剧中被随手列出。"梨和大个的苹果"[21]生长在附近,在埃维亚岛中部肥沃的平原上,从那里一两天内就能通过海路到达雅典——只要小心运输，它们就能在到达市场摊位时保持最佳状态。

坚果不用这么着急，同一份文本还列出了从帕夫拉戈尼亚来到雅典的"栗子和有光泽的杏仁"，树木繁盛的帕夫拉戈尼亚距离希腊边境很远，但靠近一系列希腊殖民地和希腊沿着黑海南岸的贸易路线。从果园到餐桌可能需要好几周时间，但这并没有什么关系。位于现土耳其北部的水源充足的山丘出产栗子和杏仁，此外，还有两种榛子从这一地区传入古典时代的希腊，一种是以现名为埃雷利的城市命名的"赫拉克利亚"（Heracleotic），另一种是"本都"。本都是海洋的名称，也是更远的土耳其东北部海岸的名称，在这一山区希腊人的定居从公元前7世纪一直持续到了1922年。尽管欧洲栗、杏仁、榛子和核桃也在希腊生长，但它们在本都地区产量更高。

公元前5世纪希腊人建立名为克拉苏斯（Kerasous）的殖民地时，沿着这条路线在现被称为吉雷松的港口发现了大量樱桃树（kerasos）。创立克拉苏斯时，希腊人无疑非常清楚樱桃树的存在——殖民地甚至可能就是为了樱桃树创立的，名字也来自樱桃树。欧洲盛产甜美的野生樱桃，但这种更好吃的欧洲酸樱桃——被我们珍视并用于烹饪——完全值得找寻。无论欧洲酸樱桃是何时被引入希腊的——可能就在克拉苏斯创立后不久——引入后它们传播得很快。实验表明，优良的欧洲酸樱桃可以被嫁接到野生樱桃的树干上。园丁们仍旧经常这样做，就像他们种植苹果、梨子和梅子时所做的那样。同样，无人知道栽培品种何时开始被种植。无人知道嫁接是谁发明的以及这一神奇的方法最早是在何地被使用的，但古典时代的希腊人对其

第一章 源起

已经非常了解了。《奥德赛》中"闪亮的苹果"和喜剧中"大个的苹果"都不是夸张：它们都是真实栽培的品种，但我们对它们知之甚少。古典时代，希腊的梨甜美多汁，（水煮后）被用作甜点——喜剧中两名女性的对话，一人好像在安慰输给竞争对手的另一人，证实了这一点：

"你见过男人喝酒的时候给他们上水煮的梨子吗？"
"显然见过很多次。"
"每个男人是不是都在漂浮的梨子中给自己挑最熟的那一个？"
"他们必然都是这副德行。"[22]

同一位诗人——公元前4世纪初的阿莱克西斯（Alexis）——为我们描绘了雅典市场上常见的梅子的样子："你见过熟小牛胃、煮酿脾脏或装在篮子里的成熟梅子吗？他的脸就是这副样子！"[23]在观众的心目中，梅子是饱满的、紫色的，"他"显然气得七窍生烟。

在古典时代的希腊常见的水果还有四种：石榴、榅桲、甜瓜和西瓜。石榴很容易被忘记：石榴树有些像灌木，外形很不起眼，沉甸甸地挂满枝头的果实长着硬皮，温和甜美的汁液被包裹在大量小小的果粒中，每一粒中都有一颗苦涩的种子，似乎不值得费力榨取。然而史前农民将石榴从发源地伊朗稳步向西传播。奥德修斯描述的果园中有石榴。它在神话中也很重要。珀耳塞福涅在冥界停留时正是被那些清新的果粒诱惑，最终她不得不每年返回冥界度过一段时间。现代作为清爽的饮料和烹饪调味品取得商业成功的石榴糖浆在希腊被称为 *petimezi*——这个词也被用来形容葡萄糖浆——有着悠久的历史。[24]

书面文字清楚地记载，另一种伊朗水果榅桲在希腊流行的时间和石榴差不多，至少有 2 500 年。令考古学家沮丧的是，无人能找到关于它的早期证据。文字也令人迷惑：只是模糊地，有时甚至根本不区分苹果和榅桲。尽管榅桲、苹果和梨三种果实外形相似，但榅桲和现代品种的苹果和梨有很大区别：苹果和梨都可以咬着吃，但聪明人不会啃榅桲。在古代，苹果和梨似乎不如现代品种这么适合生吃：事实上，三种水果都是烹饪后最好吃，而其中最硬、香味最浓的榅桲需要比其他两种水果更长的烹饪时间。

克里特岛西部的古老港口城市基多尼亚（干尼亚）——现在是柑橘种植区的中心——在古代因榅桲而著名。这种水果的拉丁语、法语和英语名字（*cotoneum*，*coing*，*quince*）都来自古希腊词语 *kydonion melon*——"基多尼亚的苹果"。考古学家在基多尼亚附近发现了古代榅桲果园。希腊人和罗马人通过榅桲蜂蜜和榅桲酒熟悉其独特的风味，我们有一份榅桲酒的食谱：

榅桲酒。榅桲去核，像切芜菁一样切块。将 12 磅榅桲倒入 1 梅特雷特（*metretes*，6 加仑①）葡萄汁中，（静置发酵）40 天。过滤装瓶。[25]

---

① 1 加仑合 4.546 升。

第一章　源　起

可乐烤榅桲

如今榅桲（*Cydonia oblonga*）不像古代和中世纪那么受欢迎了，它美丽但吃起来麻烦。需要长时间的烹饪，做成烤水果或经典的果酱、果泥——深红色、又甜又酸、有独特的味道和香气——之后才能食用。

6个大榅桲，剥皮，切成两半并去核
400克糖
2罐可口可乐
1/2瓶半甜红葡萄酒

成熟榅桲，这种水果最早见于克里特岛西部的基多尼亚（干尼亚）

> 将所有原料放入大锅中，用糖浆煮榅桲直至煮软。放在锅中冷却：冷却时液体会凝结。冷却后食用，可以配一些榅桲周围的果冻，或一些浓稠、奶香浓郁的酸奶。这个食谱是古老做法的新版本，在现代希腊非常合理：曾经因为过于昂贵而无法被用于烹饪的锡兰肉桂（cinnamon）已经成为希腊甜品中最受欢迎的香料；而肉桂（cassia，价格较为便宜）正是可口可乐的主味。这个食谱来自塞萨洛尼基亚里士多德大学对面的、深受师生欢迎的卡马瑞斯（Kamares）海鲜餐厅。

后来，大多数人用这种水果制作被拜占庭时代的希腊人称为"*kydonaton*"的"榅桲泥、果酱"，这种食品在地中海地区仍旧很受欢迎。最早的食谱可以追溯到公元前6世纪。在那时，糖的价格肯定已经足够便宜，这是糖在欧洲第一次在这样的食谱中被大量使用。不过，还有一种更古老的类似物。榅桲果酱是古代榅桲蜜（*melomeli*）的直系后代，古老的榅桲蜜食谱是：

> **榅桲蜜**。榅桲去核，并尽可能紧密地放进装满蜂蜜的罐子。一年后即可食用。味道像蜂蜜酒，也有同样的膳食效果。[26]

这些水果大部分是在史前从东方或南方传入希腊的。甜瓜和西瓜亦是如此，两者都原产于非洲，似乎是在迈锡尼宫殿坍塌时从埃及传入希腊的。

在古典时代，希腊文学和艺术达到了独创性的顶峰，哲学

第一章 源 起

和政治思想取得了重大飞跃,但厨房和食品储藏室的状态趋于稳定。仅有一种全新的食物在古典时代初传入希腊并被接受。这种食物是鸡,这种被饲养在谷仓前院的家禽几千年前在印度被驯化。鸡最早是何时到达希腊的?在公元前5世纪中期,对于滑稽诗人克拉提努斯(Krateinos)来说,它是"波斯叫早鸟",他的同行阿里斯托芬(Aristophanes)称之为"波斯鸟"。[27]这些名字暗示鸡当时刚刚传入希腊,来自当时仅有百年历史的波斯帝国。但这肯定是错误的。早期文献提到"在黎明,叫早鸟第一次打鸣时回家",和"鹅和叫早鸟的蛋",但没有提到波斯。[28]还有可追溯到公元前7世纪的科林斯、斯巴达和罗兹岛花瓶画上有明显的公鸡和母鸡的图案。一场从印度穿越西亚的宏大迁徙——竟未被任何史料提及——无疑在公元前600年前将鸡带到了希腊。

刺 山 柑

刺山柑(*kappari*, *Capparis spinosa*):花蕾与果实和叶尖一起被采集然后用盐腌制。在山村,刺山柑灌木时常生长在石墙缝隙中,老太太们夏天经常采集花蕾。灌木多刺,采摘工作十分辛苦,我们建议让别人去做。刺山柑花蕾与面包(或土豆泥)和橄榄油混合,制成一种类似希腊鱼子蘸酱(*taramasalata*)的、非常咸的蘸酱。在用刺山柑点缀沙拉之前,最好将其在水中浸泡以降低咸度。锡罗斯岛人因爱吃刺山柑而著名。

刺山柑花和（右侧，不要漏看）刺山柑花蕾，已成熟可腌制。像野菜一样，刺山柑也要从野外采集：众所周知，刺山柑灌木无法人工栽培，只按自己的偏好在废墟以及多石的地方生长。

鸡肉最初是一种稀有的、高贵的食物，常被用作赠予爱人的礼物。后来鸡肉逐渐被视为营养炖菜或汤的良好基底，特别适合病弱者：最好的大麦粉或燕麦，营养学家迪厄克斯（Dieuches）说道，"可以被加入微沸的鸡汤，不要翻动而是待其自行溶解，在火上或热水中保温，不要搅拌，直到煮透，这道菜适合患有消化系统疾病的人"——再加一个烤罂粟头帮助他们入睡。现在希腊的经典搭配，鸡肉配鸡蛋柠檬酱，当时尚不存在：鸡已经有

第一章 源　起

了，但柠檬尚未传入希腊。[29]

鸡的例子可以说明创新从未停止过。但除了鸡，希腊人的食品储藏室没有什么变化。希腊人为其斯巴达式的简单烹饪骄傲。他们讲述波斯皇帝薛西斯在萨拉米斯战败后溃逃的故事，当时他留下了他的指挥部。斯巴达国王帕萨尼亚斯看到装饰着金银、刺绣的波斯帐篷时，命令俘虏的面包师和厨师准备一顿波斯宴席：

> 他们照做了。帕萨尼亚斯看着铺着金银帷幔的坐榻、金银餐桌和宴席的华丽布置，被眼前的精美物品惊呆了，他命令自己的仆人准备一顿斯巴达餐食。两者截然不同。帕萨尼亚斯笑着叫来了其他希腊将军。他们到场之后，他先后把两套餐食指给他们看，说："希腊人，我叫你们来是为了让你们看波斯人的愚蠢，他们过着**那样**奢华的生活，却来抢劫**如此贫穷的我们**。"[30]

主要来自东方的新粮食作物

就像希罗多德讲述的多数故事一样，这是一个好故事，而且可能是真的。这个故事还有续篇。在胜利后的150年，希腊人对波斯帝国越来越熟悉：他们在其中旅行，为之作战，有些（包括希罗多德）出生在波斯帝国。最终，在亚历山大大帝的领导下，征服了波斯帝国。亚历山大大帝的目标之一——他的老师亚里士多德将他引向了这个方向——是调查波斯各行省的自然物产。

这立刻带来了实际效果。新食物被找到。其中有几种被迅速引入希腊和欧洲，成为主要作物，而且由于从很久以前就为人所熟知，会被以为是本土作物。

亚历山大大帝征服波斯帝国之后，桃子和杏子迅速向西传播，最终在希腊和地中海地区各地被种植。最早的希腊报告中它们的名字表明它们分别是在波斯和亚美尼亚被发现的，不过它们都源于更东的地区。锡弗诺斯岛的狄费洛斯（Diphilos of Siphnos），亚历山大大帝的将军之一利西马科斯的医生，表示桃子这种"所谓的'波斯苹果'果汁口味尚可，比苹果更有营养"[31]。罗马百科全书式的著作《自然史》编撰者普林尼描述"亚美尼亚梅子"（杏子）是"唯一香味"和味道"都值得赞美的梅子"。[32]

第三种食物是在波斯东部或阿富汗发现的，在那里，开心果早已被驯化，开心果树数量众多。幸运的是，这种坚果向西流传的过程被相对详细地——主要通过希腊文献——记录了下来。在亚历山大大帝时代之前，希腊人就听说过有关波斯年轻人学习野外生存时吃的营养丰富的坚果的传闻；在这些故事中，这种坚果被称为"大西洋黄连木果"——这是当时希腊人所知的最接近的物种。亚历山大大帝的军队穿越伊朗遇到开心果树时，仍旧未对其进行命名。收集远征科学报告的泰奥弗拉斯托斯（Theophrastos）将这些树描述为"大西洋黄连木或类似物"[33]，但果实大小与杏仁相当。一百年内，开心果有了自己的正式希腊名字。它是啰唆的诗人尼坎德罗斯（Nikandros）列出的众多治疗蝎子蜇伤的药物之一，不过他仍旧认为它属于遥远东方的某处——"在波涛轰鸣的乔阿斯珀斯河（Choaspes）旁，开心果像杏仁一样挂在树梢上"[34]。两百年后，为罗马军队工作的、重视实践的药剂师迪奥斯库里德斯（Dioskourides）建议用开心果治疗蛇咬伤。他知道这种植物的种植范围西至叙利亚。它的传播（至今）受益于一个简单的事实：开心果很容易被嫁接到大西洋黄连木上，而大西洋黄连木在地中海周围生长旺盛。

亚历山大大帝的远征军在伊朗遇到的另一种果树属于另一科，这一科的植物最终在希腊变得比开心果重要得多。这种新水果是香橼。对于第一次看到香橼的希腊人来说，那是十分诱人的画面。一年四季，香橼树都结着已经成熟和正在成熟的果实，同时还在开花。这种很快被称为 kitron 的"米底苹果"，色泽好看、香味迷人，不规则的形状颇为有趣，不过这种形状偏方、凹凸不平、浅黄色、沉甸甸、衬皮多的果实用途似乎十分有限。尽管如此，园丁们还是将其向西传播。希腊有很多香橼果园；至少香橼精华是有用的，纳克索斯岛有一种香橼风味的烈酒。

柠檬源于遥远的东方，是香橼和酸橙的杂交品种。早先，世界各地对这种新水果都一无所知，直到公元951年，一名在印度西部信德旅行的阿拉伯旅行者描述道："他们的国家种植一种苹果大小的水果，味道又苦又酸，被称为 līmūn。"[35] 当时柠檬一定已经从阿萨姆地区——被认为是该杂交品种的发源地——传播到了印度各地。那之后，柠檬栽培又向西传播。1220年前后，一名参与十字军东征的法国主教在巴勒斯坦遇到了柠檬："带有蒿味的酸味水果，其果汁在夏季常被大量加入鱼和肉的菜式，因为其口感清爽，十分开胃。"[36] 不久之后，柠檬开始在希腊种植，在拜占庭晚期的一首诗中被称为 lemonia，在这首诗中，政治讽刺意味被隐藏在对水果的罗列中。[37] 如今，柠檬在希腊十分繁盛，在希腊烹饪中占有重要地位。

棉　豆

如今在希腊非常流行的巨豆是秘鲁棉豆（*Phaseolus lunatus*）。和西葫芦、南瓜、玉米、土豆、西红柿及辣椒等其他新世界食物一样，棉豆是在哥伦布的航行后进入希腊烹饪的。

500克干棉豆

1/2茶匙碳酸氢钠（小苏打）

3个洋葱，切碎

4个中等大小的新鲜西红柿，擦碎[①]，或1个西红柿罐头

一大把欧芹叶

一把莳萝（可选）

120毫升橄榄油

盐

1茶匙番茄泥

1茶匙糖

4瓣大蒜，切成蒜末，根据个人口味适量加入（可选）

棉豆浸泡一夜，沥水，第二天加水和少量碳酸氢钠煮软。洋葱切碎和擦碎的西红柿或罐头西红柿、切碎的欧芹

---

① 指用擦菜板等工具将西红柿擦或磨成碎末。

第一章 源 起

和莳萝（如选用）放入大量橄榄油中炖煮。加盐、番茄泥和1/2茶匙糖。在洋葱油亮变软但未变色时，将其和沥干的豆子一起倒入烤盘。搅拌后平铺成3—4厘米的一层，让有些豆子完全浸没在汤汁中，170摄氏度烤30—40分钟。如果加大蒜，在烤了25—30分钟后加入并搅拌。

烤好后，最上层应该起泡并变成深棕色。汤汁会因为融化的洋葱而变得浓稠。

欧芹可以用车窝草或芹菜代替，仍旧用叶子和切碎的茎。

棉豆或"巨豆"，利马豆的一种，是希腊最受欢迎的配菜之一：一定完胜英国人的烤豆子

然后橙子也出现了。橙子也是杂交种，杂交的是橘子和柚子：大小正好介于两者之间，颜色更接近橘子。橘子原产于中国，柚子原产于东南亚，杂交品种可能是在中国南部沿海出现的。它还要跨越很远的距离才能到达希腊，不过中世纪的阿拉伯商人在那些水域航行，并在柠檬到达近东后不久又将酸橙（"塞维利亚橙"）带到近东。橙子第一次被用希腊文提及同样是在那首提到水果的讽刺诗中；[38]此外还有一份拜占庭学术评注提供了额外证据——该评注无疑是一名橙子爱好者撰写的。[39]甜橙的到来要更晚一些，如今橙子树在希腊各地的花园和果园中都很常见。城市街道上种植的橙子大多是酸橙，非常适合制作糖渍蜜饯（spoon sweets），但不适合作为新鲜水果直接食用。

希腊这一时期引进的第三类食物来自另一科，烹饪用途也彼此不同。茄子？肯定是蔬菜。西红柿？也是蔬菜。胡椒和辣椒？是香料，如不作为香料使用，就也是蔬菜。茄子是印度的本土物种，中世纪从东方传入，在拜占庭时代的希腊已为人所知。不祥的颜色让它们被称为"疯果"或"恶魔果"，直到奥斯曼帝国统治时期，茄子才在希腊烹饪中真正占据一席之地。

哥伦布航行及墨西哥随后被西班牙征服让另外两种食物从大西洋彼岸传入希腊。辣椒很快到来：寻找经典的黑胡椒等香料的探险家在墨西哥找到了这种比胡椒还要有用的香料。辣椒不仅能提升食物的热性——这在当时是很重要的药用需求——还因为可以在欧洲种植而不需要大量进口。它让那些买不起进口异国香料的人也能享受香料的保健效果，这无疑是辣椒迅速传播的一个重要原因。[40]西红柿的引入过程相对曲折。欧洲人认可它可以食用，但无人知道如何对其饮食特性进行分类。据说，西红柿直

第一章 源 起

到1815年才传入希腊,被种植在雅典嘉布遣修道院的花园中。[41]疑虑无疑已成为历史,现在西红柿深受希腊种植者喜爱,并因其对健康饮食的贡献而倍受赞誉。但值得注意的是,在炎热的初夏果实膨大时,西红柿需要大量浇水。这一点即便现在能做到,可能也无法永久维持。目前,西红柿在希腊食品生产和希腊烹饪中占有一席之地,启发了融合菜大厨克里斯托福罗斯·佩斯基亚斯(Christoforos Peskias)的招牌西红柿寿司。

这一时期,一些其他异国植物也在希腊获得了一席之地,特别是中国的猕猴桃、墨西哥的西葫芦和仙人掌果。还有曾经充满异国情调,现已为人所熟知的新世界豆类。多个物种因哥伦布的航行横渡大西洋,但在希腊最为人所熟知和独特的是棉豆(gigantes),棉豆又称"巨豆",是秘鲁物种 Phaseolus lunatu 的栽培品种,在其他地区被称为利马豆(lima beans 或 butter beans)。

和新的水果与豆类一样,三种世界上最重要的主食在古典时代后来到希腊。三种食物都为希腊烹饪增色不少,但都没有对希腊真正的主食——优质新鲜的小麦面包——造成威胁。三种主食中最早传入的是水稻。水稻原产于中国或东南亚,4 000年前就已在印度种植,在亚历山大大帝征服波斯帝国时已传入波斯帝国的中心地带。随亚历山大大帝远征并观察阿富汗的开心果树的亚里士多布洛斯(Aristoboulos)也注意到印度河流域的水稻"被播种在园地中,在灌满水的区域内生长。植株高约四腕尺①,"他还略显夸张地表示,"结有很多穗和谷粒"。[42]比亚里士多布洛斯年轻一些的同时代外交家麦加斯梯尼(Megasthenes)描述米饭

---

① 古长度单位,等于手腕到手肘的长度,一个希腊腕尺约等于46.38厘米。

如何构成印度餐食的一部分:"用餐时,每人面前都摆着一张类似锅台的桌子,上面放着一个金碗,里面先放米饭——就像煮二粒小麦一样煮熟——然后放上按照印度食谱制作的各式小菜。"[43] 水稻非常有用,不容忽视,在亚历山大大帝的继任者们的统治下,有效的水稻种植实验在叙利亚展开。从那时起,水稻就一直在地中海地区被种植,但处于边缘地位:大米是被推荐给病人食用的布丁的主料和受欢迎的配菜,但并未像在印度那样成为主食。在希腊烹饪中,大米很快成为一道曾被称为 *thria*,现在叫作"葡萄叶包饭"(*dolmades*,见第118页方框)的菜式的主料。

墨西哥和秘鲁的主食玉米与土豆在哥伦布航行后来到欧洲。土豆传入希腊很晚。它们在东马其顿和色雷斯生长良好——兹拉马附近的奈夫罗科皮(Nevrokopi)是土豆之都——2012年,土豆在"土豆运动"中受到了前所未有的关注,当时希腊农民为了与廉价进口土豆打价格战直接向希腊消费者销售土豆和其他基本食品。

玉米要重要得多。19世纪初,玉米在希腊部分地区取代了小麦和大麦成为基本粮食作物,比如伯罗奔尼撒半岛,英国古董专家 W. M. 利克(W. M. Leake)经常在那里看到田地里种植着被他称为 kalambokki 的玉米。他还提到玉米在家庭中的重要性:

> 磨玉米粉的手磨机是一件重要的家具。磨玉米粉一般是妇女夜晚的工作,她们时常一边干一边唱歌,哀悼某位逝去的亲人——可能是被敌对的家族杀死的……希罗米隆手磨(*cheiromylon*)就是由古代手磨机直接发展而来的,磨玉米时唱的歌则是磨坊歌曲(*odai epimylioi*)。[44]

第一章　源　起

利克在其他地方描写马尼半岛的女人:"夜晚她们转动手磨机,哭泣,一边磨小麦,一边为逝者吟唱哀歌。"[45]利克知道"磨坊歌曲"的历史与希腊文学一样悠久。在那个时代,这些歌曲陪伴妇女们碾磨玉米和小麦;2 500年前,人们磨的是大麦——公元前6世纪庇塔库斯①统治莱斯沃斯岛的米蒂利尼(Mytilene)时,一直保持着平民的生活方式。"磨面粉是他的放松方式,哲学家克莱阿科斯(Klearchos)说道。"[46]古代科学家泰勒斯证实了这个故事。"我在莱斯沃斯岛的埃雷索斯时,"他回忆道,"听到一个女奴在磨石前唱歌:

  在磨坊磨呀磨;
  就连伟大米蒂利尼的国王,
  庇塔库斯都在磨。"[47]

---

① Pittakos,来自莱斯沃斯岛的古希腊政治家、军事领袖,"希腊七贤"之一。

第二章
古典盛宴：最早的美食学

在其有文字记载的历史的最初几个世纪里，希腊与当时或现在世界上任何其他地区都不同。它由一组极其独立的城邦构成，就像最自豪的瑞士州或强势的民族国家一样，每一个城邦都独立于其他所有城邦。这些"城邦"通常很小——只有几千或几百名居民——且多数自视为民主政体。事实上，与现代国家相比，它们有更民主的地方，也有不民主的地方。只有属于城邦的男性自由民是这些民主政体的一部分，这些自由男性公民亲自集会、发言、投票并立法。有些城邦被国王或"暴君"（希腊语写作 tyrannos，指绝对统治者）统治是因为过去市民决定如此。理论上，他们可以改变主意。城邦之间若是发生战争（正如实际上不断发生的那样），是因为市民投票决定战斗，决定做出后，市民自己参加战斗。

随着时间从史前进入有文字记载的时代，考古学开始被文献补充，从约公元前 700 年开始，重现希腊人享用的全套餐食和个别菜式变得更加容易。但一开始历史和文献之间存在一种奇怪的差异。大约创作于这一时期的《伊利亚特》和《奥德赛》两部荷马史诗向我们呈现的似乎是诗人想象的社会的典型餐食，但是城邦呢？在那些诗歌中，在国王的大厅或猪倌的小屋里，晚餐总是

第二章　古典盛宴：最早的美食学

包括烤肉——猪肉，羊肉或牛肉，如果有牛被献祭。还有盛在篮子里的面包和"烈酒"。男人烤肉。女人烘焙面包。在墨涅拉奥斯家举行的一场婚礼上，男宾客们"赶着羊，带着阳刚的酒，来到神一般的国王家中，而他们的妻子则为他们送来了面包"[1]。

早餐吃的是前一天晚餐剩下的食物（《奥德赛》中只提到了一顿早餐）。但也有其他情况，以及暗示存在更多样的食物的诱人描写。主人与意外造访的客人分享食物：仍是前一天晚餐剩下的东西，但还有"各种小菜"。年轻的瑙西卡娅去河里洗涤衣服，她的母亲准备"各种珍馐美馔"和葡萄酒作为午餐给她带上。卡吕普索为奥德修斯准备过类似的野餐。

《奥德赛》中出现了奶酪。但制造它的是可怕的巨怪，而非文明人，巨怪的日常食物是羊奶和他用羊奶制作的凝乳与奶酪。

女人烘焙面包：公元前5世纪早期的塔纳格拉雕像

奥德修斯和他的水手发现"洞里贮存着一筐筐奶酪,绵羊和山羊的厩地紧挨着排列,全都按大小归栏:早生、后生和新生的一圈圈分开饲养,互不相混。洞里各种桶罐也齐整,件件容器盈盈装满新鲜的奶液"²。很快他们看到巨怪"坐下挨次给那些绵羊和

这无疑是荷马史诗中的场景。是布里塞伊斯为福尼克斯斟酒,还是赫西俄德为涅斯托尔调制休刻翁?无论是哪种情况,这名女子都是被俘虏的贵族,这也是她身着正装的原因。"布莱戈斯画家"①的雅典花瓶画。约公元前480—前470年

---

① Brygos painter,公元前500年到前470年左右活跃的古希腊花瓶画家,其作品风格精致,注重细节,描绘神话、日常生活和体育运动中的生动场景。其绘制的花瓶因艺术价值及对理解希腊艺术和文化的意义而受到高度重视。

第二章 古典盛宴：最早的美食学

山羊挤奶，再分给每只母羊一只嫩羊羔哺喂。他立即把一半刚刚挤得的雪白奶汁倒进精编的筐里留待凝结作奶酪，把另一半留在罐里，口渴欲饮时，可以随时取用，也备作当日的晚餐"[3]。用绵羊奶和山羊奶混合制成的奶酪恰巧正是后来西西里岛出口到希腊的奶酪，而西西里岛正是后来的希腊人想象独眼巨人生活的地方。独眼巨人的生活方式，除了偶尔借机吃人，类似温和的牧羊人——他们春天迁徙到高山牧场，秋天再返回低地。

还有能够恢复或破坏健康的食物。女人似乎有制备它们的特殊技能。在《奥德赛》中，墨涅拉奥斯和他的两位疲惫的客人需要海伦的关怀，她"把一种药汁滴进他们的酒里，那药汁能解愁消愤，让人忘却一切苦怨"[4]。据说她曾在埃及学习药用植物。尽管将烤肉的工作被留给了男人，其他女人也会为疲惫繁忙的男人调制休刻翁①、"牛奶酒、药剂"[5]。在《伊利亚特》中涅斯托尔将受伤的马卡昂带回他的帐篷：

> 美发的赫卡墨得给他们准备饮料……再把一只青铜大圆盘放到桌上，盘里摆着酒菜：郁香诱人的大葱、黄色的蜂蜜和神圣的大麦做的粗磨面饼……女神般的赫卡墨得在盅里给他们调好普兰那好酒，又用青铜锉锉进一些山羊奶酪，撒进一些洁白的大麦粉。[6]

这里没有提到药剂，但情境会让人想起海伦，过程与女巫基

---

① kykeon，一种古希腊饮料，由水、大麦、薄荷制成，有时还加入奶酪或蜂蜜，常在宗教仪式和节庆活动中被饮用。

尔克招待人也很相似："基尔克领他们进宅坐上便椅和宽椅，为他们把奶酪、面饼和浅黄色的蜂蜜与普拉姆涅酒混合，在食物里掺进害人的药物。"[7]就是这种混合物将奥德修斯的水手变成猪。[8]

同时期的另一份资料呈现了农民的野餐。赫西俄德（Hesiod）诗作《工作与时日》是给农民的建议，在其中仲夏是在户外用餐的时节：

> 在菊芋开花时节，在令人困倦的夏季里，蝉坐在树上不停地振动翅膀尖声嘶叫。这时候，山羊最肥，葡萄酒最甜；妇女最放荡，男人最虚弱。那时天狼星烤晒着人的脑袋和膝盖，皮肤热得干燥。在这时节，我但愿有一块岩石遮成的阴凉处，一杯毕布利诺斯的美酒，一块乳酪以及老山羊的奶，未生产过小牛的放在林间吃草的小母牛的肉和初生山羊的肉。
>
> 愿坐在阴凉下喝着美酒，面对这些美馔佳肴心满意足；同样，我愿面对清新的西风，用常流不息的洁净泉水三次奠水，第四次奠酒。[9]

这部最早的史诗向我们讲述了一种乡村生活方式，史诗诗人无疑借鉴了源远流长的口头传统。同时代或更晚的挽歌诗人和抒情诗人的生活方式或许有所不同：他们对生活的看法显然不同。他们住在已经开始繁荣的城邦中，并为之战斗和写作。曾把他认识的一名淫乱的帕罗斯岛女人形容为"一棵喂饱很多乌鸦的无花果树"的阿尔基洛科斯（Archilochos）是向北航行征服萨索斯的帕罗斯岛公民之一。他们殖民了这个岛屿，占领了色雷斯海岸的

第二章 古典盛宴：最早的美食学

葡萄园并喝那里的酒："我的矛上有揉好的面包，挂着一袋伊斯马罗斯①葡萄酒，我靠着矛畅饮。"[10]

政治上的一个极端是斯巴达、其近邻以及克里特岛城邦，在这些城邦中，男性公民的伙食严格平等且集体共享，他们在"男人之家"（*andreia*）用餐。食物很单调，斯巴达的主食是著名的黑汤。正如雅典戏剧舞台上所说："难怪斯巴达人会拼死战斗。他们宁愿死上一万次，也不愿回家继续喝黑汤。"[11]

另一个极端是雅典和科林斯，它们是富裕的贸易城市，有自己的友谊、派系和竞争，这在饮食方面非常明显。雅典人从他们有时假装鄙视的东方文明那里学会了躺在坐榻上吃喝。他们学会了先吃饭，然后在单独的"另一餐"上喝酒，有时是与另一批同伴一起。餐会被称为 *deipnon*；很多喜剧片段向我们展现了用餐的具体情形，给人以吃为主、交谈为辅的印象。酒会被称为 *symposion*，这个词因柏拉图的哲学对话录而为人所熟知，其中之一《会饮篇》（*Symposion*）描绘了苏格拉底和朋友讨论爱的本质。最好的酒会菜单出现在克赛诺芬尼（Xenophanes）的一首早期挽歌中，他在其中非常清楚地描述了酒会的盛况：

现在地面干净了，还有我们的手和杯子：一人递上花环，另一人献上一壶香油。调酒器（*krater*）盛满欢喜：另一种葡萄酒被装在罐子里，据说永不会腐坏，散发出鲜花淡淡的香气。香薰在我们中间散发出圣洁的气息；有清凉、甜美、干净的水。黄色的面包摆好了，一张宽敞的桌子上摆满

---

① 古代色雷斯基科涅斯人的城市。

希腊美食史：诸神的馈赠

这个公元前2000年前后的塞浦路斯花瓶上的场景会让人不禁联想到赫西俄德约1300年后在《工作与时日》中描述的野餐。不过，这是准备祭祀的场景吗？还是牧羊人和他的狗？陶工幽默地将这个壶本身置入了场景中

了奶酪和浓郁的蜂蜜。[12]

49　　调酒器盛着刚刚与水混合的葡萄酒。餐会和酒会非常不同，给人的感觉亦是如此，以至于很少有资料将两者联系在一起。

有大量关于古典时代雅典食物的文字证据，其中，一部喜剧的简短片段包含一个庆祝餐会的完整菜单。该剧刚刚开始，一个角色发现了不对劲的地方：舞台上的一扇门后的家庭本应在庆祝一件喜事［婴儿出生五或十天后庆祝的命名仪式

第二章　古典盛宴：最早的美食学

斜倚的酒会参与者拿着一个酒杯。这尊青铜小像几乎与克赛诺芬尼的诗同时代，大约在公元前525年制作于希腊北部，用于装饰一个青铜调酒器的边缘

(*Amphidromia*)]，但出于某种原因没有庆祝：

> 那么，为什么门前没有花环？如果是命名仪式，为什么我嗅探的鼻子闻不到烹饪的香味？——习俗是烤一片克森尼索（Chersonese）奶酪，炸一些油光闪闪的卷心菜，炖一些肥羊排，拔去林鸽、画眉和苍头燕雀的毛，小口享用小乌贼和鱿鱼，挥舞并拍打众多触手，畅饮没有过度稀释的葡萄酒。[13]

在那里，除了献祭的绵羊或小羊的羊排，还有融化的奶酪、油炸卷心菜片、野鸟和章鱼（其触角必须拍打才能变嫩）等海鲜。

新鲜肉类——特指新鲜的家畜肉——只有在祭祀后才会出现在古典时代的菜单上：这是一条严格的规则。野味则不同——

不一定要被献给神——但古典时代雅典附近猎物不多。唯一可能捕获的猎物是野兔，这是一份展现情人狩猎技艺或慷慨的爱的礼物。赠送野兔到底代表技艺高超还是慷慨大方？这取决于野兔是按照色诺芬（Xenophon）的狩猎小手册——该手册默认野兔是常见的猎物——的建议捕获的，还是购买的。与其他新鲜肉类相比，野兔在古典时代的饮食中并不常见，但幸运的是我们有一份烹饪野兔的古食谱，或者说在众多食谱中，我们被明确地引向其中之一。希腊第一名美食诗人阿切斯特亚图（Archestratos）在公元前350年前后写作，他用独一无二的方式就此话题发表了看法：

> 烹饪野兔的方法和规则都很多。这是最好的一种，趁热把烤肉拿进来分给每位食客，只撒盐，在肉还有一点生的时候就从烤肉扦上取下。如果看到肉中渗出汁液（ichor），不要担心，但吃无妨。在我看来其他食谱都不合适，往上浇黏稠的酱汁，放奶酪或过多的油，都好像是在烹饪黄鼠狼。[14]

荷马和赫西俄德都完全没有提到海鲜，但从文字记载来看，在古典时代的雅典，晚餐吃鱼要比吃新鲜肉类普遍得多。从市场到厨房再到餐桌，大量各类雅典喜剧的片段展现了鱼类生意的方方面面。雅典人不是渔民。如果想吃鱼，就得付钱，令人颇感意外的是，总是偏高的鱼价还是对话的常见主题。甚至有一本关于鱼价的专门的书："萨摩斯的吕刻乌斯（Lynkeus of Samos）为他的一个讨厌购物的朋友写了《买鱼》（Shopping for Fish）：教他应该向凶残的鱼贩出价多少，才能合理、轻松地得到他想要的东

第二章 古典盛宴：最早的美食学

西。"[15]这本4世纪美食家圣经的一个段落流传了下来：

> 为了动摇他们钢铁般的眼神和坚挺的价格，颇为有效的做法是站在鱼边上批评它，提起阿切斯特亚图或其他诗人，引用这样的诗句："近海长颌鱼（mormyros），糟糕的鱼，永远不值；如果是春天就说：鲣鱼？秋天再买……/如果是夏天就说：灰鲻鱼冬天最好！"可行的办法很多。你会吓走大多数顾客和看客，所以他只能同意你提出的价格。[16]

这些嵌入的语句并非真实的引言，而是应该能让吕刻乌斯的朋友赢过鱼贩的文字游戏。写下"永远不值"的是赫西俄德，但他形容的不是欧鳊而是他的家乡阿斯卡拉（Askra）。[17]阿切斯特亚图确实建议过在秋天烹饪鲣鱼，但具体措辞不同。

4世纪中期的普利亚（位于意大利南部）鱼盘，这是希腊风格瓷器中非常流行的设计，中间有一个小凹槽，可能是放蘸酱用的。向下翻转的边缘（图中不可见）让菜品更加突出：鱼是很贵的

买了鱼之后必须做成菜,喜剧中的厨师对于如何处理雅典市场上种类意外繁多的海鲜颇为了解。索塔德斯(Sotades)喜剧作品中有一个对自己的采购和烹饪技艺同样自豪的人物列出了一场海鲜盛宴的全部菜单:放在煎锅里烹制的虾;一条狗鲨——"中段烤着吃,其余炖煮搭配桑葚酱";两块扁鲹鱼排——"放入砂锅,加一点香草、孜然、盐、水和一点橄榄油";"一条品相极佳的海鲈鱼:鱼排穿在扦子上烤,其余放入高汤中加油和香草烹制";红鲻鱼和隆头鱼加油和牛至烤;煮酿鱿鱼;简单烤制的乌贼触手,配"什锦蔬菜沙拉";加了油的小鱼;在"香草味浓郁的高汤中"烹制的康吉鳗;撒面粉后油炸的虾虎鱼和岩鱼;一条鲣鱼"蘸油,裹在无花果叶子中,撒上牛至,像木柴一样藏在灰堆下";"一些小法勒隆(Phaleron)鳀鱼:加一杯水就足够了;我会切碎香草并浇上一壶油……这就是诀窍,从书本或笔记上是学不到的。"[18]有时食谱是厨师给奴隶的指示。安提芬斯(Antiphanes)创作了这段精彩对话:

"不,不,多锯鲈要用盐水煨,就像我之前告诉你的那样。"

"海鲈鱼呢?"

"整条烤。"

"狗鲨呢?"

"加切碎的新鲜香草煮。"

"鳗鱼呢?"

"盐、牛至和水。"

"康吉鳗呢?"

"一样。"

第二章 古典盛宴：最早的美食学

"虹？"

"配蔬菜。"

"有一片金枪鱼。"

"低温烤。"

"小山羊？"

"高温烤。"

"另一种？"

"反着来。"

"脾？"

"填料。"[19]

阿尔克西劳斯之杯（The Arkesilas Cup），公元前560年的斯巴达制品，表现了昔兰尼国王阿尔克西劳斯（King Arkesilaos of Kyrene）监督城市的贸易。袋子中可能装着羊毛，但人们通常认为里面装着昔兰尼繁荣的基础——罗盘草

53　　令人意外的是无论这个话题是如何戏谑地被插入喜剧对话中的——"你知道怎么做竹荚鱼吗？""你告诉我，我就知道了。"[20]——被提到的食谱全是真的。我们这么认为不仅是因为它们都很合理，还因为它们与其他为数不多流传下来的食谱是一致的。

　　菜式并不繁复。没有孜然、香菜，甚至不用洋葱和大蒜，不过这些在适当的时候还是会被使用的。烹饪鱼只需要橄榄油和优质新鲜香草，有时还可以加入好的野菜。不加香料——肯定不加当时在欧洲还极度稀缺的胡椒。就连已知在古典时代的雅典已被使用的异国香料都没有出现在鱼的食谱中：迈锡尼人熟悉的有水果香气的盐肤木果和古利比亚的传奇香料罗盘草（silphion）。

　　罗盘草树脂是一种类似茴香的结实植物的树脂，这种植物从未被引进至北非以外的地区。罗盘草树脂被进口至希腊，以高价出售，受到古典时代的厨师和营养学家的青睐，被他们认为对胃有好处。人们将它与奶酪、醋和油混合，然后磨碎，涂在待烤的禽类上，也可以以类似的方式搭配奶酪和醋给鱼调味。这种香料被用来制作腌料和酱料。其在高档希腊烹饪中的地位堪比大蒜在法式料理中的地位。罗马人通过希腊人接触到了罗盘草，喜欢吃其完整的根和切片后在醋中腌制的茎。他们过度采食罗盘草："在世人的记忆中，唯一一株被发现的罗盘草被送给了皇帝尼禄。"普林尼悲伤地报告道。[21]同时，亚历山大大帝的军队在中亚发现了一种罗盘草的替代品，一种被称为阿魏①的树脂，但其

---

① asafoetida，多年生草本植物，原产于阿富汗和伊朗，能产生具有强烈刺激性气味的树脂，既可以用作香料，又具有药用价值。

第二章　古典盛宴：最早的美食学

来自中亚的阿魏（*Ferula assa-foetida*），在罗马和拜占庭时代的希腊被用作罗盘草的替代品。这是在乌兹别克斯坦旺盛生长的阿魏植株

从未被引入希腊烹饪。

　　另一种重要的风味对于古典时代的希腊来说是全新的。鱼露（*garos*）是希腊或腓尼基人发明的，最早在克里米亚的希腊殖民地和西班牙地中海沿岸的希腊和迦太基殖民地被制作，考古学家在那里发现了大规模的相关设施。对于生产者来说，这是利用用于出口的，干燥、烟熏或盐腌的鱼的边角料和内脏的绝佳方式。对于古代厨师来说，鱼露是一种发酵酱汁，是在世界很多地方都很常见的增加风味和咸味的酱汁之一。此类酱汁中最著名的是酱油，但想要尽可能接近地重现古代鱼露味道的人会使用做法完全相同的东南亚鱼露。吃鱼露的习惯传入罗马并（可以说）被拜占庭延续，已知的古代制作方法——适合在海边的小农场进行小规模生产——来自拜占庭。后来鱼露又衍生出两种变体：

54

制作鱼露。所谓的一般鱼露（*liquamen*）是这样制作的。将鱼内脏放入容器中，用盐腌制；小鱼，尤其是银汉鱼（sand-smelt）、小红鲻鱼、黑斑棒鲈（mendole）、鳀鱼或其他足够小的鱼也都这样腌制；将鱼置于日照下，时常搅拌。高温腌制后，可从中获得鱼露：在盛放这些鱼的容器中间放入一个密织深篮，鱼露会流进篮子……

一种名为血鱼露（*haimation*）的优质鱼露是这样制作的。取金枪鱼内脏、腮、液体和血液，撒上足量的盐，在容器中最多放置两个月；然后戳破罐子，被称为血鱼露的鱼露就会流出来。[22]

这枚古昔兰尼硬币背面的花纹是罗盘草，一种高而结实、类似茴香的植物，茎和根含有芳香的汁液，正面图案是希腊神阿波罗。这种植物已经灭绝

鱼露早在公元前5世纪就已为人所熟知〔有意思的是，最早提及鱼露的已知作家是悲剧作家埃斯库罗斯（Aischylos）〕，直到16世纪——当时法国博物学家皮埃尔·贝隆（Pierre Belon）在奥斯曼帝国时代的君士坦丁堡遇到了鱼露——仍是日常食品——但那之后就逐渐销声匿迹了：

第二章 古典盛宴：最早的美食学

庞贝商人温布里修斯·斯考鲁斯（Umbricius Scaurus）家中的马赛克，图案是他自有品牌的鱼露。拉丁语铭文为 G(ari) f(los) scom(bri) Scauri ex offi(ci)na Scauri，"来自斯考鲁斯工厂的最优质的斯考鲁斯牌鲭鱼鱼露"

君士坦丁堡的鱼露制造商大多在佩拉（Pera）。他们每天处理新鲜的鱼，油炸后销售，并利用内脏和鱼子，将它们浸泡在盐水中制作成鱼露。使用哪种鱼非常重要。只有被威尼斯人称为 suro 的竹荚鱼和鲭鱼能用。[23]

古典时代，有些希腊人没有钱买肉或鱼，更别提进口的酱料和香料了。"这些东西穷人是买不起的，"一名贪婪的人物在一个喜剧片段中提醒我们，"金枪鱼腹、鲈鱼或康吉鳗的头或乌贼，我想就连神明都不会讨厌这些。"[24] 有多少雅典人属于此类"穷人"不得而知，但是，鉴于城邦节日意味着免费的食物，他们肯定就在喜剧的观众中，每年两次听到这样的对话提及自己：

我男人是个乞丐，我是个穷老太：还有我们的女儿，我们还是孩子的儿子和这个好姑娘，我们一家五口三个人吃晚餐，剩下两个只能分到一点大麦糕……我们能过活全靠豆子、羽扇豆、野菜、芜菁、豇豆、家山藜豆、橡子、葡萄风信子球茎（*bolbos*）、蝉、鹰嘴豆、野梨和我深爱的传统晒干食物，无花果干。[25]

球 茎

二月底三月初，山间突然开满鲜花。最早是淡紫色和紫色的银莲花；然后是杏花，春天即将到来的标志；之后百慕大奶油花会迅速蔓延铺满梯田、道路和墙壁；接着番红花、娇嫩的岩玫瑰、香豌豆、兰花和羽扇豆次第开花。羽扇豆种子历史上是四旬斋①餐桌上的一道佳肴，但需要彻底浸泡和烹饪才能去除毒性和苦味。之后，无数小小的蓝色风信子在蒲公英和矢车菊间抽芽了。

小小的球茎深深地镶嵌在多石的地里，采集1千克需要很长时间，但是在伯罗奔尼撒半岛、克里特岛和其他地方，这些葡萄风信子，也就是丛毛蓝壶花（*Leopoldia comosa*）的球茎（*volvoi*）很受追捧。它们的赏味季节一般和四旬斋重合，会在斋戒日与其他小吃（*mezedes*）一起被食用，这种食材略带苦味，但口感清爽清脆，与醋和橄榄油相得益彰。

---

① 基督教复活节前为期40天的斋戒和忏悔。

第二章 古典盛宴：最早的美食学

野生葡萄风信子（丛毛蓝壶花）的花

以下做法来自赫里斯托斯·斯塔马蒂亚诺斯（Christos Stamatianos）。在其家乡斯巴达，他补充道，球茎加油轻轻捣碎作为主食食用，只配面包和一壶葡萄酒。人们曾经跟着犁地的骡子在犁过的地上捡新鲜的球茎。如今很多希腊年轻人已经不知道这些了。除了春天在克里特岛，很难在餐馆的菜单上找到葡萄风信子球茎（谁又会在菜单上注意到"球茎"这么平淡无奇的词呢）。

葡萄风信子球茎

小心剥去每个球茎的深色外皮，修剪但保留根部，以免球茎在烹饪时塌陷。煮沸后用大量水炖15分钟左右，然后沥干。重复这一过程三次以去除苦味。装入瓶中，加入几粒完整胡椒和一片月桂叶，倒入优质白葡萄果醋直至浸没。可以立即食用，但在储存过程中风味会愈发浓郁。食用时可加香醇的特级初榨橄榄油、切碎的大蒜和新鲜莳萝、牛至或克里特白鲜。

葡萄风信子球茎（希腊语称 *volvoi*，意大利语称 *lampascioni*）自古就是希腊和意大利南部很受欢迎的食物。葡萄风信子可以在花园中种植，在其他地方作为花园植物为人所知，但时常是从野外采集的。其有催情效果的名声早已消失

58　　在这个当地传统非肉类食物的清单中，一种几乎不用花一分钱的食物值得探讨。葡萄风信子球茎原产于希腊，古今都被视为佳肴，通常是从野外采集的，古雅典人会在来自邻近的迈加

第二章 古典盛宴：最早的美食学

拉的种植者在市场上售卖的蔬菜中看到它的身影。人们曾经相信它有催情的效果。拉丁农业诗人科卢梅拉（Columella）就曾写道："从迈加拉带来有助繁育的球茎种子，这种球茎能够唤醒男人并帮助他们与女人性交。"[26]这种说法早已消失，但球茎在希腊部分地区仍是一道受欢迎的配菜，尽管它们需要长时间的烹饪（传统做法是埋在热灰下）和适当的调味（正如一部希腊喜剧所强调的）："请看人们对待球茎多么郑重，球茎菜肴多么奢华：必须配奶酪、蜂蜜、芝麻、橄榄油、洋葱、醋、罗盘草。如果什么都不加，它就寒碜而酸涩。"[27]古罗马食谱书《阿皮基乌斯》（Apicius）记载了一些罗马人处理这种希腊特产的方法：

> 球茎。加油、鱼露、醋，表面撒一点孜然即可食用。——或，捣碎后水煮，然后再油炸。用百里香、唇萼薄荷、胡椒、牛至、蜂蜜和少许醋和鱼露（如果喜欢）调制酱汁。上菜前撒上胡椒。——或煮沸后压入平底锅，加入百里香、牛至、蜂蜜、醋、浓缩葡萄汁、枣、鱼露和一点油。上桌前撒上胡椒粉。[28]

地 方 特 色

香料和配菜只是故事的次要部分。在古典时代的短暂繁荣——从公元前776年的第一届奥运会到公元前336年亚历山大大帝即位为马其顿国王——中，我们可以看到在希腊多样的地理环境和支离破碎的政治环境中，各地区之间出现了一种非凡的、创造性的互动。在这一时期，人们开始珍视每座岛屿和每个城市的特产，这在该地区和全世界都是第一次。

古希腊文献中有大量这样的言论。雅典娜讲述特勒马科斯①造访"生育美女的斯巴达"（Sparten es kalligynaika）时，并不是用他儿子的冒险取笑奥德修斯或随便用形容词填充诗句。[29]这是与该城市联系在一起的特点：请听德尔斐的阿波罗女祭司向认真的求问者发出的极端庄严神谕：

> 色萨利的母马，斯巴达的女人，
> 饮美丽的阿雷杜萨（Arethousa）之水的男人
> 但最出色的战士住在
> 梯林斯和盛产绵羊的阿卡迪亚之间
> 身着亚麻的阿哥斯人，是战争升级的导火索。[30]

颂歌诗人品达（Pindar）列举地方特产时也采用了同样严肃的语气："来自泰耶托斯山（Taygetos）的拉科尼亚犬追捕猎物十分积极。斯基罗斯山羊特别适合产奶。"[31]不知何故，食物和饮料反复出现：阿雷杜萨的火山泉（曾为埃维亚岛的哈尔基斯②提供饮用水）、斯基罗斯山羊的奶、阿卡迪亚的山羊。这种列举被写成六韵步诗行最好听，比如《奥德赛》和德尔斐女祭司的语言。就连雅典喜剧在列举地方特产时也会运用史诗的六韵步诗行：

---

① 《奥德赛》中奥德修斯之子。
② Chalkis，埃维亚岛上的主要城市。

第二章　古典盛宴：最早的美食学

昔兰尼的罗盘草和牛皮；
赫勒斯滂的鲭鱼和所有盐水鱼；
色萨利的二粒小麦粉和牛肋骨……
锡拉库萨提供猪和奶酪……
罗得岛出产葡萄干和美味无花果。
埃维亚岛的梨子和大个苹果……
帕夫拉戈尼亚为我们送来栗子
光滑的杏仁，欢宴时用作装饰。[32]

　　几份清单有重复之处是因为它们的内容是真实的。萨摩斯岛富有的国王波吕克拉忒斯（Polykrates）为他的样板农场寻找最好的山羊和猪的时候，选择了斯基罗斯的山羊（品达也会赞同的）和西西里岛的猪（正如喜剧选段中所说）。[33]清单甚至彼此补充，吸引热爱美食的学者编写古希腊美食指南。

在神话中希腊酒神狄俄尼索斯（巴克斯）的追随者中，西勒诺斯（Silenos）是相当重要的一位。他常被描绘为一个又胖又老、狂欢的醉鬼，摇摇晃晃地骑着一头驴；有时与女祭司（Mainad）狂饮作乐，就像这枚萨索斯硬币所展现的一样

难怪狄俄尼索斯——不仅是一位备受尊敬的神,还是经常出现在雅典舞台上的一个角色——会是在喜剧中背诵古典时代希腊最好的葡萄酒的清单的人物:

芒德葡萄酒会让众神兴奋到尿床。

玛格尼西亚的(Magnesian)甘美异常,萨索斯的果香浓郁,

这些都是酒中臻品,但在我看来都比不上高雅无害的希俄斯岛葡萄酒。[34]

这是在公元前5世纪末。如果几十年后有人请酒神给出类似的清单,他一定会加上莱斯沃斯岛葡萄酒。

古希腊葡萄酒的故事是一个渐进的发展过程,强调地方特色。很多城邦都为自己的葡萄酒感到自豪。用我们的话来说,他们的策略是建立品牌形象。每个葡萄酒产区分装葡萄酒的大型陶制双耳细颈瓶都是独特的形状。双耳细颈瓶上还有印章或标签。葡萄、双耳细颈瓶和其他与葡萄酒有关的事物被制造葡萄酒的城邦选为硬币图案:公元前5世纪的芒德硬币描绘了狄俄尼索斯、西勒诺斯和葡萄藤。当时的葡萄酒没有橡木的味道,但已有松香——如今因松香葡萄酒而为人所熟知——的味道:最早的书面证据来自在罗马帝国时代用希腊语写作的药剂师迪奥斯库里德斯,但考古过程中发现的浸透松脂的双耳细颈瓶表明希腊葡萄酒很久以前就有这种风味。树脂能够密封陶器多孔的表面,让酒不易变质,还能增添独特的风味——不是葡萄酒最好的风味,但也不是最糟糕的。

第二章 古典盛宴：最早的美食学

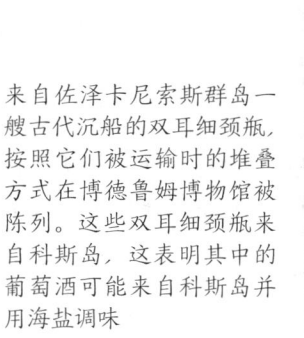

来自佐泽卡尼索斯群岛一艘古代沉船的双耳细颈瓶，按照它们被运输时的堆叠方式在博德鲁姆博物馆被陈列。这些双耳细颈瓶来自科斯岛，这表明其中的葡萄酒可能来自科斯岛并用海盐调味

最早的美食家

如果不只是关注葡萄酒，而是追寻不同品质食物的地理分布，最早也是最重要的资料来自西西里岛的希腊人阿切斯特亚图写于公元前350年前后的美食学诗作。部分精选片段在阿赛奈奥斯（Athenaios）的《智者的晚宴》（*Deipnosophistai*）——一部年代较晚的、备受尊重的美食圣经——中流传了下来。

阿切斯特亚图的语言直接有力，时常带有争辩语气。他的诗句很好记。它们非常适合美食家们在晚宴后对彼此引用。他的诗句告诉读者或听众何时购买处于最佳状态的某种食物：

当猎户座在天空落下时
葡萄串之母褪去她的鬈发，
拿一份撒着奶酪的萨尔格鱼（sargue），

>大小适中，热乎乎的，浇上浓烈的醋……
>所有肉质粗糙的鱼都可以这么做。
>如果有肉质天然丰腴柔软的好鱼，
>只需稍微撒点盐并用油滋润它。
>其本身就能带来愉悦。[35]

这种美食哲学始终围绕着愉悦。和赫西奥德一样，阿切斯特亚图看向星空（"当猎户座……落下时"）不是出于任何占星学上的原因，而是因为每座古代城邦都有自己的日历。鉴于阿切斯特亚图在为"希腊全境"写作，月份名对他来说没有用：他必须使用星星的起落。[36]

阿切斯特亚图强烈反对他的西西里岛同胞的饮酒习俗："不要像那些锡拉库萨人一样——像青蛙一样只知道喝酒，什么也不吃。"[37] 对于希腊统治的西西里岛的厨师，他没有一句好话：

>他们不会处理好鱼
>简直暴殄天物，只会放奶酪
>加寡淡的醋和腌罗盘草。[38]

阿切斯特亚图知道在迦太基的海边和马其顿培拉的市场上买什么鱼。他知道独立城邦雅典的工业化面包烤炉和被波斯统治的埃里斯赛（Erythrai）的黏土烤炉。他从意大利南部的希波尼翁（Hipponion），那里的人们用写着奥斯坎①文字的硬币交易，小亚

---

① 古意大利奥斯坎人使用的语言，属印欧语系，主要在意大利南部被使用。

第二章 古典盛宴：最早的美食学

埃尔穆波利（锡罗斯岛）码头刚刚捕获并准备售卖的鱼

细亚的伊阿索斯（Iasos），统治该地的国王后来成为波斯总督。阿切斯特亚图流传下来的诗歌片段共包含60个地名。他肯定造访过这些地方——要做研究除此之外别无他法。在旅途中，他可谓节俭，事无巨细地亲自过问自己的食物，但并非一毛不拔，还是购买和品尝了不少顶级食物。他的有些观点——对雅典面包、法勒隆鳀鱼和科帕伊斯湖鳗鱼的好评——与美食学常识一致。但这只是冰山一角：阿切斯特亚图的大量其他观点所包含的信息量远超其他资料来源，为我们介绍了希腊较小的港口和市场，以及未被其他作品记录的大量食品（尤其是鱼）。关于优质食物的来源，每座城邦都有没有用文字记载的地方传统，尽管阿切斯特亚图辞藻华丽，他的记录却与这些传统相符。我们读到的零星信息是在渔民、鱼贩、食品消费者以及旅行者和酒馆老板之间流传的知识。

阿切斯特亚图最喜欢的话题是鱼，但他的诗一上来写的是谷物——希腊人的主食，女神得墨忒耳赠予人类的礼物。他提供的信息与考古和文献证据一致。回头看史前时代，大麦在莱斯沃斯岛受到偏爱，二粒小麦则是色萨利选择的小麦品种。雅典进口小麦（在雅典喜剧中）因烤过头的小麦面包而著名（柏拉图的对话对此亦有贡献）：黏土烤炉被广泛使用。[39]

> 首先我要回顾美发的得墨忒耳的礼物……
> 那是最好的，最上乘的，
> 取自成熟的优质大麦麦穗，外壳被去除得干干净净，
> 来自莱斯沃斯岛埃雷索斯[①]被海水冲刷的胸膛，
> 比空中的雪花还要白。如果众神
> 吃珍珠大麦，赫尔墨斯就会去那里采购……
> 就拿色萨利面包卷来说吧，手揉面团
> 旋绕在一起；它们在那里被称为"酥包"，
> 也被其他人叫作二粒小麦面包……
> 在著名的雅典
> 优质的面包在市场上向凡人销售。
> 来自葡萄酒之乡埃里斯赛的黏土烤炉的一条白面包，
> 蓬松柔软，完美发酵，娱悦餐桌。[40]

[①] Eresos，位于希腊莱斯沃斯岛西南部。

第二章 古典盛宴：最早的美食学

阿切斯特亚图可能对葡萄酒发表过很多看法，但关于这个话题他被引用的话语都不长。他就小菜给出过建议：他不提倡吃小菜。"我向一碟碟的葡萄风信子球根和罗盘草茎告别！"[41]有一个关于贝类的片段，因为与其他古代资料来源和现代信息的联系而有趣："米蒂利尼产扇贝；安博拉基亚（Ambrakia）也大量出产扇贝，而且个头很大。"[42]伊奥尼亚海沿岸的安博拉基亚的大扇贝无疑是圣雅克扇贝（coquilles St-Jacques），比阿切斯特亚图熟知的米蒂利尼海峡的扇贝大得多。米蒂利尼出产的个头偏小的扇贝，可能是栉孔扇贝（petoncle, Chlamys varia），这个品种风味不输圣雅克扇贝，在莱斯沃斯岛附近的水域至今为人所知。在古代，它们被保存在盐水中并出口，或新鲜食用，但"如果高温烤并和醋、罗盘草一起吃，会因为过甜而导致腹泻；低温烤会让它们更多汁和容易消化"[43]。赫勒斯滂（达达尼尔海峡）的"阿拜多斯的牡蛎"[44]在后来的文献中多次出现：罗马诗人卡图卢斯（Catullus）提到"赫勒斯滂比其他沿海地区更盛产牡蛎"[45]。流传下来的碎片和阿切斯特亚图所有诗歌的真正焦点是在餐桌上唱主角的鱼：在哪里，什么季节，选什么品种的鱼，以及如何处理它们。食谱经常极度简单。以下是阿切斯特亚图写下的一种类似金枪鱼的做法，"秋天的鲣鱼"在如今的伊斯坦布尔、中世纪的君士坦丁堡和古代拜占庭都一样肥美：

> 用无花果树的叶子和牛至（不要太多），
> 不加奶酪，不要画蛇添足：只用无花果叶
> 包好，用绳子在上面系好，
> 然后将其埋在热灰下，留意

令米蒂利尼著名的扇贝,比圣雅克扇贝小,但同样美味

烤的时间,不要烤过头了。

如果想要好吃,就从美好的拜占庭买吧……[46]

另一个片段推荐金枪鱼,中石器时代弗兰克西洞穴的渔民曾在这种鱼穿越刚刚与外部联通的爱琴海迁徙时对其进行拦截抓捕:

如果你来到著名的神圣城市拜占庭,
听我的多吃一片一岁的金枪鱼:鲜嫩美味。[47]

但阿切斯特亚图提倡简单的烹饪。如果你不喜欢简单的做法,想要为盐腌金枪鱼搭配酱汁,要等待700年才能在罗马烹饪

第二章 古典盛宴：最早的美食学

书《阿皮基乌斯》中找到所需原料：

搭配盐腌鲣鱼和金枪鱼的酱料。胡椒、欧当归[①]、孜然、洋葱、薄荷、芸香、核桃、枣子、蜂蜜、醋、芥菜、橄榄油。[48]

阿切斯特亚图是最伟大的古代美食作家，但并非第一个。古典时代的希腊食谱书一本也没有流传下来，但多亏阿赛奈奥斯的《智者的晚宴》，我们可以从一系列此类早期文献中读到一两个食谱。最早的希腊食谱书的作者是"撰写关于西西里岛烹饪的书的米泰科斯（Mithaikos）"[49]。这些话语来自柏拉图的对话录《高尔吉亚篇》：这证明米泰科斯具有一定的知名度，否则他不会在哲学文本中被提及。柏拉图笔下的苏格拉底讽刺地指出面包师西阿里翁（Thearion）、米泰科斯和酒商萨兰博斯（Sarambos）都擅长照顾雅典人的身体：他们为雅典提供了优质的面包、丰富的菜肴和进口葡萄酒……结果不是健康，而是堕落。米泰科斯还在其他地方被提到了几次，但只有阿赛奈奥斯引用了米泰科斯作品中的话。被引用的是一个完整的食谱，但篇幅极短。是一种名为大眼赤刀鱼（tainia）的鱼，这个名字在公元前5世纪初在西西里岛为人所知，指的是一种被法国人称为 cepole 的、不怎么好吃的带状的鱼："大眼赤刀鱼：去除内脏，去头，洗净，取鱼肉切片：加奶酪和油。"[50]

[①] lovage，伞形科多年生草本，原产于欧洲南部，具有芳香和茎、叶，既可以用作烹饪香料也可以入药。

米泰科斯有一名邻居兼后继者格劳科斯（Glaukos），他来自位于意大利南部的希腊城市洛克罗伊（Lokroi）。他的作品中也只有一个食谱流传了下来，是一种酱汁："血酱（*Hyposphagma*）：煎血、罗盘草、葡萄糖浆（或蜂蜜）、醋、牛奶、奶酪、切碎的香草。"[51]然后是来自希腊城市塔拉斯（Taras，即现塔兰托）的赫格西普斯（Hegesippos），他给出了一道著名的古老菜肴的食谱，这道菜既不是西西里岛菜也不是意大利菜，而是来自希腊世界东缘，早于波斯王国的吕底亚王国，阿赛奈奥斯只引用了其中的几个词。阿赛奈奥斯写道："吕底亚人也提到某种名为坎道洛斯（kandaulos）的菜肴，而且不是一种而是三种，他们在奢靡享乐方面变得非常多才多艺；塔拉斯的赫格西普斯说这道菜是用煎肉、磨碎的面包和弗里吉亚[①]奶酪、莳萝和浓汤制作的。"[52]

红酒炖章鱼

老人们清晨在海边的岩石上摔打捕获的鱼类的场景至今仍很常见。章鱼是用长柄三叉戟或直接徒手捕捉的，然后通过用木桨反复敲打或将这可怜的动物反复在岩石上摔打让其变软。根据古老的规则"章鱼要摔打2次，每次7下"。现代一般是摔打42下或短暂冷冻。

[①] 弗里吉亚是一个古老王国，位于安纳托利亚西部，现在的土耳其境内。

1只完整章鱼,清理干净
2片月桂叶
1茶匙胡椒粒
半个洋葱,切碎
1个蒜瓣,切片
水
1杯红葡萄酒,干红或半甜
2/3杯橄榄油

将整只章鱼放入与之大小相仿的长柄深锅中,加入月桂叶、胡椒粒、洋葱、大蒜,加水至浸没。加盖煮一小

阳光下一只刚刚被捕获宰杀,即将被烹饪的章鱼

时。然后倒入红酒和油,慢炖直至酱汁变浓至淡奶油的稠度,章鱼变软。将其切成大块,温热食用,搭配酱汁,这道菜是炖鹰嘴豆(*revithada*)的绝佳伴侣。

小碟中的几根炭烤章鱼触手配一块柠檬可能是搭配茴香酒必备的小吃。夏天,章鱼烤或煮,放在醋中,加入干牛至,冷着吃。冬天,用红酒炖煮或做成章鱼可乐饼(*chtapodokeftedes*)。章鱼炖短通心粉是一道很受欢迎的四旬斋菜肴。

章鱼攻击小龙虾:庞贝农牧神之家中海洋生物马赛克细部,公元1世纪

第二章　古典盛宴：最早的美食学

从有限的证据判断，食谱书是极端简洁的干货，与其同时出现发展的还有另一种截然不同的美食写作。公元前400年前后，出现了所有语言中最早的仅仅描述一顿饭的文字。基西拉岛的费洛克赛诺斯（Philoxenos）的《晚宴》（*Dinner*）是一首诙谐诗，在其中他以一名宾客的口吻向其密友描述了一场奢华晚宴。多亏了阿赛奈奥斯对这首诗的多次大幅引用——他显然认为它比早期的食谱书有趣得多——这首诗的大部分内容仍旧可以读到。

这首诗的主题可能是费洛克赛诺斯的赞助人锡拉库萨国王老狄奥尼修斯（Dionysios the Elder）举办的宴会。宾客在一个大厅里共用很多小桌。他们在用餐前洗手，并在吃完主菜后再次洗手。花环和芳香精油营造气氛。菜肴品种繁多：一上来主要是鱼和海鲜，最开始的菜肴包括一道炖章鱼；还有思默迪德斯派（*thrymmatides*），加入小型禽类的酥皮糕点或派；肉菜也很多。主菜搭配大麦蛋糕和小麦面包，最后是"柔软的卷状点心"，配以蜂蜜、奶油或温和的奶酪食用。主菜后上葡萄酒，不配任何食物（阿切斯特亚图会不赞同这样的做法）。然后是甜点，除了鸡蛋、杏仁和核桃外，还有"牛奶小麦粥……蜜汁芝麻糕……油炸奶酪芝麻甜点以及其他甜食——番红花、蜂蜜和芝麻在其中扮演重要角色。然后宾客们玩柯塔波（*kottabos*），古典时代希腊人最喜欢的餐后游戏，在游戏中，参与者灵巧地抖动手腕，将杯中剩余的葡萄酒渣泼向某个目标"。[53]

同时代的知识分子厌恶这首《晚宴》。就连亚里士多德都曾批评那些受教育程度有限的人"公开演说……然而可能除了费洛克赛诺斯的《晚宴》之外什么都没读过，甚至这首诗可能都没读全"：对于那些人来说，这首诗似乎是一篇严肃而平易近人的文学作品。[54]安提芬斯的喜剧片段中一个被嘲弄的人物就是其中之一，他赞颂道："费洛克赛诺斯，胜过所有其他诗人！第一，他常用自己的新词。第二，他多么擅长用语调和修辞填充诗句。他是人中之神，他真的很懂文学。"[55]批评者说得没错——费洛克赛诺斯确实四处用新词，有时候炖菜或者蛋糕的完整食谱会被塞进一个词——但他不是认真的：《晚宴》是诙谐诗（jeu d'esprit），费洛克赛诺斯在其中不协调地用他擅长的酒神颂歌式的、充满激情的语言描写一个顽皮的话题。他一定没有想到自己发明的词会在2000年后被饮食史学家细细研究。

不久阿切斯特亚图的作品问世。他的作品也在喜剧舞台上被讽刺，被哲学家们批评，他们认为这种作品是堕落的，是关于缺乏价值的主题的文学创作。

无论如何看待费洛克赛诺斯，我们现在知道阿切斯特亚图的过错只是超越了他所在的时代。亚里士多德即将开始他的系统动物生物学研究。他的后继者提奥弗拉斯特撰写植物学著作，在亚历山大大帝远征的科学报告的帮助下，他注意到了地理差异。提奥弗拉斯特的学生，萨摩斯的吕刻乌斯，是有记录的唯一提到阿切斯特亚图的作品而未加批评的古代作家，这并不是巧合。他很可能认为这部风格相对轻松的作品与其老师的部分作品有一定的可比性。在希腊化时代①，各个学术和技术领域的书面研究的开展形式是详细的探索和评估，而阿切斯特亚图进行食品品质的地理调查时就已经这么做了。

---

① 公元前323年亚历山大大帝去世到公元前31年前后，是古地中海世界发生重大文化、政治和社会变革的时期。特点是希腊文化和影响力在亚历山大大帝征服的整个帝国范围内传播，从希腊延伸到埃及再到亚洲。

第二章 古典盛宴：最早的美食学

吕刻乌斯和很多其他人一样仅通过被阿赛奈奥斯引用而为人所知。他曾在萨摩斯岛、罗得岛和雅典居住，对三地的饮食习俗都有看法。他的信，包括（已引用的）《采购食材》（Shopping for Food）都围绕食物、烹饪和宴饮；与他通信的人的信亦是如此。吕刻乌斯仅有片段流传下来的《致迪亚戈拉斯的信》（Letter to Diagoras）标志着希腊美食学进入了一个新阶段：

> 迪亚戈拉斯，你住在萨摩斯岛时，我知道你经常参加在我家举办的酒会，在酒会上，所有人身边都有一个酒瓶，可以根据喜好给每个人倒酒。[56]

吕刻乌斯不赞同雅典的习俗。在传统的雅典酒会上，决定葡萄酒和水按什么比例混合是仪式的一部分，之后所有宾客逐渐一起喝醉。吕刻乌斯对于开胃菜和甜点上什么也有自己的观点："顺便一提，我不像他们那样在餐后味觉已被饱腹感破坏的时候上无花果，而是在餐前食欲还很旺盛的时候上。"[57]

如果阿切斯特亚图的读者遵循他的建议去品鉴不同城邦的面包和蛋糕，他们就要进行一次专门的旅行。吕刻乌斯在他写给迪亚戈拉斯的信中表示如果后者想要品尝罗兹岛的海胆饼（echinos），就也要这么做："我们见面时会一起品尝罗兹岛的做法，我将尝试更全面的解释。"[58] 不过如果可以选择不同城邦的用餐习俗并构建自己的用餐礼仪，就也可以选择不同城邦的食谱。与吕刻乌斯通信的希波洛科斯向我们展示了这种发展趋势。在一个马其顿家庭里，希波洛科斯享用了"各种各样的蛋糕，有克里特岛风格的和，亲爱的吕刻乌斯，你家乡萨摩斯风格的，还有阿提卡风格的，都放在单独的容器里"[59]。

为了适应这些新口味，需要一种新的烹饪书。阿赛奈奥斯提到了两部作品，《面包制作》(Bread-making)和《论蛋糕》(On Cakes)，作者伊阿特洛克勒斯(Iatrokles)可能来自公元前3世纪。他描述了各地的蛋糕，涉及地点包括科斯岛、雅典，可能还有色萨利和锡拉库萨；他写下的食谱反映了这种全新的饮食自由和兼收并蓄。《论蛋糕》的作者门德斯的哈波克拉提翁(Harpokration of Mendes)来自埃及，提供了一种可以包在莎草纸里的亚历山大甜食的食谱。蒂亚纳的阿波罗尼乌斯——阿赛奈奥斯引用了其作品《面包制作》中的两段很长的文字——作品中收录的部分食谱来自他的家乡安纳托利亚、克里特岛、叙利亚和埃及，更多的则来自罗马和意大利——据说他公元前2世纪或前1世纪初就是在那里写作的。

帕克萨摩斯(Paxamos)是另一位可能当时在罗马写作的希腊作家。他兴趣广泛，一部拜占庭词典记载："帕克萨摩斯，作家。作品包括按字母排序的《食谱书》。两部《博伊俄提卡》[①]、关于性爱姿势的《十二重技艺》……"[60]《食谱书》被阿赛奈奥斯在《智者的晚宴》中作为仍具时效性的信息引用。帕克萨摩斯仍旧以某种方式被铭记：在拜占庭和现代希腊广为人知的、盖伦(Galen)最早于公元2世纪命名的大麦饼干或面包干的名字paximadion就来自他的名字。盖伦给出的食谱不是普通面包干，而是泻药版本。考虑到这种面包干的特殊目的，要求使用白面粉

---

① *Boiotika*，可能与希腊维奥蒂亚专区(Boeotia)有关。

第二章 古典盛宴：最早的美食学

科斯岛南岸卡尔扎迈纳的一家安静的酒馆

似乎有些奇怪。然而，全麦面粉被认为是廉价且"肮脏的"，对于这些处方针对的有钱的病人来说是无法接受的：

> 泻药面包干。取2或3打兰①药旋花树脂②，3打兰洋乳香，2打兰芹菜籽，4打兰多足蕨③，1打兰肉桂，1磅白面粉

---

① dram，古重量单位，在不同文化和历史时期表示的重量可能有所不同，在古代希腊约相当于1.77克。
② scammony，从原产于地中海盆地东部国家的多年生缠绕植物药旋花根部提取的药用树脂，以强大的通便特性闻名，历史上曾被用来治疗便秘和催吐。
③ polypody，水龙骨科常绿蕨类植物，传统上因其香味和甜味被用于烹饪，也被用作清肠和驱虫的草药。

制作的面团：混合，加入干配料然后仔细揉捏。⁶¹

帕加玛的盖伦引用的帕克萨摩斯的这个食谱表明，从米泰科斯到罗马帝国，另一种截然不同的关于食物的作品——营养和饮食方面的书籍——也在蓬勃发展。早在公元前5世纪末，在希波克拉底医学文献集中的《养生法》(Regimen)或《论饮食》(On Diet)中，食物就被依据其对健康的影响进行了分类。一年中的季节和不同的人类体质都被与适当的饮食、运动、卫生和性行为相匹配。

《安尼西娅·朱莉安娜手抄本》(Codex Anicia Juliana)是迪奥斯库里德斯作品《论药物》(Materia Medica)的6世纪精美插图手抄版，《论药物》是一部经典的希腊草药典籍，对阿拉伯和欧洲医学影响深远。下方安色尔体①的经典文本上方后来被加上了拜占庭时代的希腊语注释，再后来又添加了该植物的阿拉伯语名称。插图中的物种是岩荠(Cochlearia officinalis)，这种植物是水手的重要膳食补充剂

---

① 起源于古地中海世界的一种书写风格，完全用大写字母书写，公元4世纪到8世纪被拉丁语和希腊语抄写员普遍使用。

第二章　古典盛宴：最早的美食学

公元前3世纪之后，此类文本越来越多。希腊化时代各王国的宫廷聘用杰出的希腊医生。其中之一是卡里斯托斯的迪奥克勒斯（Diokles of Karystos），他撰写了已知的第一部为旅行者提供营养建议的书，其中不少语句被阿赛奈奥斯引用。迪奥克勒斯的同行锡弗诺斯岛的狄费洛斯"生活在利西马科斯国王的统治下"，撰写了同样因被阿赛奈奥斯引用而为人所知的《病人与健康人的饮食》（Diet for the Sick and the Healthy）。另一名同行是为埃及托勒密王朝的一位君主效力并提供选酒建议的阿波洛多罗斯（Apollodoros）。这是饮食写作的黄金时代，医学作者有时提供的信息足够详细，几乎等同于食谱。另一部相关的作品是士麦那的希克塞奥斯（Hikesios of Smyrna）的《论物质》（On Substances）：这部作品流传下来的片段表明希腊宴饮涉及所有感官，不仅仅是味觉。希克塞奥斯认为酒会的香水对他探讨的主题来说和食物一样重要：

> 有些香是油膏，有些是香水。玫瑰香，还有香桃木和楦榉香，适合酒会，后者健胃，适合萎靡不振者。旋果蚊子草①香健胃，还能保持头脑清明。甘牛至②和早花百里香的香味也适合酒会，还有不要混合太多没药的番红花。没药也适合酒会；还有甘松。胡芦巴香甜美温和。紫罗兰香味浓郁并助消化。[62]

---

① meadowsweet，蔷薇科多年草本植物，生长在潮湿的草地上，原产于欧洲和西亚大部分地区，有甜美香味。
② marjoram，原产于地中海地区的芳香植物，有类似松树和柑橘的甜美香味。

在古希腊的荒野地区，尤其是北方，狩猎活动十分活跃。
石棺外部的野猪和野牛的素描，公元前4世纪，马其顿

想要重现古代香水的人可以参考提奥弗拉斯特的短篇作品《论气味》（*On Odours*，约公元前300年）和公元前1世纪的重要汇编作品——阿纳扎尔巴的迪奥斯库里德斯（Dioskourides of Anazarba）所作的《论药物》——中的原料清单。《论药物》完整地流传了下来，为天然物质及其人造衍生物和它们的消化与药理特性的全面研究树立了新的标准。这部作品极其细致，涵盖了整个地中海中部和东部的植物、动物和食品。

说回食物，罗马帝国早期的一名医学作家，安塔利亚的阿赛奈奥斯（Athenaios of Attaleia）总结了肉和鱼在不同季节的品质，这个片段会让人想起阿切斯特亚图的作品，但更系统：

第二章 古典盛宴:最早的美食学

春季猪的品质最差,直到秋季昴宿星团出现,那之后到次年春季的猪品质最好。山羊冬季品质最差,从春季到大角星落下品质逐渐提升。绵羊冬季品质最差,但在春分后到夏至前都很肥壮;牛则在春末草结籽时和整个夏季长膘。至于禽类,冬季出现的禽类——乌鸫、画眉和林鸽——那时品质最佳,鸸鹋秋季最佳,黑顶莺、金翅雀和鹌鹑同样秋季最为肥美。母鸡冬季不是很健康,尤其是刮南风时;斑鸠秋季最佳。至于鱼,有些是带子的最佳,包括虾、海螯虾(langoustine)及软体乌贼和墨鱼,有些排卵时最佳,如灰鲻鱼(kephalos):它们肚子里塞满鱼子时瘦而难吃,产卵后更糟糕。金枪鱼在大角星落下后最为肥美,夏季品质最差。[63]

公元2世纪最伟大的营养学家是帕加玛的盖伦,他是罗马皇帝康茂德的医生,也是一名多产的作家。在《论食物特性》(*On the Properties of Foods*)中,盖伦讨论了希腊几乎所有食物的膳食价值。在他的很多作品中,都有关于食物和烹饪的题外话。关于煮鸡蛋或制作薄饼之类的主题,他的笔记细致至极,并点缀着活泼的轶事,充分体现了饮食在古代医学中起到的核心作用:

咱们花点时间说说其他糕饼,用密穗小麦面粉制作的那些。这种糕饼在希腊语阿提卡方言中被称为 *tagenitai*,在我们亚洲叫 *teganitai*,制作时只加油。将油放入放在无烟火上的煎锅中,油热后,倒入与大量水混合的小麦粉。在油中煎炸时,面粉会迅速凝固变厚,就像在篮子里凝固的新鲜奶

74

酪一样。这时，厨师就会翻面，把刚才能看见的一面翻到下面，把之前在下面的、已经充分煎炸的一面翻上来，下方的一面凝固后他们会再次翻面两到三次直到他们认为两面都煎得差不多了……有些人喜欢加蜂蜜，有些人会再加海盐。[64]

盖伦和阿赛奈奥斯是同时代的人，前者年长一些。而阿赛奈奥斯的《智者的晚宴》中有一个人物是虚构的盖伦。这就引出了为本章贡献了大量内容的希腊作家阿赛奈奥斯。他生活在2世纪末3世纪初，是埃及诺克拉提斯（Naukratis）人，但他笔下的虚构对话发生在罗马，那里是希腊知识分子、美食家和厨师的第二故乡。他伟大的作品似乎完成于公元223年后不久。

《智者的晚宴》（*Deipnosophists*，意为"善辩者"或"宴饮学者"）采用一系列虚构的宴会对话的形式。类似柏拉图的《理想国》，这些讨论在主对话（frame conversation）中由"阿赛奈奥斯"向"提莫克拉底斯"讲述。有些人物的名字来自真人，如与阿赛奈奥斯同时代的盖伦；有些则是虚构的。人物包括几名引用饮食学文献的医生；一名愤世嫉俗的哲学家；迂腐的乌尔皮安，他认为奇怪的食物名称应有文献证据支持；主人罗马公民劳伦修斯。贯穿整个讨论的主线是公元前最后几个世纪希腊人和他们的一些邻居的食物和娱乐。人物们偶尔会谈论自己所处的时代的食物和社会生活，但几乎总是诉诸过去古典时代的文献：喜剧、回忆录、史诗，以及历史、科学、医学和词典编撰方面的文献。他们不断引用，经常打断或扰乱他人的引用。

阿赛奈奥斯热爱公元前5世纪到公元前3世纪的雅典喜剧——因此他会引用本章前面提到的厨师的话语。食谱书令他感

第二章 古典盛宴：最早的美食学

到乏味，他喜欢希腊化时代记录了大量轶事、充满关于食物和节庆的信息的历史书。在极少情况下，他的引文可以与原文进行核对，这种对比证明他的引述是相对准确的。但他其余成千上万的引文是无法核对的，因为他引用的文献已永久遗失。这正是《智者的晚宴》的真正价值所在，它为我们提供了丰富的资源，如果没有这部作品，我们对希腊饮食和饮食写作的历史的了解会大打折扣。

第三章

罗马和拜占庭风味

阿赛奈奥斯在罗马生活和写作，当时希腊是罗马帝国的一部分，但在鸿篇巨著《智者的晚宴》中，几乎找不到关于罗马公民在公元3世纪初的生活的内容。他关注的是过去的希腊。

希腊成为罗马帝国的一部分之后的食物和烹饪对阿赛奈奥斯来说不重要，但对我们来说很重要，是古典时代的希腊和拜占庭帝国之间的历史联系，解释了前者如何发展成为后者。内部政治危机、频繁的叛乱和持续不断的边境战事的压力导致罗马帝国分裂。分裂是刻意的，最初做出这个决定的是皇帝戴克里先，他计划建立四个皇帝构成的等级制度，即四帝共治制，四皇帝之一（一开始就是戴克里先自己）手握最高权力。结果并非如此。持续的斗争导致当权者的数量减少到两个，且两者相互制衡。从5世纪初开始，实际上存在两个帝国，而西罗马帝国在不到100年之后就崩溃了。

东罗马帝国就是我们说的拜占庭帝国。帝国说两种语言：官方文件同时使用希腊语和拉丁语。希腊人长期居住的土地，希腊、马其顿、色雷斯和小亚细亚都是它的一部分。首都君士坦丁堡说希腊语。希腊饮食习惯在帝国中心根深蒂固，但在400年的时间里，它们通过旅行、移民、通婚和帝国范围内的贸易与罗马

第三章 罗马和拜占庭风味

人和其他民族的饮食和生活方式混合在一起。这产生了什么样的结果呢？

这方面信息颇为丰富。写于公元380年前后，收录了一系列虚构的帝王传记的《罗马君王传》(Historia Augusta) 提到了各式奢华菜肴。食物和其他物资在皇帝戴克里先的价格法令中被列出，公元301年戴克里先试图以该法令固定军队为其补给品支付的最高价格，这一尝试最终失败。该法令以帝国的两种官方语言拉丁语和希腊语颁布。但关于罗马帝国烹饪的最重要信息来源是一部拉丁语食谱集，该食谱集可能来自4世纪末，被认为是传奇美食家阿皮基乌斯（Apicius）所作。

有些食谱书不是供厨师实际使用的，而是用来休闲娱乐的。人们对《阿皮基乌斯》有过这样的评价，但这种说法是错误的。这不是一本读来消遣的书。其风格和语言都明显体现了这一点。书中只有一连串食谱，大多不过是配料清单，这些食谱是用罗马帝国的口语，通俗拉丁语写的。有文化的人读写的则是用于文学的古典拉丁语；《阿皮基乌斯》展示了罗马家庭中厨师和仆人的日常用语和行话。作为通俗拉丁语的重要资料来源之一，这部作品极好地揭示了隐性的语言和文化交流。

《阿皮基乌斯》中有很多以希腊语命名的菜肴。食谱中有从希腊语中借用的食物名称和烹饪术语。这并不是一个新现象。希腊语词汇同样也出现在其他文本中：如公元1世纪彼得罗纽斯（Petronius）的拉丁语小说《爱情神话》(Satyricon) 和罗马帝国后期的希腊语罗马语双语短语书《日常对话》(Daily Conversation)。事实上这种借用是双向的。在现代希腊语中，食物和菜肴的名称中有拉丁语外来词；从拉丁语发展而来的现代罗曼语族中亦有希腊元素。《阿皮基乌斯》中的希腊名词成为拉丁语中的外来词，其中一些至今仍存在于西班牙语、葡萄牙语、加泰罗尼亚语、法语、意大利语和罗马尼亚语中。

罗马宫廷料理中的新食物和菜肴在不同语言中叫同样的名字是很正常的。香肠就是其中一例。有一种在《智者的晚宴》中被提到的香肠被称为 isikion，与其略有不同的另一种香肠（可能是盐腌的）则被称为 salsikion。该名称可以追溯到公元前2世纪，但它是拉丁语还是希腊语呢？拉丁语名 salsicia 被现代意大利语中的 salsiccia 和法语中的 saucisse 保留至今；同时，在拜占庭时代中期的希腊语中，在《圣科斯马斯和达米安的奇迹》(Miracles of Saints Cosmas and Damian) 中出现了可参考的词组 seira salsikion，"一串香肠"。

没有早期的盐腌香肠的食谱，但关于流行的卢卡尼亚烟熏香肠（loukanikon），我们不仅知道名字，还了解一些食谱在不同文化之间被分享的细节。拉丁语作家瓦罗告诉我们，这种香肠最初是公元前2世纪在意大利南部卢卡尼亚（Lucania）服役的士兵带到罗马的，其名称就来自这个地名。几个世纪之后《阿皮基乌斯》给出了一种罗马做法（这个拉丁语食谱中的 liquamen 是一种鱼露）：

制作卢卡尼亚烟熏香肠（lucanicae）。胡椒、孜然、香薄荷（savory）、芸香、欧芹、月桂果香料和鱼露捣碎。加入彻底打碎的肉，以便和香料充分混合。加入鱼露（liquamen）、整个胡椒粒、大量脂肪和松子。将肉填入皮中，将其拉成细长的形状然后挂起来烟熏。[1]

第三章 罗马和拜占庭风味

大约就在这个食谱诞生的时期，这种香肠的名称首次在希腊语文本中被记录。如今，卢卡尼亚烟熏香肠在整个地中海地区乃至更远的地方——意大利南部、希腊和塞浦路斯；保加利亚；葡萄牙和巴西（被称为 *linguica*）；西班牙（被称为 *longaniza*）；还有说阿拉伯语的黎凡特地区以及黎凡特的犹太人群体中——都为人所熟知。现代的卢卡尼亚烟熏香肠有不同的名字，但通常是辣的、熏制的，用羊肉而非猪肉制作的香肠，一般是很长的一根，不扭转成段。

我们结束香肠的话题，转而讨论甜食，在这一方面，我们会看到罗马帝国的两大语言之间的又一次交流。在希腊语中以"-*aton*"的形式出现的拉丁语后缀被用于命名以一种原料为主的混合物。比如榅桲切片在糖浆中久炖制作而成典型的地中海果酱榅桲酱，这种食物的常见的地中海名称 *kydonaton* 来自希腊语"*kydonion melon*"（"基多尼亚的苹果"，也就是榅桲）加上这个拉丁语后缀。它的另一个希腊语名字是 *melimelon*，"蜂蜜苹果"，源自更早的时代——当时糖还非常昂贵，因此类似的果酱是用蜂蜜制作的。这个别名以其拉丁语形式 *melimelum* 传入葡萄牙语，在葡萄牙语中榅桲酱叫作 *marmelada*。随着葡萄牙榅桲酱在伊丽莎白一世时代的英格兰受到欢迎，这个词以 *marmalade* 的形式进入英语，如今被用于指代各类柑橘果酱，而非榅桲酱。

在这个帝国内农业文化交流频繁的时期，有些已在希腊为人所熟知的食物被赋予了新的拉丁语名称，而拉丁语名称沿用至今。因此现代希腊语名词 *kitron*，"香橼"与更古老的、意为"米底苹果"的希腊语名称 *melon medikon* 截然不同，香橼被称为米底苹果是因为这是一种希腊人最早在中亚，准确地说，在米底

（Media）波斯皇帝的果园里，遇到的水果。而现代名称借用的是起源不同的拉丁语词汇 *citrus*。

罗马园丁和农民在植物育种方面付出了巨大的努力，新品种有时会广为流行，以至于原本的品种名会被新品种的名称——很可能是拉丁语——取代。现代希腊语中表示"生菜"的 *marouli*，与古希腊语中的 *thridakine* 毫无关系；*marouli* 似乎来自一个如今已被遗忘的拉丁语品种名，可能是表示"微苦"的 *amarula* 之类的。罗马人特别喜欢大马士革的梅子品种，其拉丁名为 *damascenum*；这在欧洲大部分地区仍是一个品种名称——比如英语中的 damson（西洋李子），但在希腊语中，它已成为梅干和梅子的统称 *damaskino*。早花早果的杏子在公元1世纪的罗马被称为 *praecocium*，即"早熟的"；由此产生了中世纪希腊语中的 *brekokion*，现代希腊语中的 *verikoko*，另外，这个词还通过中世纪阿拉伯语演化为众多西欧语言中表示杏子的词，包括英语中的 apricot。大约在同一时期，一种桃子在拉丁语中被形容为 *duracinus*，即"硬核的"。这个词同样进入了希腊语，即 *dorakinon*，但在希腊语中，辅音换位后的词似乎更加适合，因此现代希腊语写作 *rodakinon*（似乎是"粉皮的"意思）。此类名称也可能反向从希腊语传入拉丁语。希腊化时代出现了一种肉质肥厚的胡萝卜栽培品种，在罗马帝国的希腊语中被命名为 *karoton*（可能是指"头重的"）。这个后来的希腊语名词不仅取代了野生品种的古名 *daukos*；也传入了通俗拉丁语和西欧语言，并最终演化为英语中的 carrot。

在希腊和罗马文化于美食学方面的所有互动中，关于"肝"的各种名称的故事最为奇特。"肝"在中世纪希腊语中是 *sykoton*

第三章 罗马和拜占庭风味

(现代希腊语中是sykoti），在通俗拉丁语中是ficatum（这个词是法语中的foie，西班牙语中的higado，以及其他西欧语言中表示"肝"的词汇的祖先）。希腊语和拉丁语说白了指的都是"塞满无花果"：它们分别衍生自古典希腊语sykon和古典拉丁语ficus，"无花果"。为何在两种早期语言中，字面意思为"塞满无花果"的词都发展出了肝脏的意思？线索来自希腊语。正是在古希腊，美食家们首次对强制喂食的鹅产生了兴趣：我们之所以知道这一点是因为《奥德赛》中流浪的奥德修斯的妻子佩涅洛佩曾讲述过一个在她的农庄里喂肥二十只鹅（荷马和弗洛伊德都认为它们代表着她狂热的追求者）的梦。也是在古希腊，美食家们第一次注意到这种鹅的肝脏的特别之处；因为在希腊两个无花果干只要一文钱，那里的人们用无花果把鹅喂肥。因此，只有在希腊，用意为"塞满无花果"的词sykoton表示鹅肝非常合理。接下来，鉴于这是最优质的肝，就可以乐观地用这个词表示所有的肝脏（就像koniak在现代希腊语中被乐观地用来表示所有白兰地）。接着，说拉丁语的人创造了一个对应的拉丁语词：所以拉丁语中的ficatum从其在《阿皮基乌斯》收录的一个食谱中第一次被使用开始，表示的就是"肝脏"——仅指广义上的概念，而非特指"用无花果喂肥的动物的肝脏"。

　　文化真正融合在了一起。来自两种语言之一的专业术语被视为指代新开发的食物创意的最佳方式。就罗马帝国时代首次记录的一些新拉丁语和希腊语专业术语而言，判断它们源于哪种语言意外困难。isikion是希腊语还是拉丁语？没有人知道。kydonaton是希腊语还是拉丁语？各占一半。融合在进行中，但从未彻底完成，因为罗马帝国后期的几位皇帝对东西方行省的行政划分最终变成了文化和语言的明确边界。讲希腊语、实行罗马式统治、以其希腊和罗马文化遗产为傲的东罗马成为我们所知的拜占庭帝国；尽管逐渐萎缩，但它依然存续并繁荣发展了一千年。食物是希腊、罗马传统的重要组成部分，君士坦丁堡的希腊人在谈论和书写他们的食物时使用的许多术语在今天的希腊语日常用语中依然存在。

罗马时代的希腊的独特性

"我们如日中天，"拉丁语诗人贺拉斯不太确信地声称，"我们比油腻的希腊人更会绘画、歌唱和战斗。"[2] 尽管罗马人对这个被征服的行省态度模棱两可，但他们对当地的特色美食却有诸多评价。罗马人向东航行通常以雅典为目的地，但这座曾经富庶的城市如今相对贫穷，其历史也被售卖，所以诗人奥托梅东暗示道：

> 带十份木炭去，他们就会让你成为公民……你必须给当地联系人包菜茎、小扁豆或蜗牛。一定要有这些东西，然后你就可以自称埃里克修斯、刻克洛普斯、科德洛斯（Kodros），什么名字都可以；根本没人在乎。[3]

炖 蜗 牛

希腊几乎到处都爱吃蜗牛。许多村庄都因蜗牛而在其

第三章 罗马和拜占庭风味

所在的地区颇有名气。比如,莱夫克斯(Lefkes)在帕罗斯岛被称为吃蜗牛村(*karavolades*),每年7月都会举办蜗牛节(颇为奇怪的是,这是一年中最难找到蜗牛的季节)。在克里特岛,蜗牛和西红柿、洋葱一起炖或者仅仅加大量大蒜烹饪都很受欢迎。这个食谱来自黛安娜·法尔·路易斯(Diana Farr Louis)的《克里特岛上的宴饮与斋戒》(*Feasting and Fasting in Crete*)。

炖菜(*Stifado*)指的是"用洋葱和香料炖"。

1/2千克蜗牛

1个大洋葱切碎

120毫升橄榄油

500克西红柿切块

盐和胡椒,根据个人口味适量加入

400克布格麦[①]或谷物奶饼[②]

将蜗牛放入炖锅,加水到几乎浸没,煮沸后煮5—8分钟,其间撇去浮沫。沥干并冲洗干净。把每只小蜗牛的肉从壳中取出。

[①] bulgur,预煮、干燥并磨碎的去壳小麦粒,有坚果香味,口感筋道。
[②] trachanas,东地中海地区,尤其是希腊的一种传统谷物产品。制作时将谷物(可能是粗粒面粉、面粉、布格麦或碎小麦)和乳制品(可能是牛奶、白脱牛奶或酸奶)混合成黏稠的糊状,再整形成鹅卵石状的小饼。

81　　　用橄榄油炒洋葱和蜗牛，直至洋葱成半透明并开始变黄。加入调味料和西红柿，搅拌。盖上盖子，用中火加热直至西红柿释放出汁液。开盖用小火煮至大部分液体蒸发。

叉出一个蜗牛并切开肉以测试是否已经煮好。如已煮烂，将它们从炖锅中取出，向锅中加入布格麦或谷物奶饼和360毫升的水。加盖，小火煮至大部分水被吸收（10—15分钟）。将蜗牛放回锅中，小火煮5—10分钟。

可供4—6人食用

在雅典被出售的蜗牛，有些尚未屈从于命运

第三章 罗马和拜占庭风味

此时的雅典在美食方面显然乏善可陈，但城外伊米托斯山的山坡上有自由生长的百里香。百里香和芝麻菜等野菜一起，成为雅典贫穷学生搭配面包的小菜。在雅典之外，百里香因以其为原料的产品而著名。"最好的蜂蜜来自阿提卡，而最好的阿提卡蜂蜜来自伊米托斯山"：来自那些沐浴阳光的山坡的蜂蜜在古代美食学文献中常被提及，当时和现在，都是百里香使其与众不同。[4]制作蜂蜜酒（mulsum）一定要用伊米托斯山蜂蜜，这种罗马餐前甜味开胃酒真正融合了希腊和意大利的特色，"由新鲜伊米托斯山蜂蜜"和来自分隔拉齐奥和坎帕尼亚的山丘的"陈年法勒尼安葡萄酒①"混合而成。[5]

上面引用的奥托梅东的诙谐短诗是罕见的。罗马文学通常尽可能少地描述希腊的真实状况，如城邦缩小或被遗弃，财富（如果有的话）被挥霍或盗走，政治狭隘并依赖罗马。相反，罗马文学构建希腊黄金时代的图景，那时，葡萄是狄俄尼索斯亲自踩碎的，"蜂蜜从黏稠的叶子上滴下来，橄榄油从繁茂的橄榄树上流出"，山间回响着狩猎的声音。[6]不过，山脉具有真正的经济重要性。克里特岛是地中海地区最好的药草产地；其次是色萨利东南部皮立翁山的山坡。传说记载，来自皮立翁山的半人马喀戎是一位出色的草药学家，他在帕加塞湾附近的山坡上采集药草。山脉还有很多其他物产。阿普列乌斯（Apuleius）的《金驴记》（Metamorphoses）中有一人物说："我在色萨利、埃托利亚和博伊俄提亚（Boiotia）寻找蜂蜜、奶酪和其他日常食物。"[7]希腊北部

---

① Falernian wine，在古罗马受到欢迎的一种高度白葡萄酒，用生长在法勒努斯山（Mount Falernus，现马西科山）山坡上的艾格尼科葡萄（Aglianico）酿制。

82

死者和在世的家人共享餐食是古希腊墓碑上的典型场景。
这个墓碑顶部破损但其余部分保存完好，还残留着原始色彩的痕迹。
食物被放在一张三条腿的小桌上

山区的奶酪需求量很大，希腊山区的蜂蜜，哪怕不是伊米托斯山的，也被认为是罗马帝国最好的。

从古典时代的希腊的角度看，马其顿北部地区和色雷斯的一个共同特征是丰产富饶，文学中时有一年结果两次的果树或产量奇高的庄稼的传闻，而品达在诗中赞美色雷斯"葡萄丰收，硕果累累"。这一共同点在罗马文学中再次显现。《奥德赛》中的奥德修斯讲述他十年漂泊的故事时提到色雷斯人马戎送给他的一种葡萄酒，这种酒非常烈，要用二十倍的水稀释。罗马百科全书作家普林尼愿意相信这种说法，因为他信任的信息来源，"三次担任

第三章 罗马和拜占庭风味

执政官的穆齐阿努斯"在罗马色雷斯的玛洛尼亚地区（Maronea）游览时，品尝过一种几乎一样浓烈的酒："每品脱①酒掺入八品脱的水；酒呈黑色，芳香四溢，陈年后的愈发醇厚。"[8]色雷斯人喝酒喝到发疯的传闻并非子虚乌有。在古典时代的希腊，人们普遍认为喝纯酒（众所周知，色雷斯人和马其顿人会这么做）会导致精神错乱，而精神错乱又会导致争斗："色雷斯人经常用本应带来愉悦的酒杯打斗。"贺拉斯说道。[9]

至于克里特岛，早在公元前310年提奥弗拉斯特编撰《植物研究》（Study of Plants）时，该岛的草药质量和功效就已经闻名遐迩。甚至在他的时代，就有人说克里特草药的叶、茎和根以上的所有部分都是全世界最好的。其中有些草药，如两种妇科药物克里特白鲜（diktamnon，Origanum dictamnus）和tragion［可能是山羊圣约翰草（Hypericum hircinum）②］在其他地方根本找不到。白鲜叶加水捣碎可以催产；tragion被用于促进泌乳和治疗乳房疾病。

马克·安东尼在克里特岛获得了大量地产，并将其赠予他心爱的克莱奥帕特拉。克莱奥帕特拉战败身亡之后，这些地产落到了胜利者屋大维——不久之后的奥古斯都皇帝——的手中，罗马帝国垄断克里特岛药草的基础就此形成。克里特岛草药贸易的全面发展可能可以追溯到第五代皇帝尼禄统治的时期，尼禄的私人医生安德洛马科斯（Andromachos）就来自克里特岛。一个世纪后，盖伦描述了这一行业在他的时代的蓬勃发展："每

---

① 1品脱约等于0.568升。
② 金丝桃科多年生草本植物，原产于欧洲和西亚，在传统医学中被用作药材。

希腊美食史：诸神的馈赠

雅典中央市场附近销售的香料和草药。照片中可以看到桂皮和优质的肉桂、蜂蜡、薰衣草、百里香（enchorio，"本地的"），八角茴香和印度姜黄

年夏天都会从克里特岛进口大量草药：皇帝在那里扶持的种植者不仅给皇帝本人，还给整座城市送来一个个装满草药的大托盘。"它们也会流入地方市场。药草被完整地采集，"茎叶、果实、种子、根、汁液，什么都在"，被松松地包在一卷卷纸莎草纸中。草药卷被装进用穗花牡荆（agnus castus）编织的篮子里，罗马的药草商们一篮一篮地购买克里特草药。草药卷外面贴有标签，有时只是注明特定品种的名称，有时还会写上原产地——如果是来自佩底阿斯（Pedias）的草药，盖伦说，质量可能是最好的。佩底阿斯就是现代的佩扎（Peza），一个葡萄酒

第三章 罗马和拜占庭风味

产区，位于科诺索斯东南，是一片植被繁茂、水源充足的丘陵地带。

盖伦补充罗马帝国的药剂师们总是更喜欢克里特岛的干药草，如毡石蚕（Polion, *Teucrium polium*）、神香草（hyssopon, *Hyssopus officinalis*）、thlaspi（可能是荠, *Capsella bursa-pastoris*）、黑铁筷子（helleboros melas, *Helleborus niger*）、石蚕（chamaidrys, *Teucrium chamaedrys*）和 *chamaipitys*（可能是伊娃筋骨草, *Ajuga iva*）：如果面对新鲜植株，这些敷衍了事者可能都无从辨认。但盖伦发现这些野生植株生长在罗马周边的野外。即便如此，如果罗马恰巧春季比较潮湿，干燥的克里特岛药草也优于新鲜的意大利药草。[10]

葡萄酒几乎比任何其他食物都更易储存和运输，是罗马征服后进入新市场的希腊产品之一，不过这导致了产品的变化，正如我们会看到的，用海水掺假。如果是在罗马时代，狄俄尼索斯的优质葡萄酒清单不会包括芒德和萨索斯葡萄酒，而是会包括甘甜的克里特岛葡萄酒。突然之间，小亚细亚大陆的葡萄园产出了好酒，甚至上等佳酿，这显然是前所未有的。莱斯沃斯岛有三个优质产区，希俄斯岛则有一个顶级产区：地理学家斯特拉波（Strabo）声称未被此前的希腊文献提到的希俄斯岛阿里乌西翁子产区（Ariousion）是"一个出产希腊最好的葡萄酒的崎岖而无港口的地区"[11]。

两个世纪后，盖伦的著作中列出了一份优质希腊葡萄酒的清单，在这方面，盖伦拥有出色的资质：他来自小亚细亚最好的葡萄酒产区，以希腊语为母语，也是一名细心的品酒师。他给为富裕患者制定养生方案的同事写道：

在小亚细亚、希腊和附近的行省，找不到意大利葡萄酒。通常，在这些地方所产的葡萄酒中，能开进药方的最好的葡萄酒是阿里乌西翁葡萄酒（产自希俄斯岛的部分地区）或莱斯沃斯岛葡萄酒。莱斯沃斯岛有三座城市。芳香度和甜度最低的葡萄酒来自米蒂利尼，埃雷索斯的更香更甜，但仍不及米提姆纳（Methymna）的。要开因不混入海水而得名的"不掺水葡萄酒"。不过莱斯沃斯岛或希俄斯岛阿里乌西翁**最优质**的葡萄酒一般是不加入海水的，毕竟我提到的都是最优质的葡萄酒。[12]

85　多数罗马资料都将希俄斯岛葡萄酒列在好酒清单的榜首。在罗马帝国早期，希俄斯岛葡萄酒是一种罕见的奢侈品，谨遵医嘱饮用，直到宴饮变得更加奢华和昂贵，它才被奉为极致享受。在贺拉斯的拉丁讽刺作品中，野心勃勃的主人纳西底厄努斯（Nasidienus）急于追赶任何美食学方面的潮流，炫耀他提供的是希俄斯岛葡萄酒，烹饪用的醋来自莱斯沃斯岛的米提姆纳。[13]

其他希腊葡萄酒在罗马帝国属于质量最差的，这显然包括那些掺入海水的咸葡萄酒。典型的咸葡萄酒是科斯岛葡萄酒："这项发明源自奴隶的不诚实：这是他完成工作目标的方式。"普林尼告诉我们，这还是整个食品历史上最成功的掺假案例之一。[14]除了显然对商人很有吸引力——盐让酒变得稳定——科斯岛葡萄酒被证明是一种泻药。科斯岛独特形状的双耳细颈瓶最终在地中海各地的很多地点被制造，表明所谓的科斯岛葡萄酒各地都在生产。由于盐往往会掩盖任何某地特有的细微风味，

第三章 罗马和拜占庭风味

所以这很容易做到。我们甚至有两个制作科斯岛葡萄酒的食谱。一个来自老加图（Cato the Elder）的早期拉丁语农业手册，这里引用的是来自拜占庭文集《农事书》（*Geoponika*）的另一个食谱：

> **制作科斯岛葡萄酒。** 有人将3份葡萄汁和1份海水煮至开始时的2/3。有人将1杯盐、3杯葡萄糖浆、约1杯葡萄汁、1杯野豌豆粉、100打兰草木樨、16打兰苹果、16打兰西欧甘松香（Celtic nard）混入2米特赖（*metretai*，12加仑）白葡萄酒。[15]

罗马帝国时代的石棺雕刻细部，丘比特从支架上的葡萄藤上采摘葡萄

希腊美食史：诸神的馈赠

将葡萄倒入大盆

将葡萄踩碎

第三章　罗马和拜占庭风味

异　域　美　食

最繁复的罗马烹饪在复杂程度和原料种类方面远超我们所知的早期希腊料理。罗马对拜占庭的美食学大熔炉最重要的贡献是其对香料的运用。罗盘草之外，进口香料在此前的希腊被用来制作香水、香油、药物和香料酒，但很少被用来调味食物。就像20世纪一些喝马提尼的人一样，有些古希腊人喜欢香料酒的味道，但不喜欢香料出现在食物中。继承亚里士多德的植物学家提奥弗拉斯特就是其中之一："我们不禁要问，"他说道，"为何异域和其他香料能够提升葡萄酒的味道，而对食物（无论是熟的还是生的）却没有这种效果，香料总是把食物毁掉。"[16]然而，后来，当地中海世界的富人的各种饮食潮流融为一起时，那些按照《阿皮基乌斯》饮食的人一定品尝过以复杂而多样的方式混合来自帝国各地及境外的香草和香料的菜式，这样的食物一定会让提奥弗拉斯特感到厌恶。让我们探讨部分此类异域香料，首先是提奥弗拉斯特在他的《植物研究》的附录中提到的一种：

> 胡椒是一种果实，有两种：一种圆形，像苦豌豆，外壳和果肉像月桂果，颜色发红；另一种较长，像罂粟籽，味道比前一种强烈很多。两者均是热性；因此，和乳香一样，它们是从毒芹中提炼的毒药（hemlock）的解毒剂。[17]

古典时代的希腊语 *peperi* 源自印度，借用的是普拉克里特语（Prakrit）*pippali*，但在印度语言中这个词始终表示印度东北部味道强烈的长胡椒——荜茇（*Piper longum*），也就提奥弗拉斯特列举的第二种胡椒，这个物种是希腊人最早认识的胡椒，不过相较于当时，现在知道的人已经很少了。从公元前2世纪开始，埃及的马其顿统治者托勒密家族开发了直接穿越印度洋的季风航运，开始大量购买印度南部的圆形黑胡椒，也就是胡椒（*P. nigrum*）。胡椒被在印度洋上航行的商船从科钦附近的木兹里斯港（Muziris）运进罗马帝国。"它们带着黄金到来，载着胡椒离去"，泰米尔诗人塔扬-坎纳纳尔（Tāyan-Kannanār）提到希腊罗马[①]商人时写道。[18]比起其他香料，他们最希望从印度获取的就是胡椒。"因为装载了大量胡椒，船只在这些贸易港口满载而归。"希腊的印度洋航海指南证实道。[19]

　　几个世纪以来，胡椒被用于献祭并用作药物，直到有希腊人承认喜欢它的味道。在锡弗诺斯岛的狄费洛斯（约公元前300年）的话语片段中，胡椒作为食谱中的一种原料被提到，但狄费洛斯是以营养师的身份说这些话的："一般扇贝适合食用，容易消化，与孜然和胡椒一同食用对肠胃也有好处。"[20]在彼得罗纽斯的拉丁语小说《爱情神话》中，胡椒也是药用的——有人为了治疗阳痿而寻求胡椒。至于味道，普鲁塔克《酒会问题》（*Symposion Questions*）中的一名人物的话语颇有参考价值："很多年长者仍然无法接受甜瓜、柠檬或胡椒。"[21]到了《阿皮基乌斯》的时代，情况已经改变了：在这部食谱集中几乎每个食谱都要用到胡椒。在拜占庭烹饪和饮食中，胡椒仍是食品和药品的重要成分。

---

① Graeco-Roman，现代学者和作家所理解的"希腊罗马（文明）"包括在文化上、历史上直接和密切地受到希腊与罗马的语言、文化、政府及宗教影响的地理区域以及国家。

蘑　菇

在希腊的超市和杂货店里，很难找到白蘑菇、四孢蘑菇（field mushroom）或平菇（*Pleurotus*）之外的蘑菇，然而希腊生长着约150种可食用的蘑菇，其中很多会被采回家食用。人们说不要采橄榄林里的蘑菇，但这种说法并没有什么可靠的理由。在较为干燥的岛屿帕罗斯岛上，紫丁香蘑（blewit）很常见：它们被撒上面粉，用橄榄油炸，撒上柠檬汁趁热食用。在其他地方，野生蘑菇与猪肉一同放在砂锅中烹饪或做成用莳萝调味的白汁肉块（fricassée），搭配希腊柠檬鸡汤（avgolemono）。

鸡油菌（*Cantharellus cibarius*）

> 科尔察和锡阿蒂斯塔西南的格雷韦纳自称"蘑菇之乡",每年11月都庆祝蘑菇节。在格雷韦纳,野生蘑菇被做成蘑菇派(manitaropites)新鲜食用,做成蘑菇干泡发后放在香料饭(pilaf)和意大利饭(risotto,一种不算不上希腊特色的食物)中,裹上糖浆做成土耳其软糖(loukoumi)或制成一种奇特的糖渍蘑菇,可以搭配咖啡直接食用,也可以配浓酸奶作为清口的甜点吃。

89　　姜,古希腊语中的zingiberi,传入较晚。它也是一味药材。首次在希腊语语境中出现是被罗马医学作家塞尔苏斯(Celsus)列为本都的米特里达梯国王的解毒剂,著名的米特里达梯解毒剂(mithridateion)的原料之一。不久之后,希腊药学家阿纳扎尔巴的迪奥斯库里德斯承认它值得食用:

> 姜……主要生长于厄立特里亚和阿拉伯半岛,在那里,人们大量食用新鲜的姜,就像我们食用韭菜一样,煮汤或者放入炖菜中……有些种植者会腌制姜(否则姜会变干),并将其装入罐子中出口到意大利:腌制后的姜很好吃。[22]

远东热带植物姜肯定是在公元前2世纪被季风航行带到红海沿岸的,它被向北贸易,如果塞尔苏斯记录的米特里达梯解毒剂的配方是正确的,刚好能够赶上被用作这种神秘药物的配料。在《阿皮基乌斯》和拜占庭文献中,姜远不如胡椒重要。这显然是因为,相较于被用于烹饪主食,姜更常被用于制作甜食糖果,而

第三章 罗马和拜占庭风味

后者几乎没有食谱流传下来。

第一位提到丁香的古典时代作家普林尼表示丁香"因其香气"被进口。其真正的原产地是远超希腊和罗马知识边界的印度尼西亚班达群岛。到罗马帝国末期,希腊医学作家已经知道丁香的多种用途,丁香的拉丁语名是 *gariofilum*,现代希腊语名是 *garifalo*。

所以西方烹饪中对香料的运用从迈锡尼文献提到的一两种奇特风味开始,慢慢增长到古典时代希腊的三四种,最终在中世纪发展到顶峰。在罗马帝国,有些风味只有身体虚弱同时请得起高薪的医生的人才品尝过,在中世纪的君士坦丁堡,这些风味会给人们带来美味的享受。

罗马人对仅产自遥远的特尔纳特岛和蒂多雷岛的肉豆蔻知之甚少。拜占庭人显然对它很熟悉:他们称之为 *moschokarydion*,并将其撒在斋戒期间吃的豌豆布丁上。

蔗糖也是类似的情况。根据科学家埃拉托斯特尼(Eratosthenes)的记录(他写道,"像大型芦苇,天生甘甜,阳光照射后会更甜"),希腊人最初听说这种印度的神奇甜味香料是在亚历山大大帝时期。[23] 普林尼将其列为印度香料,但他听说甘蔗在阿拉伯半岛亦有生长:这种植物"一咬就碎",他补充道,"仅作药用"。希腊医学作家迪奥斯库里德斯和盖伦同意这一观点。常见而便宜的蜂蜜是天然甜味剂;稀有而昂贵的糖需要被医生开入处方才能吃到。其被加入欧洲食物的最早证据来自拜占庭时代中期,在君士坦丁堡备受喜爱的蜜饯和甜饮料因为加入了这种入药的异域香料而给人特别健康的感觉。

在罗马为人熟知、在君士坦丁堡备受喜爱的香料清单上还有肉桂和桂皮。关于它们的遥远起源有很多传说，这使它们异常昂贵，以至于没有罗马人会想到把它们加入食物中：它们是药物和献给神的祭品。盖伦提到为马可·奥理略皇帝用肉桂配制解药，肉桂"被装在盒子里，从蛮夷之地送来，盒子有四腕尺长，里面是一棵质量上乘的完整肉桂树"[24]。10世纪拜占庭皇帝出征时随身携带的医药箱中也需要肉桂，但到了拜占庭时代中期，它也被用于烹饪。番红花也是如此，其此前在希腊饮食中仅被用作香料酒的配料。12世纪的《普罗德罗莫斯诗集》[①]明确展现了肉桂和番红花用途的改变：诗集中有两行半诗句记述了拜占庭最美味的食谱之一，"一道酸甜口味的番红花菜肴，里面有甘松精油（spikenard）、缬草、丁香、肉桂和小蘑菇，以及醋和未烟熏的蜂蜜"[25]。这位讽刺贪婪的修道院院长和自视甚高的官员的无名诗人亦是真正的美食爱好者：请留意他坚持要食用未烟熏的蜂蜜。同时期的其他资料还补充，棉枣儿属（skilla）植物不起眼的球茎——现代认为有毒，在罗马用于药物——在拜占庭被用于调味葡萄酒和醋。

拜占庭时代饮食的发展

本书此前几段，经常引用希腊医学作家对饮食的论述。这种传统在盖伦的著作中达到了顶峰，这一领域被盖伦统治了近两百年。

---

① *Prodromic Poems*，中世纪拜占庭讽刺和诙谐诗句的集合，被认为是一名叫狄奥多罗斯·普罗德罗莫斯（Theodoros Prodromos）的诗人的作品，但是否为其所作存在争议。其中诗歌以生动、口语化的语言而闻名，展现了12世纪拜占庭的日常生活、社会问题和文化。

第三章　罗马和拜占庭风味

此后，希腊医学作家的目标不是反对盖伦——他的作品很快成为大家普遍尊重的经典——而是更简洁、更通俗地阐述医学知识的现状，并根据新信息、新食物和新习惯进行调整。例如，公元4世纪中叶的奥里巴修斯（Oreibasios）就以此为目标，他规模宏大、条理清晰的16卷著作《医药》（*Medicine*）的开头有一个篇幅很长的关于饮食的部分，内容主要是盖伦和他人著作的节选。紧随其后的是5世纪亚美达的艾提奥斯（Aetios of Amida）、6世纪特拉莱斯的亚历山大（Alexander of Tralles）和7世纪艾金纳的保罗（Paul of Aigina）。这三人，尤其是保罗，都在其他医学领域取得了重要进展，但在饮食方面，他们坚持传统，仅补充了关于新出现的香料等的简要信息。从某种意义上说，他们的作品是一版又一版的当代医学领域的理想实用教科书，每个医学生都应该从头到尾掌握。

艾金纳的保罗和很久以前的盖伦一样撰写了一部经久不衰的权威作品。但他的教科书和此前的一样太厚太专业，难以为普通读者所用。两位拜占庭时代中期的善于观察、想象力丰富的人文主义者意识到了这一点，并采取了行动。政治家、历史学家、涉猎广泛的作家米海尔·普塞罗斯（Michael Psellos）写了一部关于食品膳食品质的简短指南，并将其呈给他的皇室赞助人君士坦丁九世（Constantine ix Monomachos）。普塞罗斯写作时用的是平淡但经典的抑扬格韵文：

> 所有奶酪都难以消化，会产生结石，但普洛斯法托斯奶酪（*prosphatos*）如果含盐量不过高，则温和，有营养而且好吃……[26]

做出主要贡献的不是普塞罗斯，而是他默默无闻的朋友西米恩·塞思（Simeon Seth），后者的赞助人是君士坦丁九世的继任者米海尔七世（Michael vii Doukas）。西米恩是一名训练有素的医生，对阿拉伯、犹太和希腊传统都有一定了解，他完成了一部比普塞罗斯的作品内容更丰富、更具创新性的手册。通过西米恩的《按字母顺序排列的食物特性手册》(*Alphabetical Handbook of the Properties of Foods*)，我们首次便捷地大致了解拜占庭时代的知识范围。

另外，从希波克拉底的《养生法》到奥里巴修斯，早期营养学家很少谈到香料在食物中所起的作用，而后来拜占庭时代亚美达的艾提奥斯和艾金纳的保罗撰写的饮食手册却坚持不懈地一遍遍提起这个话题，敦促根据食用者的身体状况、季节甚至一天内的不同时间搭配不同强度和组合的香料。香料和调料在饮食中比以往任何时候都更不可或缺，在烹饪和用餐过程中被用来调整每道菜肴的风味和膳食特性。

锦葵叶包饭（*Tylichtaria*）

无花果叶曾是一种食材，被用来制作古老的无花果叶包饭，如今在类似的菜肴葡萄叶包饭中，无花果叶被葡萄叶所取代——葡萄叶包饭在餐厅很常见，但除了四旬斋的第一天净周一很少在家中制作。无花果一般风干作为甜味零食食用。另一种包饭的叶子是北欧更容易找到的锦葵叶。

第三章 罗马和拜占庭风味

这个食谱来自米尔西尼·兰布拉基（Myrsini Lambraki）关于克里特岛野生香草的书《香草》（Τα χορτά）。

60片新鲜锦葵叶
2个胡萝卜切碎
1个大番茄干
2瓣大蒜
1个洋葱切碎
2棵小葱
1.5杯（300克）糯米

摘这些嫩叶……

2个大土豆
240毫升橄榄油
1茶匙切碎的香菜
2个柠檬的汁
盐和胡椒

将锦葵叶冲洗干净并去柄。在沸水中焯6分钟。沥干并平铺在一个大盘子上。准备馅料：将胡萝卜、洋葱、大蒜、西红柿、香菜、胡椒、米和一半的柠檬汁、一半的油充分混合。取一片锦葵叶，在上面放一茶匙馅料，将边缘往里折，包紧。

……或者，如果你想的话，等待果实成熟

第三章 罗马和拜占庭风味

> 土豆切成四块,放在砂锅底部,把锦葵叶包饭收口朝下放在土豆上。加5汤匙橄榄油,一点盐和剩余的柠檬汁,盖上一个浅盘。倒入450毫升水,盖上砂锅的盖子,慢炖40分钟。冷热均可食用。

所以有关饮食的新医学著作是食品发生根本改变的背景。拜占庭帝国的料理自然囊括了此前的发展。其继承了罗马帝国的烹饪知识并同时重视地方农产品,尤其是海鲜,而这正是古典时代希腊的美食学特点。但拜占庭饮食仍有很大的接受新鲜事物的空间。

除了早期已知的肉类食品外,拜占庭人还尝试制作肉干——现代土耳其的烟熏肉(*pastirma*)的前身之一。近东猎物瞪羚备受推崇反映了他们对内陆安纳托利亚和叙利亚的关注,"一般被称为gazelia的鹿"被早期作者忽视,但被西米恩·塞思推崇为最好的猎物。[27]皇帝们有自己的狩猎场,特别饲养了一群他们引以为傲的野驴〔不过这令人不禁怀疑事实是否诚如愤世嫉俗的克雷莫纳的柳特普兰德主教(Liutprand of Cremona)所说——10世纪备受美食家追捧的野驴可能不过是驯化种的半野生种群〕。在更近的地方,在拜占庭希腊语中被称为pyrgites的麻雀被加入了作为食物猎捕的小型禽类的清单。

君士坦丁堡、古典时代的拜占庭和现代伊斯坦布尔都因海鲜著名。中世纪手册详细列出了很多种类,指出每种海鲜这样或那样的品质,这种多样性再次为人们的美食冒险提供了充足的空间。拜占庭人显然喜欢灰鲻鱼籽(botargo),尽管营养学家不赞同：西米恩表示"灰鲻鱼籽难以消化，产生不良体液，还会对胃造成沉重负担；因此必须完全避免食用"[28]。他的话无人遵循。腌鲱鱼，拜占庭希腊语称 rengai，是从遥远的英国进口的。12 世纪后，君士坦丁堡就知晓黑海北部沿岸的优质海产鱼子酱的美味。

草药学家、园艺家和食品采集者仍旧可以利用各种本地植物，这些植物的特性在迪奥斯库里德斯的《论药物》中都有记载，这部作品一直无可取代。营养学家甚至可能会推荐素食，或许用醋调味（就像现在可能会往小扁豆汤里加一勺醋）。我们已经提到了这一时期被引入希腊菜园和果园的新物种：茄子（拜占庭希腊语称为 melitzana）和橙子（nerantzion）。尽管古典时代的厨师曾用腌制过的无花果叶包裹食物并将其称为 thria，葡萄叶在类似的食谱中出现是在拜占庭时代。一名罗马时代的学者提供了这份历史悠久的食谱：

> **无花果叶包饭是这样制作的**：炸猪油加入牛奶和煮熟的大麦粒混合；加入软奶酪和蛋黄；然后用清香的无花果叶包好，放入鸡油或猪油中炸。放入盛有煮沸的蜂蜜水的瓶中……各种配料的用量相同，但要加入大量蛋黄，因为蛋黄起黏合和凝固作用。[29]

这种食物直接发展成了现代的葡萄叶包饭，"葡萄叶包肉末、米饭和香草"，无数餐厅的菜单上都有这道菜肴新奇的土耳其语名字 dolmades，葡萄叶包饭因此为人所熟知。[30]

君士坦丁堡的面包师身处最受青睐的行业，享有《市政官法》(Book of the Eparch)，即 895 年前后为该市行业公会制定的

第三章 罗马和拜占庭风味

规则,中规定的一系列特权:"面包师自己或他们的牲畜永远不会被要求提供任何公共服务,以避免影响面包烘烤。"[31]面包传统上被称为 artos,但在日常用语中叫 psomi,这个词字面意思是"面包屑",这个词来自人们熟知的《新约》故事。面包的种类在古典文献中已有记载:白面包和棕面包分别叫 katharos(意为"干净的")和 ryparos(意为"脏的"),还有中档的 kibaros("日常面包")。"我喜欢面包,面包皮和面包屑都喜欢。""我不吃被称为泡沫面包的白面包,但吃被称为 kibarites 的中档面包。"诗人普罗德罗莫斯说道。[32]精小麦面包(Silignites),用如今被称为普通小麦(bread wheat)的小麦制成的一种发酵面包,在拜占庭资料中变得更加常见。

军队面包形态特殊。"士兵在军营吃的面包,"历史学家普罗科匹厄斯(Prokopios)解释道,"必须进烤炉两次彻底烤透,确保可以长期保存,不会迅速变质。这样烤出来的面包要轻得多。"[33]有一种这样的环形硬面包(boukellaton),以及一种以古代烹饪作家帕克萨摩斯的名字命名的同样硬度的大麦面包干。普罗科匹厄斯还曾记述,这种帕克萨摩斯面包干在利奥一世(Leo I)统治期间最为著名:

> 三个来自伊利里亚的年轻农民齐马尔科斯、狄蒂维斯托斯和查士丁……决定参军。他们徒步走到君士坦丁堡,到达时肩上的背包里除了从家里带的面包干之外什么都没有。[34]

三人之一,查士丁注定要成为皇帝,他就是著名的查士丁尼一世的父亲。

拜占庭文献中的奶酪开始变得与我们所知的现代爱琴海地区的奶酪更加相似。有文献提到了乳清奶酪密泽特拉奶酪（*myzethra*）。之前引用的普塞洛斯的诗中单独提到的普洛斯法托斯奶酪很像菲达奶酪。在希腊文学中，荷马描绘独眼巨人洞穴之后，拜占庭文学首次提供了一些实用说明：

制作奶酪。大多数人使用被称为 opos 或凝乳酶的东西凝乳；最好的来自小山羊。烘烤盐①也会使牛奶凝固，还有无花果树汁及其绿芽和叶片，洋蓟有毛的不可食用部分、胡椒和家养母鸡粗糙的胃内壁——在鸡粪中可以找到的、看起来像皮肤的东西……如果用一点温水，或再加一点蜂蜜，浸泡番红花籽并将混合物加入绿奶酪中，这种奶酪的保存时间会更长。

奶酪的保存方法是用饮用水清洗，在阳光下晒干，然后放入盛有香薄荷或百里香的陶罐中，奶酪块尽量彼此分开，然后倒入甜醋或蜂蜜醋，直至液体填满缝隙并覆盖奶酪……如果保存在盐水中奶酪会保持白色。熏制后则质感更紧实，味道更强烈。[35]

十九 榻厅

10 世纪造访君士坦丁堡的基督徒和穆斯林都对大皇

---

① 指在加入牛奶之前，先在煎锅中加热的粗盐。

第三章　罗马和拜占庭风味

宫的餐厅赞不绝口，餐厅"天花板极高，非常美丽，被称为十九榻厅（Decaenneaccoubita）"[37]"200步长，50步宽，内有一张木桌，一张象牙桌和一张金桌。圣诞节庆祝活动结束后，皇帝离开教堂，进入这个房间并坐在金桌旁……他们给他送来四个金盘子，每个都由专属的小车送上。第一个盘子镶嵌着珍珠和红宝石，据说属于大卫之子所罗门（愿他安息），第二个同样镶嵌着宝石的盘子属于大卫（愿他安息）；第三个属于亚历山大大帝；第四个属于君士坦丁大帝。"[38]"餐后，水果被装在三个金碗里呈上，重到人力无法搬动……天花板上的孔洞中悬挂着三根包着镀金皮革并配有金环的绳子。这些环被固定在碗上伸出的把手上，再由四五个人从下面一起操作，通过天花板上的活动装置将碗荡上餐桌。"[39]这些旅行者非常幸运而不自知。仅仅20年后，餐厅就被拆除了，当时尼基弗鲁斯二世怀着很多倒霉的统治者都有的、降低行政成本的热情将大皇宫一分为二。不过，他没有毁掉19张半圆形的大理石桌。节俭但虔诚的他将它们捐给了他的新宗教基地，如今已成为圣山最德高望重的修道院的大拉伏拉修道院（Great Lavra）。时至今日，19张大理石餐桌仍摆放在大修道院宽敞的食堂里。显然修道士们不斜躺着吃饭：他们坐在长凳上，但他们使用的桌子是同一批，1000年前，皇帝和他们的宾客用这些餐桌进餐，庆祝一年中拜占庭的重要节日。[40]

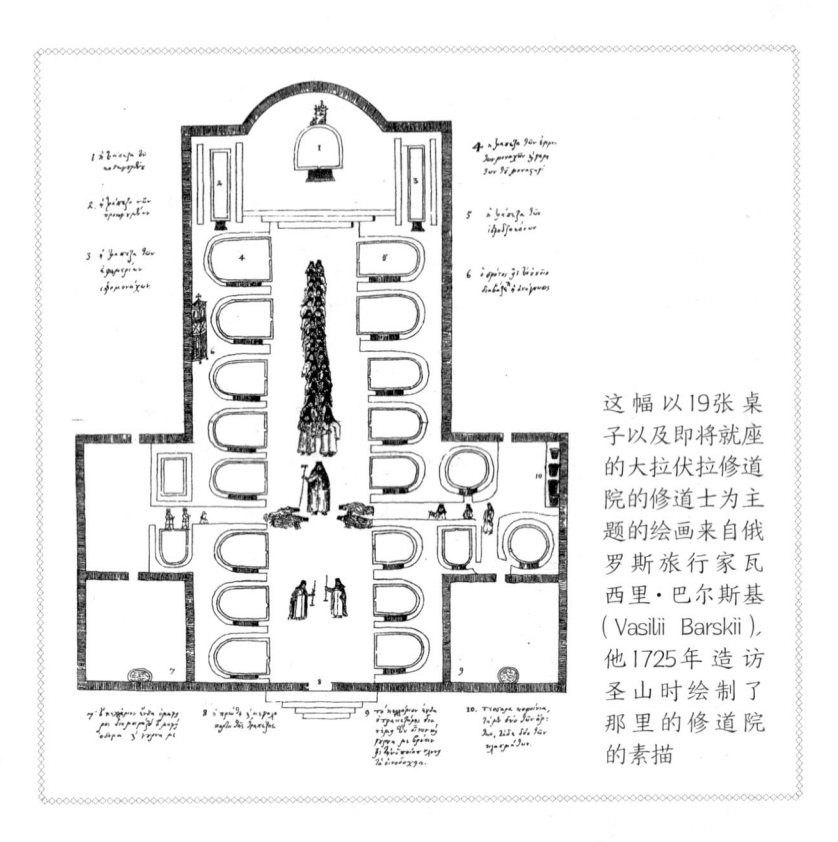

这幅以19张桌子以及即将就座的大拉伏拉修道院的修道士为主题的绘画来自俄罗斯旅行家瓦西里·巴尔斯基（Vasilii Barskii），他1725年造访圣山时绘制了那里的修道院的素描

最能体现拜占庭烹饪的独特风味的是甜味点心和饮料。有些菜肴会被我们认作布丁，如 grouta，一种加蜂蜜增甜、点缀角豆籽或葡萄干的牛奶小麦粥。西米恩推荐米布丁，"用牛奶煮饭，配蜂蜜食用"[36]。13世纪的从事外交工作的旅行家威廉·鲁布鲁克（William of Rubruck）在寻找值得从君士坦丁堡带到位于俄罗斯南部大草原的可萨里亚（Khazaria）的礼物时，"按照商人的建议"，决定选择"水果，麝香葡萄酒和精致饼干以……使我的旅途更加轻松，因为他们可不会照顾空手而来的人"。[41]水果会被晒干，做成蜜饯或保存在葡萄糖浆或糖浆中。我们可以猜测威

第三章　罗马和拜占庭风味

廉入手饼干的地点和17世纪的旅行者们是一样的：根据土耳其旅行家艾弗里雅的说法，当时在位于博斯普鲁斯海峡欧洲海岸的耶尼柯伊（Yenikoy）有"几百家饼干工厂；所有向黑海航行的船要么在这里要么在加拉塔（佩拉）进饼干"[42]。拜占庭榅桲果酱一定与我们现在所知的形态很相似了，因为此时糖已经取代了蜂蜜被用作保存介质。还有其他果酱或蜜饯，包括梨和香橼。

拜占庭帝国的饮酒热情一如既往，而酒变得更美味了。葡萄酒已经不像在古典时代的希腊那样必须和至少等量的水混合了。这种改变得到了宗教的支持——圣餐的葡萄酒，和曾经在祭酒仪式上被献给希腊诸神的酒一样，不掺水——并得到了医学作家的鼓励，他们发现葡萄酒具有理想的膳食效果并（显然正确地）提出葡萄酒掺入的水越少，这种效果就会越强。他们允许读者在冬日早晨喝一定剂量的纯葡萄酒，并推荐掺水时水量低于酒量。

但希腊葡萄酒有一个问题。曾两次造访君士坦丁堡宫廷的意大利主教和外交家柳特普兰德概括道："希腊红酒混有松脂（pitch）、松香（resin）和石膏（gypsum），我们无法饮用。"[43] 九百年前，迪奥斯库里德斯已经提到过树脂在葡萄酒中的运用。关于松脂和松香，柳特普兰德的说法可能也是正确的：松脂和松香一样被用于陶罐和双耳细颈瓶的制作，石膏用于下胶①：它们会残留在酒中。在柳特普兰德的故乡意大利，木桶早已取代了陶器，他像加利福尼亚人一样期待橡木的味道。然而就连拜占庭

---

① fining，酿酒过程中通过加入下胶剂去除可能导致浑浊或异味的不需要的颗粒来澄清和稳定葡萄酒的步骤，下胶剂会吸附这些颗粒随后与之一同沉降到容器底部，之后将澄清的葡萄酒吸走即可。下胶能够改善葡萄酒的外观、风味和稳定性。

作家米海尔·乔尼亚茨（Michael Choniates），12世纪的雅典大主教，都不喜欢雅典的松香葡萄酒，同时代比他年长的尼基弗鲁斯·巴西拉克斯（Nikephoros Basilakes）也不喜欢色雷斯菲利波波利斯（即现普罗夫迪夫）有树脂味的葡萄酒。直到19世纪才有一名西欧的旅行者喜欢松香葡萄酒——如果将其与用啤酒花酿制的啤酒进行慎重比较后表示喜欢松香葡萄酒的W. M. 利克没有撒谎的话：

（阿卡迪亚的莱维季）的平原主要被葡萄园占据，这里酿制的葡萄酒在颜色、酒精度甚至味道上都类似淡啤酒（small beer），松树树脂的味道和啤酒花的苦涩芳香很类似。[44]

1340年前后，佛罗伦萨商人弗朗切斯科·佩戈洛季（Francesco Pegolotti）列举了拜占庭晚期君士坦丁堡的人们想要购买的葡萄酒和销往外地的希腊葡萄酒。第一份清单显示意大利葡萄酒在和希腊葡萄酒竞争（不过当然有意大利人住在君士坦丁堡，他们可能更喜欢自己熟悉的葡萄酒），包括来自那不勒斯的"希腊葡萄酒"（vino Greco），来自马奇（阿布鲁齐）、普利亚、西西里岛的葡萄酒，以及来自卡拉布里亚的图尔皮亚（Turpia）和克罗托内的葡萄酒，克里特岛的葡萄酒，"罗马尼亚葡萄酒"（vino di Romania，见下文）和"乡村美酒"（vino del paese），也就是比提尼亚的色雷斯的当地葡萄酒。[45]这一清单可以被希腊作家扩充，几乎与佩戈洛季同时代的约安尼斯·乔姆诺斯（Ioannes Choumnos）写道："其他人用特里格利亚葡萄酒和伯罗奔尼撒半岛莫奈姆瓦夏的多里亚葡萄酒向狄俄尼索斯献祭。"[46]这两个名

第三章　罗马和拜占庭风味

字都出现在了佩戈洛季的第二份清单上，这份清单列出了值得出口的希腊葡萄酒：特里格利亚（位于马尔马拉海南岸，距离君士坦丁堡很近）的葡萄酒，罗柏拉葡萄酒（vino di Rimbola，用罗柏拉葡萄①酿造，这一品种来自靠近意大利南部的伊奥尼亚群岛和希腊东北部），及四种经典葡萄酒——中世纪与西欧交易的主要产品。玛尔维萨葡萄酒（Vino di Malvagia）和干地亚葡萄酒（Vino di Candia）值得出口到克里米亚的塔纳（Tana），其出口路线与威廉·鲁布鲁克所走的相同，克里特岛葡萄酒（Vino di Creti）和罗马尼亚葡萄酒在威尼斯有市场。克里特岛葡萄酒和干地亚葡萄酒是克里特岛的两种甜葡萄酒，由麝香葡萄和马姆齐葡萄②酿制而成，玛尔维萨葡萄酒是莫奈姆瓦夏出口的马姆齐葡萄酒，罗马尼亚葡萄酒是莫东（即现迈索尼）出口的伯罗奔尼撒半岛西部的葡萄酒。

这些是甜味加度葡萄酒，但加度的方式是特别的。蒸馏尚未被应用于酒精饮料，高甜度、高酒精度和稳定性是通过晚采摘和小心添加蜂蜜或葡萄糖浆实现的。有些出口葡萄酒已经从希腊进入了古典时代的罗马，但中世纪被销往西欧才是其巅峰时刻。

酿制出威廉·鲁布鲁克带去可萨里亚的麝香葡萄酒（vinum muscatos）的麝香葡萄如今在南欧被广泛种植。其名字源自中世纪早期的希腊语，在其中 moskhatos 意为"有麝香味的"（指气味

---

① robola，主要在凯法洛尼亚岛种植的白葡萄酒葡萄品种，酿制出的葡萄酒甜度低，口味清爽。
② malmsey，一个用途广泛的古老葡萄家族，在整个地中海地区和大西洋东部都有分布，因可酿造甜度高的加度葡萄酒而著称，其适应性让其被广泛栽培，并受到了酿酒者的欢迎。

类似通过香料贸易从西藏进口的香味浓郁的麝香）。萨摩斯岛和利姆诺斯岛的葡萄园如今仍在生产与当年被威廉选中的麝香葡萄酒十分类似的产品。

100

黑 眼 豆

完整的嫩黑眼豆豆荚（*ambelofasoula*，字面意思为"葡萄园豆"）是夏日佳肴，在市场上可以买到，如果餐馆的菜单上没有，值得问一问：豆荚去掉两头，煮软，趁热或常温食用，配油和醋或大蒜土豆蘸酱（*skordalia*）。黑眼豆豆荚是唯一这样吃的豆类。四季豆或嫩蚕豆通常用油或一种番茄酱（*kokkinisto*）炖，而不是仅仅煮熟。不过嫩黑眼豆豆荚也可以放在混合沙拉中，与绿叶菜和其他生蔬菜一同食用，或与甜菜根、野菜（*horta*）、西葫芦和土豆一起做成熟沙拉。

黑眼豆是四旬斋净周一宴会上很受欢迎的小吃。在现代四旬斋宴会，黑眼豆之外还有希腊鱼子蘸酱、新鲜贝壳或直接从壳中吸着吃的生海胆（或者，更精致一些的吃法是用一片面包舀着吃）和拉加纳（*lagana*），特别为净周一制作的不发酵的面包。如果想让宴会更具拜占庭风味，可以在早春时节用黑眼豆搭配灰鲻鱼或鲈鱼菜肴，或许还可以加一些新一季的芦笋（如果是野芦笋更好）。之后，按照拜占庭饮食手册的建议，进行适度性生活。

第三章 罗马和拜占庭风味

成熟黑眼豆受到了拜占庭营养学家的推荐。根据伊利亚斯·阿纳戈斯塔基斯克西（Ilias Anagnostakis）的记述，它们被和鹰嘴豆、小扁豆和石榴一同做成豆类沙拉，这是一道新年菜，被称为"勇敢男孩"（pallikaria）。[47]克劳迪娅·罗登（Claudia Roden）在《犹太食物之书》（The Book of Jewish Food）中写到了一种用类似方法制作的加孜然的埃及黑眼豆沙拉（loubia）。在亚美尼亚，煮熟的豆子可以被做成热食、冷食皆可的沙拉，以同样的方式调味，通常还添加西红柿、全熟水煮蛋和香料。

完整的嫩黑眼豆豆荚作为配菜食用。
旁边搭配的是辛辣的大蒜土豆蘸酱：如图所示，两者非常相配

还有一种莫奈姆瓦西奥斯葡萄（monembasios），用其酿制的葡萄酒在中世纪的西欧知名度更高。莫奈姆瓦西奥斯不仅是一个葡萄品种的名称，一开始还指一种口感饱满、呈琥珀色的甜酒，在12世纪和13世纪被与伯罗奔尼撒半岛的沿海要塞莫奈姆瓦夏联系在一起。其在法语中被称为malvoisie，在英语中被称为malmsey，这些名字在莫奈姆瓦夏出口贸易消失很久之后仍具有一定的知名度。在14世纪和15世纪，在法国和英格兰常见的说法是最好的马姆齐葡萄酒来自克里特岛；15世纪末（准确地说是1478年2月18日）这种酒在英国的知名度达到顶峰，当时克拉伦斯公爵乔治因叛国罪而受到的严厉判决，被改判为在一桶黏稠的马姆齐葡萄酒中被快速淹死。再后来，随着潮流和贸易路线的变化，人们发现马德拉的火山坡非常适合生产马姆齐葡萄和马姆齐葡萄酒。如今，它们在希腊已经鲜为人知。

在君士坦丁堡，调味葡萄酒的受欢迎程度至少不逊于马姆齐葡萄酒和麝香葡萄酒。调味葡萄酒历史悠久，但直到罗马帝国晚期及之后才变得重要。戴克里先的《价格法令》中列出了三种。复杂、加入多种香料的五香葡萄酒（conditum）的价格是普通佐餐酒的三倍，每品脱24第纳里乌斯[①]，苦艾酒和玫瑰葡萄酒的价格几乎也这么高。调味葡萄酒的种类远不止这三种。加入洋乳香和茴芹籽调味的葡萄酒可以与《价格法令》中提到的已经流传甚广的玫瑰葡萄酒和苦艾酒相提并论。它们是现代味美思酒（vermouth）的祖先；也是现代地中海地区的乳香酒、苦艾酒、

[①] 古罗马使用的银币，于公元前3世纪末前后引入，是罗马共和国和后来的罗马帝国的标准货币。这种银币广泛流通，是罗马经济的记账单位和交换媒介。

第三章 罗马和拜占庭风味

希腊茴香酒和法国茴香酒（pastis）的远祖（蒸馏尚未被运用）。

可以从《普罗德罗莫斯诗集》中的一首诗中提取出典型但过度慷慨的拜占庭一餐的菜单。此处的译文插入了阿纳戈斯塔基斯克西根据众多资料中的细微线索提出的补充。[48] 餐桌上可能一直备有面包、葡萄酒、各式酱料、橄榄和腌菜，最先上的是沙拉或水煮绿叶菜和豆子，可能会配油、醋或鱼露，和汤。然后"首先是炖烤菜肴，炖小鲽鱼。第二道菜酱料丰富，是挂满肉汁的鳕鱼。第三道是'前文已经提到的'番红花菜"，"中间是一条大的金色鲂鱼（gurnard），一条灰鲻鱼和来自赖金港的牙鲷……第四道菜是烧烤，第五道是炸菜，包括：切成小块的鱼身中段；有胡须的红鲻鱼；装在比一般的锅大一倍的深锅里的大银汉鱼；单独烤的鲽鱼，配鱼露，从头到尾撒满葛缕子；和一条大海鲈鱼的鱼排"[49]。似乎没有肉，但是，就像在古典时代希腊的餐食中一样，少量的肉会和后几道鱼的菜式一同被送上。甜点包括水果和奶酪。果干、坚果和糖果可以作为佐酒小食，不是正餐的一部分。

君士坦丁堡是一个基督教帝国的统治中心，教会的宴饮和斋戒被写入日历。换句话说，希腊人的饮食是围绕宗教历法安排的，现在依然如此（见第343—345页）。解释为何贝类在君士坦丁堡的市场上如此常见时，15世纪旅行家佩罗·塔富尔（Pero Tafur）正确地将这一现象归因于这些宗教活动："在一年中的某些斋戒时段，他们不仅只吃鱼，而且只吃没有血的鱼，也就是贝类。"[50] 对于修道院中的人来说，饮食的限制前所未有地严格。相较于外面的世界，每周斋戒的日子被更加严格地执行，在四旬斋、使徒斋期、圣腓力斋期（fast of St Philip）等较长的斋期都要斋戒。斋戒期间，僧侣们一天进食一次，食物不加油或调味料：遵循"干食"（*xerophagia*）和"饮水"（water drinking）的规则，不过水可能会用胡椒、孜然和茴芹调味。

103

黑眼豆沙拉

黛安娜·科希拉斯（Diane Kochilas）在《希腊佳肴》（*The Glorious Foods of Greece*）中给出了一个水煮黑眼豆加焦糖化的洋葱的食谱，这道菜来自尼西罗斯岛（Nisyros），是佐泽卡尼索斯群岛标志性的豆类菜肴，现在通常浇在豌豆或豆泥（包括所谓的桑托林蚕豆）上食用。

200克干黑眼豆
黑胡椒
1个中等大小的甜红洋葱
平叶欧芹
有果香的优质绿色橄榄油，如来自科利姆巴里（Kolymbari）的克里特岛橄榄油
白葡萄酒醋
葛缕子籽（可选）

将豆子放入深锅，加大量水、胡椒，大火煮40分钟直至变软。沥干并静置至完全冷却。

第三章 罗马和拜占庭风味

> 将豆子盛入上菜盘。将洋葱切成小丁,欧芹粗粗切碎,上菜时与豆子混合:比例为豆子是洋葱的两倍,搅拌前欧芹能够几乎盖住豆子的表面。就像在塔布勒沙拉[①]中一样,豆子粉糯的口感和类似坚果的香气能够调和香草强烈的植物气味。淋上一点醋和大量橄榄油(如果想要追求拜占庭风格就撒上葛缕子籽)。帕罗斯岛的海鲜餐厅"章鱼的巢穴"(To Thalami)就供应这道沙拉。

即便不斋戒时,普通修道士的饮食也相当俭朴。《圣撒巴斯的一生》(*Life of St Sabas*,以6世纪初的巴勒斯坦为背景)很好地展示了重视禁欲的早期修道院饮食:

> 有一次雅各布被安排负责大拉伏拉修道院的食堂,隐士们聚在一起开会时,他必须为他们做饭。他煮了大量的干豌豆。第一天他们吃豆子,第二天还是吃豆子,然后他把剩下的豆子从后门扔进了沟里。老撒巴斯从自己的隐士塔里向外望时看到了这一幕,他静静地下楼,非常仔细地把豌豆收集起来,并尽量使它们保持清洁,然后他把这些豆子再次晒干。后来他邀请雅各布单独与他一起吃饭。为了这个场合,撒巴斯把捡回的豆子煮熟,煮好后又运用他

---

① tabbouleh,中东沙拉,通常由切碎的欧芹、西红柿、薄荷、洋葱和布格麦制成,并用橄榄油、柠檬汁、盐和胡椒调味。

的全部技艺调味。

"对不起，兄弟。我恐怕对烹饪一窍不通，"他对雅各布说，"你并不享受这餐食。"

"恰恰相反，神父，"雅各布说，"食物非常美味。我已经很久没有这么享受一餐了。"

"请相信我，兄弟，"撒巴斯说道，"这就是你从厨房扔进沟里的那些豆子。连不浪费豆子，自己人民的食物，都做不到的人，肯定无法管理教会会议。"[51]

在拜占庭晚期的修道院生活中，修道士的一餐最重要的组成部分是谷物、豆类和没有肉的汤，偶尔还有贝类和咸鱼。前皇帝如果退居修道院，也要与其他人遵守同样的纪律。罗曼努斯一世（Romanos Lakapenos）在944年被他的儿子们废黜后，被迫削发。几周之后，同样的命运又落到他不孝的儿子斯蒂芬和君士坦丁身上：在他们的姐姐（为了她的丈夫君士坦丁七世的利益）的命令下，他们被流放到了同一家修道院。据说，他们忍俊不禁的父亲在修道院欢迎了他们，并恭喜他们即将开始享用美食。"这是给你们的白开水，比哥特地区的雪还要冷；这是甜蚕豆，蔬菜和韭菜。在这里让人生病的不是奢华海鲜，而是频繁斋戒的制度！"[52] 1081年皇帝尼基弗鲁斯三世（Nikephoros Botaneiates）也被迫成为修道士，后来皇室中流传着这样的说法，当被修道士同伴问及改变是否容易接受时，他回答道："我讨厌没有肉吃。这是最令我烦恼的事情。"[53]他的继任者的女儿，历史学家安娜·科穆宁娜（Anna Komnene）讲述了这个故事。

第三章 罗马和拜占庭风味

那么，主教怎么会有丰富的食物选择呢？从亚历山大主教，施舍者圣约翰（John the Almsgiver）的痛苦沉思来看，主教确实吃得很好："多少人想吃从我的厨房被扔掉的蔬菜的外叶？"他不安地反省道。"多少人希望用他们的面包蘸取我的厨师扔掉的料酒？多少人只想闻一闻我的酒窖扔掉的葡萄酒？"[54]讽刺的《普罗德罗莫斯诗集》给出了答案，诗中记载，修道院院长每周三和周五禁食肉和鱼，这让拜占庭厨师的聪明才智得以发挥，将贝类和蔬菜做得像其他五天令院长大快朵颐的肉一样诱人。该诗集的第四首诗给出了鲜明的对比（"他们"是院长，"我们"是普通修道士）：

> 他们吃鮟鱇鱼，我们吃斋汤。他们希俄斯岛葡萄酒喝到饱，而我们喝掺水的瓦尔纳葡萄酒（Varna wine）。他们喝完佐餐酒再喝甜酒，我们在只有一道菜的晚餐之后喝点美味的水。他们吃白面包，我们吃麸皮面包。他们吃完芝麻甜点还有慕斯；我们吃小麦被过滤掉的小麦粥。他们吃第二份配蜂蜜的油煎饼……我们吃烟熏味的斋汤。[55]

在医学和宗教的这些影响下，香料和调味料变得无处不在。12世纪后，新兴的通俗口语文学（《普罗德罗莫斯诗集》就是此类作品之一）提供了复杂食谱存在的证据，其中还出现了一个新形容词，*oxinoglykos*，意为"又甜又酸的"；用一种主要原料制作的菜肴也有了复合名称，包括*thynnomageireia*（金枪鱼菜肴）、*pastomageireia*（咸肉或咸鱼菜肴）、*choirinomageireia*（猪肉菜肴）和著名的*monokythron*（一锅炖）。[56]

西班牙加泰罗尼亚有售的长相可怖的鮟鱇鱼,在希腊语中被称为"青蛙"(*batrachos*),在德语中称为"魔鬼鱼"(*Teufelsfisch*)

第四章
帝国重生

我们从希腊人的角度了解了古典时代的希腊美食。除此之外别无他法。但拜占庭帝国不同：我们可以比较本国人和外国人对于早已失传的拜占庭饮食的不同看法。从《普罗德罗莫斯诗集》等有趣的文本中反复出现的、令人垂涎欲滴的描述来看，本地人，甚至是那些很少有机会品尝最高级菜肴的人，对拜占庭烹饪颇为满意。另一方面，拜占庭饮食时常让君士坦丁堡的访客感到吃惊，外国使节总体持负面看法。在餐桌上提供足够的刀叉，保证几乎可以每人一副很奇怪。用加热过的盘子盛装酱汁并为每人单独提供餐巾实属奢侈。备受喜爱的鱼露是需要习惯的美味。大多数外国人不喜欢松香葡萄酒，有些拒绝饮用。

曾于949—950年和968年作为大使造访君士坦丁堡的克雷莫纳的柳特普兰德主教对拜占庭文化表达了鲜明的看法：他生动、充满抱怨的《出使君士坦丁堡记》(*Embassy to Constantinople*)和《回顾》(*Antapodosis*)记录了大量关于他出使期间咽下和吐掉的食物的信息。关于他在968年——当时的皇帝是尼基弗鲁斯二世——参加的第一场正式晚宴，柳特普兰德主教如是说："因为皇帝不认为我有资格坐比他手下任何一名贵族更好的位置，我的座位和他之间隔着14个人还没有桌布……晚宴相当可怕，一言难尽，油多到让人怀疑厨师是不是喝醉了，还用另一种用鱼制作的令人不快的液体调味。"[1] 鱼露（肯定就是柳特普兰德主教所描写的"用鱼制作的令人不快的液体"）的味道中蕴藏的是顽强存续的古希腊罗马传统。大量使用橄榄油是现代希腊烹饪时常被批评的特点之一，不过这些批评者原本就不喜欢希腊烹饪。柳特普兰德主教讽刺地评论了后来被送到他的住处的食物："神圣的皇帝用一份大礼减轻我的痛苦，送来了他最精致的菜肴之一，一只他自己已经吃过的肥小山羊——里面被显摆地塞满了大蒜、洋葱、韭菜，还撒上了鱼露。"[2]

柳特普兰德主教的冷幽默仅仅向我们展现了他品尝的食物中的一小部分。他被安置在皇室宅邸之一，由御厨房负责送去做好的菜肴，这种安排并不少见。三个世纪后，一组穆斯林使节在拜占庭公主玛丽亚［皇帝安德洛尼卡二世（Andronikos II）的私生女］返回君士坦丁堡时与其同行，他们被安置在"公主居所附近的一幢房屋中……我们三晚都没有出门，其间收到了面粉、面包、绵羊、家禽、酥油、水果、鱼、钱和地毯等招待礼物"[3]。第三个类似的故事是安娜·科穆宁娜从拜占庭的角度讲述的。塔兰托的博希蒙德（Bohemond of Taranto），后来的安条克亲王，在第一次十字军东征期间，在东行途中访问了君士坦丁堡。招待他的是安娜的父亲阿历克塞一世（Alexios Komnenos）。博希蒙德的居所在科斯米迪翁（Kosmidion），就在城墙外：

> 餐桌上摆满了丰盛的食物，包括各式各样的鱼类菜肴。之后厨师们送来家畜和家禽的生肉。"如您所见，这条鱼是按照我们习惯的方式准备的，"他们表示，"但如果不合您的

第四章 帝国重生

口味,我们还准备了生肉,供您用喜欢的方式烹饪。"

博希蒙德担心菜肴中有毒,将鱼慷慨地与随从人员分享,并让他的厨师为他烹饪生肉。没有人病倒。[4]

往返君士坦丁堡的路途就没有这么舒适了。旅店数量极少,分布稀疏。古代哲学家德谟克利特(Demokritos)说没有节庆的生活就是一条没有旅店的漫长道路:他确实了解在这样的道路上赶路的滋味。在整个拜占庭帝国,只有一家乡村旅店在食物方面享有盛誉。据《西凯翁的圣西奥多的一生》(*Life of St Theodore of Sykeon*)记载,6世纪西奥多就出生在这家位于比提尼亚西凯翁的旅店。他的母亲、祖母和姨妈最开始都是妓女,后来逐渐开始依靠食物品质吸引顾客。他们的厨师,"一名敬畏上帝的人,名叫斯特凡诺斯",是世界上第一位名字为人所知的餐厅厨师。[5]

那些有幸在旅途上受邀与朋友同住的人发现这种安排也是三餐问题的最优解。"总有人接待我们",蒂马里翁描述他途经塞萨洛尼基前往地狱的幻想旅程的夜晚时说道。[6]拜占庭饮食的模式意味着白天不怎么进食,等待晚上大吃一顿,这或许是一件幸事。旅行者会随身携带中午吃的点心或购买少量必要食物。约725年,一组盎格鲁-撒克逊旅行者——未来的圣威利鲍尔德和他的哥哥、妹妹和父亲——拜访小亚细亚的各处圣地,在正午的阳光下,他们到达了海滨小镇费吉拉(Phygela),他们"拿了一些面包,来到小镇中央的泉水边,坐在岸边,蘸着泉水吃面包"[7]。即便是皇室成员出门狩猎,野餐时也只吃黑面包配奶酪和水田芥这样朴素的食物。在出发前往凯阿岛(Keos)时,希望能吃上肉或鱼的米海尔·乔尼亚茨主教问港口的人:"'孩子们,有什么小吃（*prosphagion*）吗？'他们立刻给了我奶酪，因为这些岛民用含义宽泛的一词*prosphagion*专门表示'奶酪'。"[8]

对于那些没有帝国或其他赞助的君士坦丁堡旅客来说，修道院是最好的选择。关于佩拉的一座修道院，一名俄罗斯朝圣者记述道，修道院的人们遵循创始人的意愿，"向所有人提供面包、汤和一杯葡萄酒。每个往返耶路撒冷的基督徒都可以在这里用餐好几天；希腊人也可以在这里吃东西，多亏了圣母的祈祷，这家修道院未曾陷入贫困"[9]。旅行者找到落脚的地方之后会探索帝国首都的其他食物资源。

拜占庭被君士坦丁大帝重建为君士坦丁堡，并常被描述为"新罗马"。作为延续罗马帝国之名的国度的东部首都——不久之后成为唯一首都——君士坦丁堡继续繁荣发展。这座城市获得新身份一百年后，其人民仍旧没个正形，一名当时的诗人写道：

> 热衷于性的年轻人和以暴食为荣耀、以在腐朽的宴席上提供种类足够丰富的食物为傲的老无赖们：只有昂贵的肉类能够让他们感到饥饿，他们用从海外进口的食物刺激味蕾，朱诺的星羽禽鸟①的肉，或黑皮肤的印第安人提供的（如果能搞到）会说话的绿鸟的肉。爱琴海、深深的马尔马拉海和亚速的沼泽都无法满足他们对异国鱼类的渴求。[10]

异国访客和本地人都会被君士坦丁堡的财富和资源震撼。犹太冒险家图德拉的本哈明（Benjamin of Tudela）12世纪评论道：

---

① 指孔雀。在罗马神话中，朱诺常被和孔雀联系在一起。

第四章 帝国重生

"这里各类面料,面包、肉类和葡萄酒都很丰富:君士坦丁堡的财富举世无双。这里还有熟读希腊书籍的学者,每个人都在自己的葡萄藤和无花果树下吃喝。"[11]14世纪20年代或30年代造访的穆斯林旅行者伊本·巴图塔(Ibn Battuta)写道:

> 市场和街道很宽敞,铺着石板,每个行业的成员都有自己的地方,不和他人共用。每个市场大门,晚上会关闭。大部分工匠和销售人员是女性。[12]

海枣在希腊南部生长旺盛,但不结成熟的果实。好吃的枣子是烹饪原料和糖的来源,希腊进口枣子至少已有3000年历史。这棵海枣树生长在纳克索斯岛的一个隐秘峡谷中,这里曾是一座耶稣会神学院的花园

《市政官法》告诉我们9世纪末君士坦丁堡的商店和市场的摊位上销售什么及如何销售。香料商销售的香料包括胡椒、甘松精油、肉桂、沉香、龙涎香、麝香、乳香、没药和印度安息香；他们的大部分货物途经的要么是陆上丝绸之路西端的特拉布宗，要么是通过波斯湾与印度香料之路相连的迦勒底（即现伊拉克）。他们的商店会被安排在大皇宫入口"查尔克大门"附近，在那里它们可以"用香味改善氛围"。杂货商可以在城市的任何地方开设商店，售卖牛肉、咸鱼、豆类、奶酪、蜂蜜和黄油。卖羊肉而非猪肉的屠夫要去比提尼亚的萨卡里亚河（River Sangarios）等待牲畜商贩；他们必须在被称为"骑士团封地"（Strategion）的室内市场出售牲畜，但春季羔羊在复活节和五旬节①之间在"公牛市场"（Tauros）售卖。经营猪肉的屠夫要去公牛市场进货。鱼贩不得前往渔场；他们必须在港口进货，在君士坦丁堡的指定市场销售，他们不得用盐腌制任何鱼，将鱼卖给转售者也不被鼓励。他们的利润率受到密切关注。

　　弗朗切斯科·佩戈洛季的贸易手册记载了大量通过海路抵达君士坦丁堡的食物和香料。他列出了蜜饯、盐、葡萄干（包括来自叙利亚的）、枣子、榛子（包括来自那不勒斯的）、核桃、杏仁、栗子、开心果、米、孜然、红花、糖果、砂糖、姜、莪术②、丁香、肉豆蔻、豆蔻皮、樟脑、小豆蔻、长胡椒、大黄、乳香酒、番红花、药旋花、吗哪、树脂、骆驼草（squinanth）和熏鲟

---

① pentecost，基督教节日，在复活节后第 49 日庆祝，它纪念耶稣基督受难、复活和升天后圣灵降临在使徒和其他门徒身上。
② zedoary，原产于东南亚的多年生草本植物，姜科，与姜黄十分类似，几个世纪以来一直被用于传统医学和烹饪实践。

第四章 帝国重生

拜占庭城市塞尔吉拉的酒馆

鱼;在橄榄油中,他区分来自威尼斯和马奇的透明橄榄油和黄色橄榄油,以及来自普利亚、凯埃塔(Caieta)和其他地区的各式橄榄油,它们分别被装在那不勒斯罐、普利亚罐和塞维利亚罐中。[13]

在君士坦丁堡宽阔的大街上和封闭的市场中,有一些小酒馆提供食物、饮料和可以坐下享用它们的座位。在6世纪的一首讽刺短诗中,一家酒馆如此自述道:

> 我的一侧是泽克西普(Zeuxippos),一个令人愉快的公共浴室,另一侧是竞技场(Hippodrome)。在后者看完比赛并在前者洗个澡,来我好客的餐桌边休息吧。然后下午你会

酒馆做中午，午休，时段的广告不是偶然。如果《市政官法》所述的规定适用于这一较早的时期，傍晚酒馆就关门了：

> 在重大节日或周日的早晨8点之前，酒馆不得开门，不得售卖葡萄酒或菜肴。晚上8点必须关门，但要亮灯，因为，如果这些酒馆的顾客夜晚也像白天一样有权光顾这些店家，可能会在酒精的影响下肆无忌惮地沉湎于暴力和骚乱。[15]

根据统一规则手册，酒馆的酒价由中央参考当前的市场价格统一确定。酒以标准量供应，每个酒馆老板都必须有一套带有官印的量具。但销售啤酒的啤酒馆（phouskaria）是另一个行业，在奥斯曼帝国时代仍然如此，《市政官法》中没有针对它们的规定。

最后，还有出售做好的街头食物的摊点。我们知道这一点，甚至知道它们的具体位置，这主要归功于西班牙冒险家佩罗·塔富尔的记述：

> 圣索菲亚大教堂外有很多有廊柱的大广场，通常售卖葡萄酒、面包和鱼，贝类最多，因为希腊人有食用贝类的习惯……这里有大石桌，统治者和普通人在这里一起用餐。[16]

因此，多亏了塔富尔，我们得以知道历史学家尼基塔斯·霍尼亚提斯（Niketas Choniates）记录的这则轶事发生在哪里。

第四章 帝国重生

1204年君士坦丁堡被十字军攻占后,霍尼亚提斯在尼凯阿的流亡朝廷写作,回忆他了如指掌的君士坦丁堡,又爱又恨的皇室以及曾经共事过的大臣们:

> 约翰·哈吉奥特奥多里茨(John Hagiotheodorites)在布拉赫奈宫(Blachernai)度过了一天。深夜,在返程途中,他路过展示售卖街头食品——就是日常说的"零食"——的女商贩的摊位,突然想喝热汤并搭配切碎的包菜。他的一名名叫按萨斯(Anzas)的仆人说,他们应该等一等并暂时忍耐饥饿:到家后就会有充足的合适食物。约翰瞪了他一眼,严厉地说他想怎么做就怎么做。他径直走向女商贩端着的碗——碗里装满了他想喝的汤——俯下身,急吼吼地喝汤,还吃了好几大口包菜。然后他拿出一块钱并递给他的一个仆人。"帮我换成零钱,"他说,"把这位女士的五毛给她,然后赶紧把剩下的五毛还给我。"[17]

终结与开始

说拜占庭帝国是静态的文明,痴迷于自己遥远的过去,是以偏概全。说拜占庭帝国萎缩指的是在原本属于拜占庭帝国的土地上,随着土耳其势力发展并确立,其他民族和他们的文化与希腊文化相互交融。

在7世纪的早期伊斯兰征服中,阿拉伯人(在希腊资料中被称为Saracens)从拜占庭帝国夺走了埃及、北非和叙利亚。他们占领了克里特岛,但又失去了它;他们围攻君士坦丁堡,但未能攻下。这场战争之后不久，新伊斯兰领土就迎来了学术的蓬勃发展。希腊实用手册，包括农业手册《农事书》和盖伦及其继承者们所著的饮食教科书被先后翻译成叙利亚语和阿拉伯语。这项工作促进了阿拉伯语的原创研究和全新写作。位于东部的前希腊医学院如今用阿拉伯语授课，其中涌现的西米恩·塞思等一批医生想要将他们的新知传回希腊语。不同宗教之间的接触有时会促成友好的妥协：9世纪末受邀在皇宫参加圣诞晚宴的穆斯林人质之一哈伦·伊本·叶海亚（Harun ibn Yahya）听懂了传令官宣布的内容："我以皇帝的名义发誓，这些菜肴里不含猪肉！"[18]

被阿拉伯人征服后，君士坦丁堡仍有东方香料供应，不过如今它们沿着穿过伊斯兰领土的路线被向西运输："最好的肉桂来自摩苏尔。"11世纪西米恩·塞思写道，从他的记述中，我们了解到这种来自印度的香料如今走的是途经波斯湾、伊拉克和叙利亚的路线。[19]得益于新的贸易模式，龙涎香和檀香紫檀等新香料首次进入君士坦丁堡。新作物出现了，从东方经伊斯兰领土上的农民之手向西传到拜占庭帝国；这些作物包括茄子、柠檬和橘子。伊斯兰领土上的植物育种带来了其他作物的优质品种，如"所谓的阿拉伯瓜"[20]。龙蒿是新的烹饪香草之一，在阿拉伯烹饪中非常重要。其他产品，特别是糖，尽管在拜占庭境内种植很少，在地中海世界逐渐越来越常见和便宜。

至于十字军和其他西方入侵者，他们和希腊人似乎没什么可以相互学习的。如果德国皇帝的大使柳特普兰德主教的引用是准确的，拜占庭皇帝尼基弗鲁斯二世也是这么想的。"你主子的军队"，据说尼基弗鲁斯二世断言，"因贪食而毫无用处；口腹之欲是他们的神，他们宿醉时大胆，大醉时勇敢，感到恶心时节制，

第四章 帝国重生

清醒时则胆怯！"[21]十字军最终穿过拜占庭帝国的领土时，自然品尝了拜占庭食物，就像那些在1097年第一次十字军东征时陪同博希蒙德的人一样，他们"来到君士坦丁堡，搭起帐篷，休养了15天，购买拜占庭公民向他们大量提供的食物和他们所需的任何东西"。

然而，他们对这些物资的应用并没有给本地人留下好印象。1185年攻占塞萨洛尼基的诺曼入侵者"不待见我们的陈年好酒，因为它们不甜，把它们当作难喝的药"，大主教尤斯塔修斯（Eustathios）哀叹道，"大量的美酒被倒掉"。香料也被罪恶地浪费。新酒和猪肉、牛肉以及大蒜消耗量极大。[22]根据尼基塔斯·霍尼亚提斯的说法，1204年攻占君士坦丁堡的十字军"整天狂欢，痛饮烈酒。有些人喜欢奢侈食物，有些人重现家乡的菜肴，比如每人一根牛肋骨或和豆子一起烹饪的火腿片，以及大蒜做的或带有多种其他苦味的酱汁"。[23]这位对摧毁了他所熟悉的世界的敌人深恶痛绝的细致拜占庭作家首次记录了法国南部野蛮的战士最喜欢的菜肴——豆焖肉；但这道菜从未被纳入希腊菜谱。不过迷迭香（*dendrolibanon*）肯定进入了希腊菜。尽管在罗马帝国就很知名，迷迭香从未被用作食品调味料。是十字军将教会了君士坦丁堡如何使用迷迭香吗？ 1634年在威尼斯出版他的希腊语农业手册《农学》（*Geoponikon*）的克里特岛修道士阿加皮奥斯·兰多斯（Agapios Landos）推荐在烤羊肉时加入迷迭香，这种做法颇为西式。

最终西方人来此定居。来自威尼斯、热那亚、比萨和阿马尔菲的意大利商人在君士坦丁堡周围有独立的飞地。1204年后，法国和意大利的贵族与冒险家在曾经的拜占庭大陆和岛屿上建立了小公国。尽管他们和希腊邻居都是基督徒，西方人对基督教食物方面的规则有自己的解读。

在位于乡村的公国，古希腊研究的先锋安科纳的西里亚克（Cyriac of Ancona）找到了轻松的调剂，1448年夏伊庇鲁斯的统治者卡洛二世的宫廷在安博拉基亚附近组织了一场狩猎，猎获了"几只野猪"，第一只猎物"一只颤抖的小母猪"被判给了卡洛的儿子莱奥纳尔多。同时，侍从和仆人在安博拉基亚湾捕鱼。巧妙的是，因为当天是星期五，大家先吃用鱼制作的符合斋戒规矩的主菜，太阳落山后，再举办吃野猪的猎人盛宴。[24]

西里亚克曾于1446年8月15日圣母升天节造访君士坦丁堡和意大利飞地。他在圣索菲亚大教堂观看了牧首格雷戈里主持的

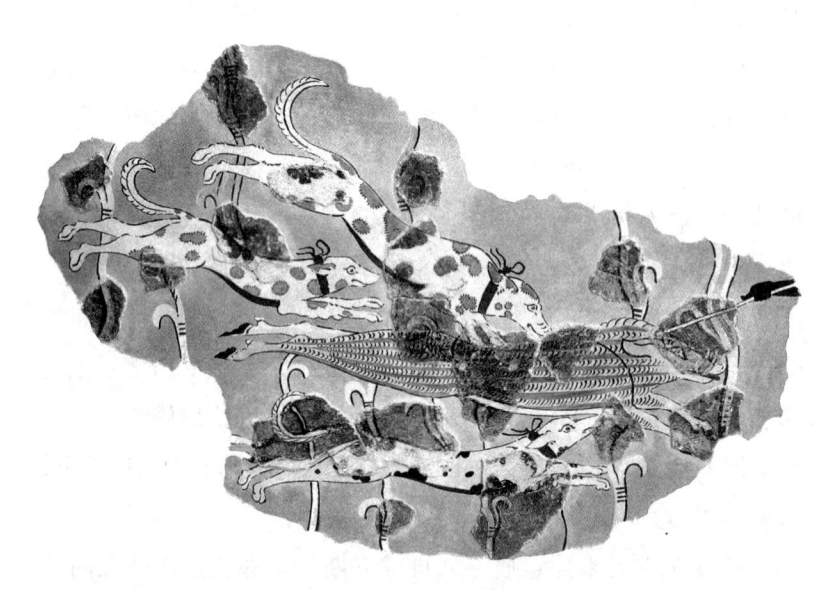

来自梯林斯的迈锡尼宫殿的壁画，创作于约公元前1200年宫殿毁坏前不久。这幅用碎片重建的壁画是希腊最古老的对猎野猪的描绘之一，狩猎之外，值得留意的是其向我们展示了公元前2000年到前1000年犬类饲育的情况

第四章 帝国重生

仪式,然后乘渡轮去热那亚统治的佩拉,在那里,圣弗朗西斯教堂的仪式结束后有"体面的酒会"(respectable symposion)——或称"得体的饮酒聚会"(decent drinking party)——女性也可以平等地参与这种聚会并在其中与男性交流(西里亚克对参加聚会的一名年轻女子特别感兴趣),在金角湾的另一侧她们肯定无法这么做。[25]

最先将鱼子酱带到君士坦丁堡的很可能是意大利商人。[26]这种珍馐一般被称为 kabiari,但至少有一名作家抗拒这个听起来像外语的新词,并为之起了一个更符合传统的名字。确实,没有哪位作家比易怒的15世纪人文主义者米海尔·阿波斯托里奥斯(Michael Apostolios)更传统了,他写信感谢一名来自耶拉彼得拉的朋友赠予他最传统的礼物,一只"肥美的大野兔,可与你送我的最好的礼物媲美",并回赠"一盒黑鸡蛋泡菜(melan oon tetaricheumenon),作为我友谊的象征,尽管其价值远不及我的友谊"。[27]17世纪早期撰写海鲜历史的卢多维克斯·诺尼乌斯(Ludovicus Nonnius)对鱼子酱进行了更全面的描述,将鱼子酱和黑海的意大利人联系在一起,并将其与希腊美食灰鲻鱼籽进行了比较。诺尼乌斯首先解释古代味道浓烈的鱼露已不再使用。取而代之的是"我们的灰鲻鱼籽和被意大利人称为 caviaro 的、在黑海边用鲟鱼卵制作的鱼籽。鱼籽被压成块状,装进罐子里,以高价主要出口到对其十分追捧的意大利:它们在治疗食欲不振和缓解造成恶心的消化不良方面效果极佳"。[28]

因此,鱼子酱可能是意大利人从黑海港口引进的。因为有不得食用无鳞鱼的禁令,谨遵戒律的犹太人不能吃来自无鳞鱼鲟鱼的鱼子酱。这导致了颇为奇怪的结果:拜占庭和奥斯曼统治下的希腊的犹太人社区可能催生了一种在现代希腊比鱼子酱更常见的食物。16世纪法国自然历史学家皮埃尔·贝隆解释了其产生的过程。其中提到的塔纳是克里米亚的中世纪贸易港口：

> 有一种鲟鱼卵制成的产品，通常被称为鱼子酱，在黎凡特地区的希腊和土耳其餐食中非常常见，只有犹太人不吃，因为他们知道鲟鱼没有鳞。但捕捞大量鲤鱼的塔纳人会取出鱼卵并用盐腌制，将其制成味道超乎想象的美食。他们用鲤鱼卵为犹太人制作红鱼子酱，这种食物也在君士坦丁堡销售。[29]

116

豆　汤

Fasolada，豆汤或黑眼豆汤是一道治愈的冬日菜肴。豆汤的浓度介于汤和炖菜之间，在希腊各地和更远的地方都能吃到（在保加利亚叫 *bob chorba*，在罗马尼亚叫 *ciorba de fasole*，在马其顿叫 *tavce gravce*）。每个家庭都有自己最喜欢的食谱——自然就是最好的版本。在希腊，豆汤最常见的原料是干白菜豆，做法是将其和洋葱、芹菜或车窝草、胡萝卜一起放入加西红柿增味的肉汤中煮，吃的时候搭配一碟黑橄榄和生红洋葱片。也可以用利马豆或酸果蔓豆（borlotti bean）；可以加入菠菜或绿叶野菜。

第四章 帝国重生

克里苏拉①的春季豆汤

在马其顿北部、色雷斯和本都希腊人中，豆汤中会加入 tsouknida（"荨麻"）或 mavrolachano（字面意思是"黑色卷心菜"，一种羽衣甘蓝），并用红辣椒面和莳萝调味。

以下是早春豆汤的食谱，可以在半野生或栽培的䓛莙菜刚刚从土中冒出来的时候制作。食谱中的分量可以供八人食用——但第二天或第三天重新加热味道会更好。

豆汤——黑眼豆和䓛莙菜汤

500 克黑眼豆

---

① Chrisoula，指为作者提供部分食谱的莱夫克斯的克里苏拉。

1个大洋葱,切片
2或3个胡萝卜,去皮,切成1厘米厚的圆片
125毫升橄榄油
盐和胡椒
1大勺西红柿泥
莙荙菜——两三把,多少随意——洗净并稍微切碎

很多其他的干豆子在烹饪前都需要在水中浸泡过夜以软化,但黑眼豆不需要浸泡。将所有原料放入一个 *pilino gastra*,一种有紧盖的砂锅。加足量水浸没食材,水平面比食材高出两指宽。在150摄氏度的烤箱中烤3个小时。这种豆汤单独配面包,或者搭配简单烤制的肥猪肉香肠都很好吃,与希腊鱼子蘸酱一起吃风味更佳。

这种"红鱼子酱"是真正的土耳其和希腊鱼子酱(*tarama*),是希腊鱼子蘸酱的传统和最好的原料,不过现代的希腊鱼子蘸酱常常是用其他鱼籽制作的,批量生产的产品的颜色被人为地调整成传统的、美味的粉红色。

奥斯曼帝国的旅行者对佩拉也很熟悉,此地尽管是基督教飞地,但到17世纪居民主要是希腊人,并被称为加拉塔。旅行者之一乔治·惠勒(George Wheler)提到在君士坦丁堡各种物资,比如玉米、肉和鱼都很丰富:"只有葡萄酒稀缺,因为被禁止了。尽管城里不允许销售,但加拉塔有一些基督教酒馆,然

而葡萄酒很昂贵……最好的葡萄酒是犹太人酿造的，他们的律法禁止在葡萄酒中混入其他物质。"[30] 其他人没有说犹太人酿造的葡萄酒最好，不过东方学专家和《一千零一夜》的译者安托万·加朗（Antoine Galland）证实在奥斯曼统治的士麦那，犹太人（无疑出于同样的原因）"不喝基督徒酿造的葡萄酒，只喝自己酿造的"[31]。

克里苏拉的希腊鱼子蘸酱

一块不超过两个核桃大小的鳕鱼籽
1/2个洋葱，切碎
2汤匙切碎的莳萝（可选）
橄榄油和水

将鱼籽、洋葱和莳萝放入搅拌机或食品加工机中。加入少许油并搅拌，然后加入少许水并再次搅拌。重复这一过程，每次添加后都要充分搅拌；混合物会像蛋黄酱一样乳化，油和水的用量可根据口味灵活掌握。大多数人将油和洋葱与土豆或面包糠混合以增加鱼子蘸酱的分量，但只制作少量则没有必要这么做，最终的成品会是一种更轻盈好吃的蘸酱。

圣山的修道士在他们制作鱼子蘸酱的食谱中使用莳萝。这让鱼子蘸酱略带绿色，口味清新，适合搭配豆汤。

希腊美食史：诸神的馈赠

鱼子蘸酱配黑眼豆汤

同一时期的一名穆斯林旅行者对加拉塔的饮酒（在金角湾的南侧这种行为已不复存在）进行了严厉的评论。这位不时被引用的穆斯林作家是艾弗里雅。

> 加拉塔有两百家酒馆和酒摊，异教徒在那里用音乐和酒消遣。鱼、水果和牛奶以及启悦糖浆（mubtejil），一种在这里为苏非派信徒准备的糖浆都是上乘的……希腊人经营酒馆……在加拉塔精美的食品和饮料中，首屈一指的是一种叫作法兰酥罗（franzola）的白面包。除了大马士革，别处都找不到这里的甜点市场销售得如此优质的甜食、烈酒和蜜饯。哈尔瓦[①]

[①] halva，一种起源于波斯的甜食，由多种原料混合制成，如磨碎的芝麻、坚果、糖等，有时还加入面粉，质地致密易碎。

第四章 帝国重生

被包在彩纸中销售。名叫 simit 的白面包用香料调味……

酒馆因穆达尼亚、士麦那和特尼多斯岛（Tenedos）……的葡萄酒而著名。我经过这一区域时，看到数百人光着头、光着脚醉倒在街上；有些人通过唱这样的对句显摆自己的状态……

> 我的脚只去酒馆，别无他处；
> 我的手紧握酒杯，别无他物；
> 赶紧结束你的布道，因我无心聆听；
> 我只听酒瓶的召唤，心无旁骛。
> 但我只喝 mubtejil，用雅典蜂蜜制作的糖浆。[32]

穆达尼亚的葡萄酒就是早期资料中所谓的特里格利亚葡萄酒：来自位于马尔马拉海南部，距离君士坦丁堡不远的葡萄园。在土耳其语中被称为 simit 的环状、用香料调味的面包在希腊语中有截然不同的名字。根据帕特里克·利·弗莫尔（Patrick Leigh Fermor）在《亚努美利》（Roumeli）中的记载，koulouria 是坚硬的环形面包卷，"中间有一个洞，表面撒着芝麻"；他本可补充说明芝麻亦可替换为罂粟籽，但他转而解释了为何在奥斯曼帝国的统治下这些环形的面包在加拉塔会由希腊人销售。20世纪30年代，约阿尼纳人和伊庇鲁斯人常被昵称为 plakokephaloi，"瓦头"：

> 据说，母亲会拍打婴儿的头顶，以便孩子未来把装面包圈的托盘顶在头上。根据传统，拍打婴儿的同时要说："愿你未来进城卖面包圈！"这里提到的城市，也就是君士坦丁

希腊人的上班路上总有卖撒了芝麻或罂粟籽的硬面包圈的地方

堡,数百年来一直像磁铁一样吸引着约阿尼纳的年轻人。[33]

其他移民和贸易民族自然也因交易和食用奇怪食物而闻名。加朗1678年造访士麦那时将售卖"*kiureks*,即糕点"和"*alva*,一种用杏仁制作的蜜饯"[即圆面包(*corek*)和哈尔瓦]的人认作阿拉伯人,这可能是错误的,[34]但是他对虔诚的亚美尼亚人的看法是正确的:他们的斋戒比希腊人更严格。他记述道:"他们不喝酒,不使用油,也不吃希腊人不禁食的贝类或其他没有血的海鲜。"在他们的宗教戒律允许时,他接着写道,他们确实随心所欲地喝酒,但"从未听说过他们饮酒引起大的混乱"[35]。

加朗第二次前往东方旅行时还是一名年轻学者,当时他就其他欧洲人发表了一些尖刻的评论。根据加朗的记述,士麦那的

第四章 帝国重生

荷兰人不满意小亚细亚品种繁多、备受赞誉的葡萄酒,挑剔地从西欧进口白葡萄酒,如莱茵河地区的霍克酒和意大利的维迪娅(verdea)。他更不欣赏英国人:"他们喝的酒相当于其他所有国家的人喝的总和。他们几乎不担心这种不节制对他们的健康的损害。"他尤其厌烦英国人"强迫拜访他们的人喝酒,一旦被拒绝

瓦托佩迪修道院(Vatopedi)的壁画,圣山,1312年。一场拜占庭人、蒙古人和其他宾客参加的晚宴,对此画家——一个无名僧侣——显然不赞同。戴着圆鼓鼓的白帽子的主人可能是安德洛尼卡二世的大臣狄奥多尔·梅托基特斯(Theodoros Metochites);餐桌上的话题可能是安德洛尼卡的女儿玛丽亚的外交婚姻。1312年,在她的第一任丈夫,一名泛灵论者,去世后,她成为他的继任者、皈依伊斯兰教的月即别(Özbeg)的妻子之一

就感到被冒犯"的好客习俗，但也不露声色地承认至少在结伴喝酒这件事上，"我们法国人能够用他们的方式与他们抗衡，并战胜他们"。[36]加朗注意到1678年英国人就已经习惯从英国运来啤酒，"甚至在士麦那酿啤酒，尽管品质不如其祖国的产品"。[37]奇怪的是，这种北欧产品日后会在新独立的雅典再次流行起来。

旅　人

不用在意拜占庭统治下的希腊人在国内表现出的、对祖国不可动摇的自豪；出国旅行时体验的娱乐活动其实令他们十分难忘。希腊中世纪讽刺作品《狄玛利翁》(Timarion)中的叙述者用形容词"适合（外国）国王的"(tyrannikos)形容一顿美餐并非巧合。[38]

前往中亚旅行的王子和外交官不喜欢食物的口味，但享受那里的热情好客。公元6世纪中期查士丁尼一世和查士丁二世的使节是最早与土耳其人接触的欧洲使节，他们恭敬地报告自己一整天都在饰有丝绸帷幕的帐篷里参加宴会，却被"酒"吓了一跳，那里的酒"和我们的不同，不是从葡萄中压榨出来的，因为葡萄藤不是该国的原生植物，也无法在那里生长：他们供应的是一种不同的、野蛮的酒。"[39]这种饮品肯定是霉乳酒，发酵马奶。我们在拜占庭公主玛丽亚的故事中会再次遇到它，玛丽亚是安德洛尼卡二世的私生女，在14世纪初先后嫁给了金帐汗国的两任蒙古统治者：第一任是信奉萨满教的托克塔（Toqta）；第二任是穆斯林月即别。不久之后，伊本·巴图塔与一群穆斯林外交官一同拜访了她：

第四章 帝国重生

> 月即别的第三位妻子……是君士坦丁大帝的女儿。她坐在银腿嵌饰沙发上；面前是大约100个女奴，有希腊人、土耳其人和努比亚人，她们有的站着，有的坐着，她身后是侍从，身前是管家，都是希腊男性……她叫了食物，食物就被送来了，我们在她面前进餐，她看着我们……她表现得很慷慨，又送了更多的补给给我们。[40]

因此在四名轮流欢迎使团的妻子中，只有背井离乡身处中亚大草原的玛丽亚考虑周到，没有强迫他们在她的注视下喝霉乳酒。

接下来我们得以观察的两位在海外的拜占庭人是皇帝，尽管此时他们统治的帝国很小。1391年12月，年轻的曼努埃尔二世（Manuel II Palaiologos）刚刚继位，但很快作为奥斯曼苏丹巴耶济德（Bayezid）的封臣被召唤到前线。奥斯曼军队在打仗，曼努埃尔二世的责任是亲身参战并提供100名希腊战士。他给小亚细亚锡诺普（Sinope）以南某地——这一地区过去属于他的祖先——的一位学者朋友写信："我看到信使来邀请我们去埃米尔① 的帐篷。我想他又想在晚餐前喝上几杯，并强迫我们用他收藏的各种金碗和金杯喝酒。"[41] 不久之前，是拜占庭皇帝的餐具柜摆满金碗和金杯，是拜占庭皇帝举办的宴会有哑剧演员、舞者和乐手助兴。如今曼努埃尔只是苏丹餐桌上的小小寄生虫，记述了带领一小队基督徒为未来的全球伊斯兰帝国战斗的感受：

---

① 在伊斯兰国家或地区常被用来指代统治者、王子或军事领袖。

令情况雪上加霜的是物资匮乏。鉴于我们已经在远离家乡的战争中花费了很多钱，物资离谱的高价令人难以接受。跟着我的人对这里的习俗、语言、信仰等都很陌生……他们甚至连市场上剩下的东西都买不起……除此之外，我们是否还应提到每日的狩猎，用餐时和用餐后的享乐，成群的哑剧演员、演奏笛子的乐手、歌手和舞者，铙钹的叮当声，以及痛饮烈酒过后愚蠢的笑声？[42]

曼努埃尔的儿子是倒数第二个拜占庭皇帝，是个人饮食有记录的最后一个。约翰八世勇敢地亲自前往佛罗伦萨大公会议（Council of Florence），徒劳地试图通过联合天主教和东正教教会使君士坦丁堡免于被土耳其征服。他无法走路，可能因为和基督教高级教士一起暴饮暴食了一整年而备受痛风折磨，1439年初的一天，他骑马来到乡下，在佩雷托拉（Peretola）受一名住户邀请在后者的院子里歇脚休息。皇帝在树荫下补眠，直到他的手下为他准备好食物。一张小桌被摆在他的面前：

我为他找来了一些白色桌布，他独自用餐；其他人，他的陪同人员，在凉亭内外用餐，就像在士兵食堂一样。皇帝享用的第一道菜是马齿苋和欧芹沙拉，里面加了一些洋葱，他曾提出自己清洗洋葱。之后是鸡和鸽子，煮熟，然后分别分成四块在煎锅中用猪油炸。菜送来之后都放在他面前，他取用他想要的，然后将菜分给其他人。他的最后一道菜是鸡蛋——做法是把蛋打在烹饪其他菜的热砖上，然后装盘，配很多香料上菜。[43]

第四章　帝国重生

炒　蛋

　　3个大鸡蛋，打匀
　　1个中等大小的西红柿
　　1汤匙橄榄油
　　1块菲达奶酪——约30克
　　2厚片酸面包，加盐和胡椒烤好
　　干牛至和几个樱桃西红柿，装饰用

　　轻轻打散鸡蛋并加胡椒和一点盐调味（奶酪会有咸味）。番茄切丁并挤出大部分汁水。在煎锅中把油烧热并倒入鸡蛋。在鸡蛋开始凝固时，加入番茄一起炒。刚刚成形时离火，加入碎菲达奶酪。

　　将热的酸面包片放在盘子上，倒上鸡蛋。撒上牛至并用樱桃西红柿装饰，西红柿可以根据个人喜好整只用或切成两半。

　　可能名为 *sphoungaton* 的、皇帝享用的菜肴（见下文）和现代 *strapatsada*（一个意大利语外来词）很接近。*Strapatsada* 指的应该是附带面包的午餐或一道小吃，但全球化导致这道农家菜肴被与世界各地早餐菜单上都有的炒蛋弄混了，以至于它错误地变成了一种希腊特色早餐，地位甚至赶上了真正的典型希腊早餐——一杯咖啡和两根香烟。

125　　为何吃马齿苋和欧芹？据说它们是治疗痛风的疗法的一部分；无论如何，那天它们无疑就长在招待约翰八世的人的花园里，可以随采随用。鸡蛋呢？乔瓦尼·德皮利（Giovanni de' Pigli）没有提及这道很受欢迎的拜占庭菜肴的名称，但是在希腊语中它叫作 sphoungaton，在很多资料中都被提到过；我们可以称之为炒蛋或煎蛋饼。这简单的一餐是倒数第二位拜占庭皇帝亲自选择并亲手参与制作的，这表明他对食物不挑剔，并且终于坦然面对自己所处的、拜占庭之外的世界。

马齿苋沙拉

马齿苋，又称 glistrida 或 andrakla，肥厚的叶子和嫩茎在春末秋初被采集。这种菜因清香微苦的口感而备受青睐，可以酱煮（yiachni，用番茄酱炖煮）并搭配米饭或做成沙拉生吃。马齿苋是 ω-3 脂肪酸的最佳绿叶蔬菜来源之一。

2 把新鲜马齿苋
1/2 个去皮黄瓜，切成薄圆片
2 个西葫芦，切成条
一撮牛至，稍多的盐，一些胡椒
6 份橄榄油、1 份醋和 1 茶匙芥末制成沙拉汁

马齿苋洗净，粗粗切碎。放入碗中，加入黄瓜。在菜

第四章 帝国重生

> 边缘放上西葫芦条，撒上牛至、盐、胡椒粉和沙拉汁。拌匀后即可食用。
>
> 　　作为简餐的一部分，搭配一两道其他菜肴可供两人食用。

奥斯曼帝国的饮食

　　在拜占庭统治的最后几个世纪，战事连绵不绝，帝国的衰退已无法挽回，因此，对于当时的旅行者来说，1453年奥斯曼帝国攻占君士坦丁堡后的岁月似乎是一个新的黄金时代。比如，皮埃尔·贝隆认为住在威尼斯统治下的克里特岛（爱琴海地区中世纪政治分裂留下的残局）的希腊人过得并不比成为奥斯曼臣民的希腊人更好。贝隆概述了"土耳其"——涵盖主要由希腊人居住的一些地区——的饮食习俗：

> 　　他们没有吃饭的桌子，直接坐在地上，面前放着一块圆形皮革，像包一样系着带子。在土耳其，无论是多么伟大的贵族腰带上都佩戴着自己的刀。每人都自带勺子：这是他们避免弄脏手指的方法，因为他们不用餐巾。不过，他们确实普遍带着很大的手帕，用来擦净手指。[44]

　　奥斯曼的饮食和烹饪在某种程度上是拜占庭的延续，但也有新发展。一些过去这一地区不知道的栽培蔬菜和水果如今

如今在希腊以其土耳其名字为人所知的巴克拉瓦直接源自古希腊的
加斯特里斯（gastris）

变得为人所熟知，包括此前文献中从未提到过的小粒无籽葡萄（currant）或"科林斯"藤。根据园艺史学家的说法，洋蓟是刺菜蓟（cardoon）的一种头状花序非常发达的栽培品种，15世纪在意大利形成其现代形态。它很快传入希腊，17世纪中叶阿加皮奥斯·兰多斯的《农学》对其进行了描述。新食用植物从印度、中南半岛和新世界传入，包括辣椒，兰多斯也知道这种食物，称其为 spetsiai，字面意思为"香料"。他就食用紧随辣椒从南美传入的菜豆给出了相当全面的建议：推荐用醋、油、芥末和胡椒烹饪菜豆。还有三种食物——土豆、西红柿和（来自中东的）菠菜——这时首次进入希腊饮食。

第四章 帝国重生

尽管如此,从西欧来到爱琴海地区的旅行者往往会注意到那里历史悠久的水果——葡萄、无花果、石榴——以及奶酪和葡萄酒。相较于食物的种类和选择,他们更在意饮食的方方面面。在上文引用的记述之后,贝隆又描述了厨房里的场景:"他们的烹饪方法与我们大相径庭。他们会把煮好的肉从锅里拿出来,然后向汤中加入增稠的东西,因为制作量很大,所以用一根长木棍搅拌。"[45]

葡萄糖浆,如今被称为 petimezi(土耳其语 pekmez 的希腊语变体),在古典时代就已经被用作烹饪原料。其当时的希腊语名称是 hepsema

希腊和土耳其饮食习俗之间的互动非常深入,这并不奇怪,毕竟这两种文化已经并存一千年,而且在那之前的四百年间也一直有接触。正如早先的希腊语和拉丁语一样,语言交流体现了两者相互影响的程度。一方面，说土耳其语的人借用了希腊语中食品原材料的名称：野菜、部分蔬菜、栗子、榛子和其他坚果和水果，还有爱琴海几乎所有鱼的名字。这很自然，因为土耳其人的到来是长期迁徙的结果，他们最早的起点是东北亚的山区国家，在那里，人们对海洋和海中的鱼知之甚少，野菜也截然不同。另一方面，土耳其取代希腊成为统治者之后，菜肴需要用统治者能够理解的语言被命名和描述，因此土耳其语在这个领域会取代希腊语，就像（在不同的背景下）诺曼法语取代了盎格鲁-撒克逊英语一样。因此，咸点葡萄叶包饭（旧称 *thria*）和甜点巴克拉瓦（旧称加斯特里斯）的土耳其语名称流传了下来；希腊语名则没有。至少已经被用于烹饪两千年的葡萄糖浆在古典时代的名称是 *hepsema*，但这个名字也早已被遗忘，被现代的 *petimezi*（来自土耳其语中的 *pekmez*）所取代。17世纪作家伯纳德·伦道夫（Bernard Randolph）将葡萄糖浆的使用归因于伊斯兰教的禁酒令，忽略了其更长的历史："尽管土耳其人不喝酒，但他们把新酒煮成糖浆（他们称之为 *becmez*，我们称 *cute*）：将糖浆装入小罐，与水混合饮用。"[46]

一种从迈锡尼时代在希腊就为人所知，在古典时代作为甜品的原料之一十分流行的食用植物在土耳其人的统治下有了更多的用途。芝麻是在这一时期，而非之前，在希腊被普遍用作油料的，正如贝隆所解释的：

> 土耳其人常用芝麻油就像法国人常用核桃油和朗格多克地区的人常用橄榄油一样。制作芝麻油十分费力，通常是奴隶的工作。仅在冬天制作。芝麻在盐水中浸泡24小时后取

第四章 帝国重生

出并打至去壳,然后再次放入盐水中浸泡:这会让外壳上浮至表面方便丢弃。从底部取出种子,在烤炉中干燥后研磨,这时因为几乎没有沉积物,油像芥末酱一样质地柔软。然后将其煮至微沸,分离油渣。这是一种非常美味可口的油,而且便宜。[47]

黄瓜酸奶酱

3个小黄瓜(或半根一般大小的黄瓜),约250克

至少1/2茶匙盐

250克浓稠希腊酸奶——Total是最好的品牌;"希腊风格"酸奶不适合,除非用平纹细布过滤一夜。

3个蒜瓣,压碎

1口白葡萄酒醋

至少3—4汤匙优质初榨橄榄油

黄瓜去皮,可以保留一些深色的皮,去除大多数即可。粗粗擦碎。将擦碎的黄瓜放入滤盆,撒上足量的盐。将滤盆挂在碗上,上面压一个碟子,用其重量压出水分。放置至少四个小时,置于冰箱内过夜更好,直到尽量多的液体被从黄瓜中挤出。用碟子挤压黄瓜,尽量去除水分。

这时可怜的黄瓜已经变软,将黄瓜泥刮出与酸奶混合,适量补盐并加入压碎的大蒜。加入适量醋和大量橄榄

油并再次混合。

现在品尝黄瓜酸奶酱,并根据个人喜好加盐和醋。一边继续搅拌并试味,一边逐步加入橄榄油。酸奶能够"喝掉"或吸收比你想象的更多的油,多放油很重要,因为油会赋予蘸酱奶油般的美好质地。黄瓜酸奶酱做不好时常不过是因为油没放够。酸奶越浓稠,能够吸收的油就越多,所以油的用量可根据实际情况调整。如果加醋时出现了小气泡,不用着急——只需用力搅拌混合物即可。同样,如果蘸酱有点稀也没有关系,只要是咸鲜清爽、蒜香浓郁的口味就可以了。

做好的黄瓜酸奶酱作为蘸酱或者小吃食用,盘边可以用橄榄或几片黄瓜装饰,表面可以浇上一点额外的橄榄油。

16世纪勒芒博物学家皮埃尔·贝隆,来自他的著作《对希腊、亚洲、印度、埃及、阿拉伯和其他陌生国家的独特难忘之事的观察》(Observations de plusieurs singularitéz et choses mémorables, trouvées en Gréce, Asie, Indée, Egypte, Arabie, et autres pays éstranges)的一个较早的版本

第四章 帝国重生

> 这种含有大量的油的蘸酱并不是一种低脂蘸酱,但十分美味,可能是全球希腊酒馆菜单上最受欢迎的食物。
>
> 　　有些食谱包括新鲜莳萝,还有些包括擦碎的胡萝卜——如果是这样还可以加入一点孜然粉,做成士麦那风味。其他版本会加入甜菜根、马齿苋(在黛安娜·科希拉斯的一个食谱中)和新鲜茴香〔在阿格拉娅·克雷梅兹(Aglaia Kremezi)的一个食谱中〕。

希腊语中的 *Tzatziki* 和土耳其语中的 *caclk* 指的是一种加大蒜、橄榄油和盐的酸奶黄瓜蘸酱。16世纪的旅行者皮埃尔·贝隆对这种酸奶和大蒜的混合物颇为赞赏

　　除此之外,土耳其人还带来了其他几种希腊人不熟悉、值得引进的产品。"酸奶"(*Yaourti*)便是其中之一。这其实是先前希

腊人已经实验过的一组食物。很久之前盖伦讨论过一种被他称为"酸牛奶"（*oxygala*）的酸味奶油制品，而且这绝不是偶然的发现：这种食品一定以某种形式一直为人所熟知，因为这个名称在现代希腊语中以 *xinogalo* 的形式再度出现，如今被视为 *airani* 或土耳其语 *ayran* 的近义词。这几个词是一种清新的酸奶饮料，稀释过且有点咸的酸奶的现代名称。还有一种酸奶制品质地更加浓稠，混合了黄瓜、大蒜和橄榄油，常加入香草调味，作为蘸酱与其他小吃一同食用，叫作 *tzatziki*，土耳其语称 *cacık*。尽管贝隆使用了被再次启用的名字 *oxygala*（他喜欢复用旧名），相较于盖伦提到的 *oxygala*，他描述的食物似乎更像现代黄瓜酸奶酱：

> 所有车夫和骡夫都有一种被称为 *oxygala* 的酸牛奶，他们把这种饮料装在布袋里挂在牲畜身侧。尽管是液体，装在袋中也不会渗出来。希腊人和土耳其人习惯把蒜瓣放在木臼中捣碎，然后与这种酸牛奶混合。这是一道颇为高档的佳肴。[48]

或者，鉴于这道"颇具贵气的菜肴"被描述为"相当稀"，它也可能是被塞浦路斯的希腊人称为 *talatouri*，在土耳其语中被称为 *tarator* 的稀释版黄瓜酸奶酱？不过，在巴尔干地区，*tarator* 可以像黄瓜酸奶酱一样黏稠。

所有这些都衍生自酸奶这一基本原料，尽管先前希腊人肯定知道某种形式的酸奶，但对其进行开发和推广的无疑是土耳其人。19世纪早期，W. M. 利克观摩了家庭自制酸奶的过程，给出了完整的制作方法：

第四章 帝国重生

酸奶似乎是鞑靼人的发明，由土耳其人引入希腊，是用最好的绵羊或山羊奶制作的。制作 pitya，也就是凝乳：取一些面包酵种，即变酸的面粉和水，向其中挤入一个柠檬的汁液，然后将混合物溶解在煮沸的牛奶中，放置24小时。制作酸奶：将新鲜牛奶煮沸至起泡，并经常搅拌，静置直至温度降至手指可触碰；然后加入凝乳，一土耳其咖啡杯的凝乳足够制作几夸脱①的酸奶。然后盖上盖子以免冷却过快，3小时后就可以食用了。未来，一杯老酸奶是新酸奶最好的凝乳。[49]

大麦面包干

大麦面包干沙拉的基础是两次烘烤的大麦面包干（dakos）。它们干吃太硬了：要先洒上水，然后加油、醋和磨碎的西红柿，以使面包干湿润并保留其风味。

这些面包干有不同的形状和名称：paximadia，大麦面包干；kritharokouloura，环状大麦面包干；克里特岛东部部分地区的 koukouvaia，"猫头鹰"，因面包干的形状像猫头鹰的大眼睛而得名。在整个地中海地区，不新鲜的面包在沙拉中重获新生，如加入口袋面包（pita bread）的中东面包沙拉②和意大利的面包沙拉（panzanella）。大麦面包

---

① 液体单位，1英制夸脱约合1.14升。
② fattoush，用烤或炸口袋面包片和多种绿叶菜及萝卜、西红柿等其他蔬菜混合制作的黎巴嫩沙拉。

干（*paximadia* 或 *dakos*）是荷兰旅行者埃格蒙特（Egmont）和海曼（Heyman）在基西拉岛（Cerigo）享用的"品质欠佳的饮食"中的主食："只有鸡蛋，和一种用水软化的饼干。我们的酒是基西拉岛葡萄酒，和白兰地一样烈。"[50]

按以下食谱制作的菜肴如作为很多道菜中的一道，分量可供4—6人食用。

大麦面包干沙拉

10—12片大麦面包干（*paximadia*，见下方食谱）或6片克里特岛大麦面包干（Cretan *dakos*），洒上水稍微软化

4个中等大小的西红柿，越熟越好

1/2个红洋葱，切丁

2茶匙红酒醋

100克菲达奶酪［克里特岛会使用希诺米兹拉奶酪（*xinomyzithra*），但菲达奶酪是很好的替代］

1/2个红辣椒，切碎

满满一汤匙刺山柑，沥干——如果非常咸则冲洗

盐

牛至和橄榄油，食用前加入

将面包干放在一个大盘子上，如果想可以稍微弄碎，

第四章　帝国重生

放在盘子一侧。

将一个西红柿擦成泥放入小碗中，去皮。将另外三个西红柿切丁，放入西红柿果肉泥中，加入洋葱、适量盐和醋。

上菜前，用勺子将番茄舀到大麦面包干上，堆在中间。撒上奶酪碎，然后在奶酪上放胡椒和刺山柑。撒一些干牛至，再淋一点油——不需要太多。

大麦面包干沙拉还时常添加马齿苋、橄榄和切碎的欧芹，取决于手头有什么食材。

大麦面包干

将不新鲜的酸面包或法棍切成 2 厘米的厚片。将它们

面包干和面包干沙拉。其基础是两次烘烤的大麦面包或面包干，克里特岛人称之为 *dakos*，其他希腊人则称之为 *paximadia*。干吃太硬了，不过加入油、醋和西红柿的汁水是软化其的理想方式

> 放在架子上并用烤炉最低温度烤1.5到2小时直到完全脱水变脆。面包干最久可以保存6个月。

正如贝隆的描述所示,骑马的旅行者会很自然地接受酸奶这种产品,尽管后来非游牧民族制作起来也很容易。土耳其人,游牧民族出身的征服者,引入一些特别适合旅行者的食物并不奇怪。酸奶及其衍生物如此,风干肉(pastourmas),土耳其语中的 pastırma,也是如此。尽管此前的希腊人喜欢用盐腌制的肉类,而且 pastırma 可以被看作一个基于希腊语词干(拜占庭的 pastos,意为"用盐腌制")构建的土耳其语,但是拜占庭希腊人很少吃牛肉,对风干牛肉一无所知。根据米歇尔·博迪耶(Michel Baudier)17世纪中叶对大皇宫的描写,在他的时代,风干牛肉已经成为一种珍贵的美食:

> 秋末,大维齐尔①要花几天时间监督供苏丹和苏丹女眷食用的风干牛肉的制作。这种食物用怀孕的牛的肉制成,因此更嫩,用盐腌制,就像基督教世界用盐腌制鹿肉和猪肉一样……在皇宫里,这种产品被视为宴会上的奢侈品之一,不过土耳其家庭,即便是那些财力非常有限的,也会食用。[51]

风干牛肉如今被认为是安纳托利亚土耳其人发明的。或许

---

① Grand Vizier,奥斯曼帝国和其他历史上的伊斯兰国家的高级官员,通常是苏丹的首席大臣,拥有极大的权力和影响力。

第四章 帝国重生

如此,但君士坦丁堡的土耳其人从现在被称为罗马尼亚的国家获得牛肉:17世纪,养牛户,"摩尔达维亚和瓦拉几亚的异教徒",将他们的牲畜带到君士坦丁堡,并在从圣季米特里奥斯节①开始的、持续40天的节庆期间售卖以供屠宰。52 如今,希腊的风干牛肉是北方特产,尤其是弗拉赫人②(那些"异教徒"养牛户的表亲)的特产,顺便一提,他们用红辣椒粉调味风干牛肉。

在一个世纪前写作的贝隆试图对土耳其食物种类和饮食习俗进行总体描述。在他的时代认为土耳其人总是在移动似乎还很理所当然:"因为他们中午不停下来吃饭,而是整天旅行,所以他们今天需要准备明天的食物。"他们的饮食远称不上精致,有洋葱、面包、葡萄干和其他干果就满意了。"所有土耳其人,普通人和大贵族,都常生吃洋葱……他们每餐都吃洋葱。"他科学地指出,洋葱和大蒜让土耳其人保持健康,"让他们免受水的危害,并有生津功效,从而让他们有胃口吃大量的干面包"53。不过希腊人像任何土耳其人一样热衷于大蒜。

这种不断移动的生活方式有助于解释为什么慈善的穆罕默德二世,君士坦丁堡的土耳其征服者,特别关注通向君士坦丁堡的道路上的旅店和酒馆的恢复。"没有土耳其人会因为住在这种旅店或接受其提供的免费食物而感到羞耻,因为这是这个国家的习俗。陌生人和最伟大的人物的待遇是相同的。"贝隆写道。54

---

① 圣季米特里奥斯(St Demetrios)是一名生活在4世纪的基督教殉道者和罗马士兵。东正教教会10月26日庆祝圣季米特里奥斯节。
② Vlachs,弗拉赫人是一个主要分布在欧洲东南部的民族,尤其是在罗马尼亚、保加利亚、塞尔维亚等地区。历史上,他们是半游牧民族,以擅长畜牧而闻名。

旅行者需要一种便携、耐用的主食，面包状的和粥状的都可以。从奥斯曼帝国早期开始，两种都有记载。一方面，大麦面包干（已经非常重要了）流传了下来并蓬勃发展。1483年，一名德国朝圣者在前往圣地的途中航行穿过希腊水域，在麦西尼亚州的莫东（迈索尼）停留，并注意到了那里的食物和葡萄酒："我们去了面包房，那里有为海员们烤制的大麦面包干（paximates 或 paximacii）。面包房是一名德国老人经营的。我们在那里买了晚餐，烹饪并享用。"[55] 另一方面，一种用二粒小麦制成的粥状的主食——在拜占庭帝国甚至更早就已为人所知——在奥斯曼时代变得更加普遍。其希腊名称是干小麦（tragos）：

> **制作干小麦**。将亚历山大小麦浸泡并捣碎，然后在烈日下晒干。重复这一过程，直到小麦颖和纤维部分全部被去除。用其他优质二粒小麦制作的干小麦可以以同样的方式干燥并储存。[56]

到了16世纪，这种食品的通用名称为沿用至今的谷物奶饼（trachanas），制作方法亦与此前有所不同：将捣碎的小麦浸泡在酸奶中，然后干燥并制作成球状，这样制作出的成品最终被做成汤之后营养更全面丰富。贝隆发现，在帝国官方经营的旅店中，这是免费提供给旅行者的常规食物之一。"旅店的汤煮好后，任何想喝的人都要带自己的碗来。他们还提供肉和面包……无论是犹太人、基督徒、偶像崇拜者还是土耳其人，来这里的人都不会被拒绝。"他将米和黑眼豆列为替代主食，但主要关注谷物奶饼："莱斯沃斯岛人有一种处理谷物并将其与酸奶结合的方法。

第四章 帝国重生

他们首先将谷物煮熟,然后在阳光下晒干并制成一种复合物……从莱斯沃斯岛出口到土耳其各地,常被用来做汤。"[57]这种食物还有另外一个名字 *xynochondros*,来自并可能会让人联想到一种古老的二粒小麦粥或汤 *chondros*。和早期资料中的记载一样,现代谷物奶饼通常由二粒小麦或其他小麦制成,但时有例外:美食作家阿格拉娅·克雷梅兹描述了一种基西拉岛的"酸奶干燕麦"(*krithinos trachanas*)。[58]

第五章

美食地理（一）：希腊之外

在具有里程碑意义的1453年前后，扩张的奥斯曼帝国吞并了大量希腊人和说希腊语的人构成的社群，其中大多数建立已久，地理上分布广泛，已经失去了过去与拜占庭帝国的联系。

从迈锡尼时代起，希腊人就与地中海沿岸进行海上贸易，当时他们在意大利南部的存在已经得到了考古证明。几个世纪后，希腊人开始记录历史，自然要大书特书自己的贸易路线和早期殖民成就：他们记述了一系列希腊殖民地的起源、创始人、传统上认可的创建日和早期城市历史，其中许多殖民地此后繁荣发展，其希腊起源几乎被遗忘。

在我们现在所说的希腊之外，至公元前五世纪和前四世纪，希腊饮食习俗在西西里岛的大部分地区和意大利南部沿海地区十分兴盛。正如我们已经看到的，西西里岛是奢华宴饮的代名词。这里是名厨（如米泰科斯）和美食家（不仅仅是阿切斯特亚图）的故乡。在南部，位于现在的利比亚东部的伟大城市昔兰尼出口传奇香料罗盘草，这种香料被所有注重健康的希腊人视为珍品，最终也出口到了罗马，直到被罗马人吃光。

从伊庇鲁斯和现代阿尔巴尼亚向北，希腊城市遍布亚得里亚海沿岸。位于西北方向较远处是繁荣的马萨利亚殖民地，也就是

第五章 美食地理（一）：希腊之外

现代的马赛，以及一系列边远沿海城市，从东边的摩纳哥和尼斯到西边的安普里亚斯（Ampurias）。或许将葡萄栽培引入该地区的不是马赛的希腊人，但他们肯定对葡萄酒和对葡萄酒的需求的传播做出了贡献：罗马人记述在公元前1世纪左右一个高卢奴隶可以换一双耳细颈瓶葡萄酒。

黑海（在希腊语中被称为Pontos①）与地中海不同，在公元前的几个世纪实际上是希腊内海：从海上进入黑海只能通过被一些部分最早的希腊殖民地控制的赫勒斯滂和博斯普鲁斯海峡。最终黑海几乎被希腊城市所包围。很多城市向国家提供小麦，在那里，对小麦面包的需求总会超过当地的小麦供应量。位于大河河口的城市从事河流贸易。位于克里米亚的城市[陶里克切索内斯（Chersonesos Taurike）]生产葡萄酒和鱼露。位于今天的土耳其北部海岸的城市在金枪鱼每年迁徙时对其捕捞，还出口榛子和核桃。该海岸的腹地在希腊语中被用通往该大陆的海域的名称命名为本都（Pontos）。

这一切都是亚历山大大帝之前的事情。通过征服波斯帝国，他开始了一场在公元前最后三个世纪席卷整个近东的文化融合，在这场融合中，马其顿式的希腊语言和希腊生活方式占据统治地位。在后来的王国中，希腊文化最终广泛传播。亚历山大大帝之后的三个世纪，罗马帝国逐渐吞没了几乎所有仍被亚历山大大帝的继承者统治的领土。到那时，根深蒂固的希腊语成为罗马的第二语言，是整个帝国东半部通常使用的交流语言，也是有东方人（在罗马被宽泛地归为"希腊人"）作为奴隶或前奴隶工作的罗马大户人家和厨房里的通用语。这引发了第二次文化融合。当东罗

---

① Pontos 在古希腊语中是"海"的意思。

马帝国成为拜占庭帝国时，大多数人的母语已经是希腊语了；在东地中海周围的广大地区自称"罗马人"意味着说希腊语并遵循希腊的生活和饮食方式。

在这一时期，居住在君士坦丁堡政府管辖之外的希腊语使用者的人数相对较少——大多数在西西里岛、意大利南部和亚得里亚海沿岸的沿海城市。随着拜占庭帝国的不断萎缩，情况发生了变化。讽刺的是，最大的改变在7世纪中叶希拉克略（Heraklios）统治期间到来，正是这位皇帝废除了拉丁语的官方语言地位，让希腊语成为帝国唯一的统治语言。几年后，他因为伊斯兰进攻一下失去了多个东南部省份，以及埃及和叙利亚说希腊语的繁荣大社群。在11世纪和12世纪，安纳托利亚大部分地区沦陷，12世纪巴尔干大部分地区沦陷，13世纪初，十字军攻占伊斯坦布尔，之后，拜占庭帝国剩余的核心区域，甚至希腊本土，部分处于非希腊的、说法语或意大利语的领主的统治下。希腊岛屿也落入多个不同的统治者手中。希俄斯岛于1304年被热那亚人占领。到1212年，克里特（有一段独特的历史，在9世纪和10世纪是阿拉伯人的领地和海盗的巢穴）属于威尼斯。罗得岛1309年后是医院骑士团①的据点。

古老希腊文化的四个重要地区有特别的命运，下文将重点介绍这四个地区的饮食文化。12世纪末，拜占庭反叛者不情愿的帮助和理查一世的最终决定导致塞浦路斯被从拜占庭帝国移交给耶路撒冷的十字军王朝。此后，法语是其官方语言，但希腊语仍

---

① Knights Hospitaller，中世纪天主教组织，旨在为朝圣者提供照顾，后来成为十字军东征期间的一支重要军事力量。

第五章　美食地理（一）：希腊之外

然是日常用语。不久之后，本都东北地区——与安纳托利亚其余地区不同，直到1204年都牢固地属于拜占庭，从未受到过十字军的威胁——成为独立的特拉比松帝国，统治该帝国的是与拜占庭后期统治者有关联的希腊王朝。即便在奥斯曼帝国的统治下，本都仍有大量说希腊语的人口，还有亚美尼亚人和土耳其人。位于安纳托利亚爱琴海沿岸的繁忙港口士麦那（即现伊兹密尔）长期以来一直是土耳其人、希腊人和十字军争夺的对象，最终于1426年被奥斯曼帝国统治，但该城市及其腹地在此后的几个世纪仍旧主要讲希腊语。第四个地区是古都君士坦丁堡（即现伊斯坦布尔），希腊人熟悉而简单地将其称为"那座城市"（*i Poli*）。它在450多年的时间里一直是奥斯曼帝国的首都，并始终保持着全球最伟大希腊城市的地位。

那座城市

1453年，奥斯曼军队集结在城墙周围，进行最后一次攻击并取得成功时，君士坦丁堡早已不复旧日荣光：财富被随意挥霍，贸易衰退，大部分人口早已移民。末代皇帝君士坦丁十一世在领导保卫战时英勇阵亡。

在因其在这一年所取得的胜利而被称为"征服者"的穆罕默德二世的领导下，这座城市开始重生。他立刻将自己的宫廷从哈德良堡迁至伊斯坦布尔，并通过修复项目弥补围攻和攻占对这座城市造成的损毁。他是建筑师和景观园艺师的著名赞助人，在半岛东端重建了旧皇宫。他的新皇宫建在曾给君士坦丁堡的皇帝们带来欢愉的花园的基础之上，实用又美观：

希腊美食史：诸神的馈赠

他在宫殿周围布置了一圈美丽的大花园，园中种满各式名贵植物，满是应季鲜果，溪水丰沛、冰凉清澈、适于饮用，美丽的树林和草地星罗棋布，回荡着成群的鸟儿的歌声——这些鸟也适合食用——还是家养和野生兽群的牧场。[1]

穆罕默德二世的继任者之一，17世纪初的易卜拉欣苏丹（Ibrahim）在金角湾北岸，哈什科伊（Hasköy）修建了一座花园，"一座宛若天堂的花园……桃子和杏子最为美味……他们在这里捕获牡蛎，搭配柠檬和葡萄酒"。吃牡蛎不配酒的人，艾弗里雅警告道，会发现牡蛎是一种强力的催情剂。他记述渔民每年付费以获得出售海产品的许可。[2] 在卡森柏沙（Kasımpaşa）地区，他享用了来自附近花园的"美味的桃子、杏子、葡萄"，这个花园种植的玫瑰是整个帝国最好的。[3]

16世纪和17世纪的访客和他们的前辈一样对这座城市的财富印象深刻，贫困和衰落的岁月已被遗忘。1682年，乔治·惠勒特别提到了海鲜：

他们拥有大量种类繁多的鱼。这里的牡蛎比我在英格兰之外的任何地方吃过的都要好吃。我还注意到了肉质紧实的优质旗鱼。他们的水果非常好，无花果、桃子和苹果，非常美味。土耳其人嗜甜，喜欢各种甜食。[4]

关于奥斯曼帝国早期君士坦丁堡的饮食和奢华享受，最翔实的信息来自艾弗里雅17世纪的作品，其中描述了穆拉德四世（Murad IV）每年检阅行业公会的游行。奥斯曼统治下的君士坦

第五章　美食地理（一）：希腊之外

丁堡的公会并不是独一无二的——零售业在其他地方也有类似的监管和保护——但其公会活力非凡，上承拜占庭时代的同时又进一步蓬勃发展。艾弗里雅列出了不下735个公会，包括用印度香料和水果蒸馏甜酒的药剂师公会，销售玫瑰水和其他散发乳香、龙涎香和茉莉香味的香水的香水师公会，草药师公会和果蔬商公会。顺便一提，这些公会的商人通常持有的货物已在两份更早的资料中被列出，即拜占庭晚期弗朗切斯科·佩戈洛季的作品和16世纪中叶皮埃尔·贝隆的作品。我们还可以查阅10世纪拜占庭农业手册《农事书》，其中包含君士坦丁堡及同纬度地区每个月种植的栽培蔬菜："1月播种海滨两节荠①，还有榆钱菠菜②和胡芦巴。2月播种欧芹，还有韭菜、洋葱、莙荙菜、胡萝卜、甜菜根、园圃塔花、各式沙拉菜……西兰花芽、香菜、莳萝和芸香。生菜和菊苣可移栽"，该书就这样列举了整年的蔬菜。[5]芸香被提到值得注意；这种香草在古代和中世纪菜肴中很常见，很容易在可能是其起源地的希腊种植，但在现代希腊食物中很少使用。

140

香倒伊玛目——烤茄子

"香倒伊玛目"（*Imam bayıldı*）是最著名的土耳其炖蔬

---

① seakale，十字花科植物，原产于欧洲沿海地区。芽可食用，味道微苦，使用前通常要焯水去除苦味。
② orach，苋科绿叶蔬菜，原产于欧洲和亚洲，风味和食用方法都和菠菜类似。

菜，在保加利亚和希腊也很受欢迎。据说伊玛目在品尝这道菜时高兴到晕倒。食谱各不相同，这是万格利斯·哈尼奥蒂斯（Vangelis Chaniotis）的版本。

香倒伊玛目通常不加奶酪，但是万格利斯的顾客（主要是希腊人）更喜欢这道菜加菲达奶酪的版本。其他厨师在酱汁中使用更大比例的洋葱，让最终的口味像炖菜一样更甜。可以加月桂叶以及多香果粉和整个丁香。茄子整个使用或切成两半均可，不先油炸直接在油中炖，这样最终的成菜口感更顺滑柔软。

4个中等大小的茄子，切成4等份

植物油，用来煎炸

2汤匙橄榄油

1个洋葱，切成小丁

2个蒜瓣，切碎

1个小红辣椒，切成小丁

6个西红柿，擦碎（或425克罐头西红柿块）

1茶匙干留兰香

一点水

1大把擦碎的黄奶酪，如凯法洛蒂里奶酪[1]或艾曼塔奶酪[2]

---

[1] *Kefalotyri*，一种绵羊奶或山羊奶制作的咸味硬奶酪。
[2] emmental，一种黄色、中等硬度的奶酪，因其在发酵过程中形成的孔洞著名，有坚果味，微甜。

第五章 美食地理（一）：希腊之外

150克菲达奶酪

茄子洗净，切掉两头，沿长边切成四等份。用大量植物油油炸10分钟左右直到柔软金黄但尚未全熟。放在一边沥去油分。

现在制作西红柿酱：在锅中加热橄榄油，把洋葱、大蒜和辣椒炒软。在上色前加入西红柿、留兰香，如果西红柿不是很多汁就加一点水。中火炖煮20分钟直到酱汁变少并稍微变稠。

摆盘，将茄子块皮朝下整齐地放入烤盘。在茄子块之间塞进磨碎的黄奶酪，小心地将酱汁倒在上面。撒上粗粗碾碎的菲达奶酪直至菜品表面基本被覆盖，但要保留一些空隙。在烤箱中用中火烤35—40分钟。

可供四人食用。

万格利斯·哈尼奥蒂斯在他的餐厅处理茄子，过去30年他一直这样做这道菜

至于贝隆，1547年他一抵达君士坦丁堡就立即前往金角湾沿岸的市场，比他先到的地形学家皮埃尔·吉勒（Pierre Gilles）或许是他的向导。⁶贝隆用多种语言记录了他发现的鱼、水果和香料的名称。他对食用植物特别感兴趣，是最早提到芥菜叶（vrouves）的作家，这种蔬菜春天"发芽后，开始开花时"生吃，"……它们带有萝卜的味道，但煮熟后会发苦"。⁷

回到奥斯曼统治下的君士坦丁堡的食品贸易，面包师、糕点师和面包干烘焙师都属于不同的行会。还有"麝香果子露"的制作者：果子露专家艾弗里雅不仅知道龙涎香和麝香，还知道被用作调味品的大黄、玫瑰、荷花、葡萄和罗望子。还有咖啡商贩。在他的时代，咖啡还是新奇事物——"一种让人不容易犯困、精力充沛的新产品。咖啡店乱得很。"至少屠夫公会在一场论资排辈的著名辩论中如此宣称。⁸

19世纪中叶君士坦丁堡街头熟食摊的老照片

第五章 美食地理（一）：希腊之外

在行业公会游行中，同样地位显著的还有屠夫公会、牲畜商和牧羊人公会、牛奶商公会、奶酪商公会和很多其他熟食商贩的公会，包括牛肚商公会，牛肚商很受穆斯林欢迎，因为根据艾弗里雅的说法，穆罕默德本人称牛肚为"菜中臻品"。尽管如此，同样根据艾弗里雅的说法，城里 700 名牛肚厨师都是希腊人。他们不用缴税，但每天需要向皇家狗舍运送"重量相当于 60 头驴的驼载量的内脏，作为灵猩和牧羊犬的食物。夜晚他们的商店全是整夜就着牛肚汤喝酒的人"，因为牛肚汤被誉为解酒良药。在游行中，牛肚厨师会极富戏剧性地从大锅中捞出内脏，装入碗中，用胡椒和丁香调味，同时唱着希腊歌曲。[9]他们的传承如今留存在塞萨洛尼基和色萨利的牛肚餐厅中，这种餐厅在两地分别被称为 patsatsidika 和 skebetzidika。

甜热饮的制造商中有销售兰茎饮（salep）的商贩，这种强

经历了不怎么舒适的旅程来到塞萨洛尼基市场的鲜活螃蟹和龙虾必须小心处理

身健体的传统饮料是用磨成粉的兰花球茎制作的,其影响延续至今。后面是来自比提尼亚深山的销售冰雪的商贩;再往后是糖果商,共500名,其中最出色的(根据艾弗里雅的说法)是来自希俄斯岛的希腊人,他们是技艺精湛大师,精通调配:"展示各种冰糖果子,如裹着各色糖衣、保存在精美水晶罐中的杏仁、榛子、开心果、姜、橙皮、咖啡……他们的商店挂着绸缎和浮花锦缎的挂饰。"在公开展会上,他们展示用冰糖果子装饰的糖果树。[10]

在鲈鱼、红鲻鱼、欧鳊等在售的本地鲜鱼中,有一种外来物种的鱼片(右后方)颇为突兀,标注的希腊语名称为"perch"。从学名巴沙鱼(Pangasius)和来源地"越南"判断,这可能是一种湄公河鲇鱼:但愿不是濒临灭绝的湄公河巨型鲇鱼(Pangasionodon gigas)

第五章 美食地理（一）：希腊之外

炸胡瓜鱼（marides）是整条直接上菜（搭配绿叶蔬菜沙拉）和食用的，仅丢弃尾巴

17世纪君士坦丁堡的渔民多是希腊人。在游行前的几天里，他们尽力抓一些稀有的鱼和"海怪"，在（水牛拉的）花车上向人群展示。做鱼的厨师也是"异教徒希腊人"，他们用橄榄油或来自位于色雷斯的赖德斯托斯［Raidestos，即现泰基尔达（Tekirda）］的亚麻籽油烹饪鱼，这一点也不奇怪，如果你还记得5000年前在新石器时代亚麻就是色雷斯和马其顿的常见油料作物。"这些希腊人，"艾弗里雅补充道，"有特定的斋戒日，圣尼古拉斯日、圣玛丽日……圣季米特里奥斯日、圣乔治日、圣埃利亚斯日、圣西米恩日和万圣节（Kalikanzaros）等。在这些日子里，他们做菜时不加黄油。"[11]

随后依次是杂货商、黄油商、油商、水果商和家禽商。接着是从事烈酒，buza 即"小米啤酒"（这是艾弗里雅和其他穆斯林被明确允许饮用的唯一的酒）、米酒、蜂蜜酒、阿拉克烧酒[①]和葡萄糖浆的商人。最后是酒馆老板：

> 在君士坦丁堡的四个辖区内，由希腊人、亚美尼亚人和犹太人经营的此类混乱场所有1 000处……除了公开的葡萄酒馆、白兰地酒馆和啤酒馆，还有许多以特定名称为爱好者所知的秘密场所，我对这些名字自然一无所知。[12]

经典现代希腊食谱书之一出自19世纪君士坦丁堡的希腊社群：尼古劳斯·萨兰蒂斯（Nikolaos Sarantis）的《烹饪食谱书》（*Syngramma magirikis*）于1863年在那里出版。与土耳其其他地方的希腊人不同，君士坦丁堡的希腊人1923年并未被迫流亡，但很多人在那几年移居国外，此后社群逐渐缩小，尤其在20世纪60年代人数锐减。

希腊统治下的君士坦丁堡的饮食传统——其创造者在很久之前曾是一座比欧洲东南部任何城市都更富裕强大的大都市的统治阶级——在曾经居住在那里的家庭中流传至今。这些传统每一次在代际间传承总会受到变化、离散和遗忘的威胁，需要记录和发扬。目前卓越的记录者是苏拉·博齐（Soula Bozi）。她的著作《古都美食》（*Politiki kuzina*）于1994年出版，后来又被改编为同名电影[②]。

---

① arrack，一种蒸馏酒精饮料，一般以发酵水果、粮食、甘蔗或椰树花汁为原料。
② 该影片中文译名为《香料共和国》。

第五章 美食地理（一）：希腊之外

士麦那及周边

博齐最近撰文介绍了伊奥尼亚、卡帕多西亚和本都的希腊人的烹饪传统，它们与君士坦丁堡烹饪传统截然不同，且各有千秋。现代希腊人用伊奥尼亚称呼从古代伊奥尼亚（爱琴海东岸12座热爱奢侈生活的早期希腊城市）向内陆延伸的地区。近代的伊奥尼亚以有大量希腊人聚居的沿海大都市士麦那为中心，但1923年身为少数民族的希腊人从这里逃离。

到17世纪末，奥斯曼帝国统治的士麦那已经成为小亚细

146

通往奥斯曼统治的小亚细亚最伟大的希腊城市士麦那的航路，A.威尔莫尔根据E.邓肯的素描制作的版画（伦敦，1854？）

亚产品向西出口的重要贸易港口。这座城市在很多回忆录中被描述，很多回忆录的作者都对葡萄和葡萄酒感兴趣——这不会让古代医生盖伦感到意外，他就来自这一地区，是15个世纪前这里出产的葡萄酒的鉴赏家。[13] 士麦那出口"大量葡萄干到英国"，1743年，理查德·波科克（Richard Pococke）记述道："还有少量这里著名的麝香葡萄酒，和糖分更少的白葡萄酒。"[13]

对奥斯曼帝国统治的士麦那最出色犀利的描述来自年轻的安托万·加朗，尽管他仅仅于1678年在这里停留了5个月。他原本计划以"士麦那之旅"（*Smyrne ancienne et moderne*）为题出版的调查报告直到2000年才被重新发现。有13家服务土耳其人和希腊人的面包房，他写道，最近又多了一家服务英国人的和一家服务法国人的，在土耳其征服克里特岛之前，英国人和法国人被禁止建造面包房，因为当局担心他们向被围攻的克里特岛人和威尼斯人提供"饼干"（也就是面包干）。据他统计，士麦那有26家宰羊屠户和15家宰牛屠户：每天屠宰50只牛和150只羊，不包括复活节期间需求量很大的羔羊和小山羊。有便宜的鸡（和卖给英国人的昂贵肥阉鸡）、山鹑、鹧鸪和几乎一样便宜的山鹬。加朗对葡萄酒给予了特别的关注，他表示："土耳其人不喝酒，或者说，如果要喝（有些确实喝），也不存酒，而是从基督徒那里买。"那么土耳其人喝什么呢？答案是水、咖啡和果子露，一种柠檬汁、糖和水制成的清新饮料。有钱人可能会享用龙涎香或清凉的樟脑调制的果子露：

> 夏天，他们通过加入冬天在高山小心采集然后小心储

第五章　美食地理（一）：希腊之外

存的雪让水变凉。饮用水来自每个地区和部分私宅配备的公共喷泉。他们还有来自开罗的咖啡和果子露（但只有有钱人喝得起）以及本地用玫瑰、紫罗兰和其他花制作的同类饮品。普通人则将葡萄干、无花果干或西梅干浸在水中制作饮料。[14]

士麦那的所有其他"民族"都喝葡萄酒和白兰地。根据加朗的说法，葡萄酒是用周边地区的葡萄在当地制作的，质量上乘且非常烈。"有时有一股甜味……习惯之后就不会介意……但在下一季到来之前基本会坏掉。因此，拥有好酒的人可以通过把它们卖给为了搞到酒不计成本的英国人大赚一笔。"还有一些葡萄酒是从岛屿进口的，尤其是特尼多斯岛的优质麝香葡萄酒（在20世纪被同样优质的利姆诺斯岛麝香葡萄酒取代）。本地白兰地销量很大，其中"用葡萄干制作的比用榨渣制作的更好"。希腊人结伴去酒馆喝白兰地而且很少只喝一杯："早晨开始的聚会经常到晚上才结束。"但最能喝酒的，加朗重复道，是英国人。他接着写道：

> 希腊人嗜酒豪饮，尤其是在节日期间，他们可能认为没有酒就没法好好庆祝。斋戒期间他们很少喝酒，只吃鱼，他们说酒要留着搭配 *pascalino*，也就是复活节时可以吃的肉，吃鱼的时候只配水。[15]

直到20世纪初，士麦那一直作为土耳其化的乡村中较为希腊化的城市繁荣发展。希腊和土耳其边境的接连调整对调和士麦那的社群关系无益,但并没有产生直接影响,直到1921年希腊占领士麦那并开始向小亚细亚内陆扩张。希腊的扩张最终被阻止,撤退变为溃败。在这场灾难中,士麦那几乎被毁灭。士麦那和几乎整个小亚细亚剩余的希腊人都被流放。很多士麦那和周边地区的希腊人逃到了塞萨洛尼基,并让希腊人在那里从少数变为多数,塞萨洛尼基、希腊马其顿[①]和色雷斯的土耳其居民被迫向相反的方向移民。

对于士麦那富裕的希腊经商世家,饮食方面最新的潮流是法国料理。这一潮流受到了帝国首都君士坦丁堡的奥斯曼土耳其风格——可追溯到拜占庭帝国和中世纪的土耳其游牧民和征服者——的影响。与之融合的还有小亚细亚西部结合希腊和土耳其风格的

士麦那特色菜肴迷你葡萄叶包饭(*Dolmadakia*)

---

① Macedonia,位于希腊北部的希腊最大、人口第二多的区域。

第五章　美食地理（一）：希腊之外

本地饮食传统，以及士麦那本身的民族菜肴和习俗。这一切都丰富了难民定居的希腊城市的烹饪。灾难和灾难导致的移民催生了现代希腊饮食的一个组成部分——与希腊的地方乡村食物不同的、国际化的"士麦那元素"。造访希腊的旅行者或许注意不到这种细微的差别，但希腊人辨别起来却很容易。士麦那特色包括迷你葡萄叶包饭和类似食品，羊肉饭（atzem pilaf）和很多其他用米制作的菜肴，以及精心揉捏的肉圆（keftedes，土耳其语写作 kofte）。还有孜然味肉圆配西红柿酱，这道菜的希腊语名称是 soutzoukakia，在土耳其语中则简单地被称为 İzmir kofte，"士麦那肉圆"。

卡帕多西亚和本都的希腊人

在1923年的人口互换中，土耳其西北部本都和卡帕多西亚的内陆高山的几乎所有剩余的非穆斯林希腊人都被迫与希腊的穆斯林交换位置。然而记忆并没有那么容易被抹去，他们的儿孙仍旧在制作故乡的食物，尽管他们中的有些人甚至从未见过与他们如今居住的希腊在很多方面都大相径庭的故乡。

与士麦那见多识广的都市希腊人不同，卡帕多西亚的希腊人身处乡村，遵循传统，他们为现代希腊饮食文化做出了朴素而独特的贡献，发扬并丰富了主要基督教节日的特色食物。他们也声称风干牛肉是他们的特色美食之一。尽管有盐腌肉干（apokti）等更早的拜占庭菜肴，制作食用风干牛肉的传统确实深深根植于中世纪土耳其人的游牧文化。他们很可能在君士坦丁堡被征服之前很久就已经把这道菜传给了卡帕多西亚人。尽管君士坦丁堡17世纪之后就对风干牛肉的方方面面非常熟悉了，但可以确定的是，在1923年的人口交换之后现代希腊获得的风干牛肉的相关信息来自卡帕多西亚人。盐腌肉干可能指用盐腌制的多种动物的肉干，但风干牛肉的原料是牛肉［或骆驼肉，饮食史学家玛丽安娜·卡夫鲁拉基（Mariana Kavroulaki）细致地补充道］：肉被压实、盐腌、晒干，表面经常裹着大量大蒜和香料。[16] 八十年来，雅典人从色雷斯的生产商和著名店铺阿拉皮安（Arapian），其创始人萨尔基斯·阿拉皮安不是卡帕多西亚希腊人而是卡帕多西亚亚美尼亚人，获取风干牛肉、其他卡帕多西亚肉类和奶酪。

如今，从科孚岛到伯罗奔尼撒半岛的拉科尼亚，从干尼亚到色萨利的皮立翁山，希腊各地都分散着本都希腊人的社群，但大多数本都希腊人在马其顿和色雷斯定居。还有另一种本都烹饪传统，来自一个曾两次迁徙的社群，19世纪他们向北穿越黑海来到马里乌波尔和乌克兰东部，之后，随着苏联解体，又迁往希腊。**这些**本都人制作饺子和以面团为主料、酱料浓厚的复杂菜肴。

士麦那小香肠

sucuk 在土耳其语中是"香肠"的意思；*-aki* 是希腊语中指小的后缀①：因此 *soutzoukakia* 是一个土耳其语和希腊语构成的复合词，而 *soutzoukakia Smyrneika* 指的是"来自士麦那的小香肠"。

---

① diminutive suffix，表示小的后缀。表示香肠的 *sucuk* 的一词加上指小后缀 *aki* 组成的词 *soutzoukakia* 表示"小香肠"。

第五章 美食地理（一）：希腊之外

制作小香肠的原料：
600克绞肉，最好是牛肉和羊肉混合，
或者牛肉和猪肉混合；只用牛肉也不会太糟
3瓣大蒜，切碎
1茶匙孜然粉
2个鸡蛋
1小把欧芹，切碎

制作西红柿酱的原料：
4汤匙橄榄油
1个洋葱，切碎
1个400克的西红柿块或西红柿泥罐头
一点糖
1片月桂叶和1根肉桂
1小杯干红葡萄酒
盐和胡椒

　　首先制作小香肠：所有原料在大碗中混合，加大量盐，用手揉捏确保充分混合。每次取约50克（如果太黏就把手弄湿），做成小香肠。用保鲜膜盖住，放入冰箱半小时左右使其变硬成型。
　　同时，在煎锅中加热两汤匙油，放入洋葱煎几分钟直至变软但未变色。加入西红柿，半勺糖，月桂叶和肉桂，倒入酒。调味，煮沸然后将火调小炖煮20分钟，直到酱汁稍微黏稠减少。将酱汁放在一边，把锅洗干净，再次放在火上加入剩余的油。

中火煎小香肠，每面五分钟使其上色好看，然后倒入西红柿酱。加盖用小火炖煮20分钟直到煮透，肉桂散发出香味。

每人三根小香肠，上面用勺子浇上一些酱料，搭配香料饭或橄榄油煎土豆。可以在饭上撒一些磨碎的奶酪再配上用橄榄油和柠檬汁调味的包菜丝和胡萝卜丝沙拉（这道沙拉从不加醋）。本食谱来自万格利斯·哈尼奥蒂斯。

传统的小香肠是一种质地紧密，类似萨拉米香肠的美味，与在希腊各地都很受欢迎的更柔软的肉圆很不相同。然而，这会导致它们给胃造成很大的负担，因此如果你更喜欢好消化一些的版本，可以向肉糜中加入两把面包糠。小香肠和肉圆的另外一点区别是含有孜然和大蒜，两种君士坦丁堡流行的调味料。肉桂在希腊各地都常被用来制作西红柿酱。

另一种士麦那特色菜肴，士麦那小香肠

第五章　美食地理（一）：希腊之外

本　都

过去三十年来，泰奥菲洛斯·乔治亚迪斯（Theofilos Giorgiadis）一直在他的家——基尔基斯附近的、他的祖父母被迫移居的地方——和本都的拉吉亚斯（Ragias）——他的家族祖居的村庄——之间往返。20世纪60年代末，尽管在学校被告知不要说本都方言，泰奥菲洛斯还是选择自己向祖父母学习这门语言。他的妻子埃莱尼祖籍君士坦丁堡，父亲是一名士麦那移民，如今，她随丈夫成为一名本都人。

他们在基尔基斯有一家生产奶酪的农场，由泰奥菲

拉吉亚斯美食商店，所有想要品尝本都特色美食的人的第二故乡。奶酪夺人眼球

153 洛斯经营,在塞萨洛尼基有一家叫作"拉吉亚斯美食"(Ragian)的本都食品商店,由埃莱尼经营。这是他们的热情所在,这一点只要有顾客走进店内就会显现:埃莱尼对泰奥菲洛斯用祖先的方法制作的产品了如指掌。拉吉亚斯美食商店藏在亚里士多德广场附近迷宫般的街道中,是一部本都食物的百科全书,店里有:*perek*,直径30厘米的扁面包,常被用作口袋饼或派的简易饼皮或派皮;泰奥菲洛斯在农场生产的各式奶酪;腌肉、干香草、饼干和甜食等本都的传统食品。在希腊的其他地方,只要有本都人定居,就能买到他们的一些产品。

……尤其是拉丝奶酪盖斯奶酪(*gaïs*),从新做的到陈年的,从白的到黑的,应有尽有

第五章　美食地理（一）：希腊之外

所以本都传统还是和人们熟悉的士麦那传统不同，士麦那正对希腊，通过繁忙的爱琴海与希腊频繁交流。本都菜和多数希腊菜一样是农家菜，但来自地形截然不同的遥远地区，以全麦、碎小麦等谷物，玉米，乳制品和鱼为主。鱼曾经来自黑海沿岸和从土耳其高山流出最终汇入黑海的大河，但现在来自爱琴海北部和色雷斯向南流出巴尔干半岛的河流。

本都人饲养牛而不是羊，更喜欢用黄油烹饪。橄榄树在本都和气候相对寒冷的希腊北部的罗多彼山脉长不好——我们发现在新石器时代就有其他油料作物在这里被种植——所以对于如今居住在马其顿和色雷斯的本都人来说，橄榄油就像黄油之于南方人一样是一种奢侈品。

新鲜酸奶（douvana）被用类似制作黄油的方式搅拌制成稀酸奶（tan），这种食物就希腊而言是本都特有的。稀酸奶可以新鲜食用，剩余的熟成两个月被制成脱乳清酸奶（paskitan，类似希腊的米泽拉乳清奶酪）。脱乳清酸奶彻底风干后就变成了脱乳清酸奶干（chortan），一种硬的、焦糖色的、脆太妃糖口感的芝士味小吃，切碎搭配齐普罗酒（tsipouro）。仅这一点就展现了本都农民的聪明才智——一点儿也不浪费。脱乳清酸奶可以给汤和炖菜增稠。运用这一技巧的最好例子之一是 tanomenos sorbas，这道菜源自亚美尼亚但是被用本都希腊语命名，是人们下田干活前享用的丰盛早餐。菜名的字面意思是"加了稀酸奶的汤"（在土耳其和巴尔干半岛，表示汤的词是 corba，而希腊语中常用的则是从意大利语中借用的 soupa）。这道菜的做法是将科科托（korkoto，干燥的碎玉米粒或布格麦、燕麦）煮软，然后加入稀酸奶或脱乳清酸奶以稍微增稠并增加少许酸味和奶味，再加入黄油煎的葱和留兰香搅匀。这和希腊南部和岛屿的汤风格截然不同。

乳清——比方说在拉吉亚斯美食商店——会被做成拉丝奶酪，也就是盖斯奶酪，这种产品在很多国家以不同的名字和形式为人所知，不仅仅是在称之为马苏里拉奶酪的意大利。在马其顿中部的基尔基斯，这种奶酪被拉成细长条（别指望它能和商业化的加工奶酪条相比，但质感是相似的）并卷成螺旋状，然后干燥保存多年，直至被使用。

本都烹饪的一个鲜明特点是有很多用面团制作的饺子和类似面食的食谱。玉米面包、派皮和受到俄罗斯影响的饺子皮罗什基（*piroski*）的面团会加入牛奶，饺子搭配黄油和脱乳清酸奶食用。本都的皮罗什基一般是油炸，而非水煮的，但馅料不算另类：通常以土豆、肉或奶酪为主；水果饺子不像在其他国家那样受欢迎。面食的制作受土耳其影响：如塞肉的月牙派（*giannoutsia*，土耳其语中称*giohadas*）、土耳其小饺子（*manti*）风格的方形饺（*ravioli*）——这种饺子在土耳其乃至整个亚洲以多种形式存在，甚至包括中国的馒头——以及很多其他日常菜式。

豆类和蔬菜也很重要，正如它们在希腊其他地方的烹饪传统中一样。在本都颇受欢迎的野菜——或者说绿叶菜——是荨麻，这种植物在黑海沿岸和在希腊北部一样生长旺盛。荨麻和在其他地方一样水煮后被加进沙拉，做成泥或汤和本地红色或白色豆类一同炖煮。同样常见（时常和荨麻相互替换）的是深绿色卷心菜、酸模[①]和其他酸模类植物的叶子以及甜菜——尤其是甜菜

[①] sorrel，绿叶香草，有微酸、类似柠檬的味道，因其清新的味道而常被用于烹饪，加入沙拉、汤及酱料中均可，亦可用作装饰。

第五章 美食地理（一）：希腊之外

叶。"黑色卷心菜"（*mavrolahano*）有栽培的也有野生的。和很多巴尔干半岛菜系一样，本都厨房中常备泡菜。

手工面条（*makarina*）被做成粗粗的类似意大利绸带面的丝带形，配酸奶或黄油和新鲜盖斯奶酪吃。梅子、覆盆子和野梨等水果在希腊最北边和本都一样长得很好，可以新鲜食用，制成蜜饯（*kompostes*）或浓缩水果糖浆（*petimezia*），或晒干。

即便是在其他少数民族的烹饪已经被"希腊烹饪"吸收的今天，本都希腊人的饮食保留了独特性和延续性。

塞 浦 路 斯

塞浦路斯是十字军的耶路撒冷王国[①]的重要领地，在耶路撒冷失守后很长一段时间仍属于耶路撒冷王国，但最终于1571年落入奥斯曼帝国之手，到19世纪，岛上已经形成了人数相当可观的土耳其人少数民族群体。1878年，塞浦路斯被英国统治。1960年，塞浦路斯从英国独立并至今如此，但是南方有英国军事基地，北方则有土耳其飞地。

历史上，塞浦路斯与君士坦丁堡、士麦那和本都十分相似，也是现代希腊国境外历史上有大量希腊人口的地区。塞浦路斯饮食对希腊美食的故事之所以重要是因为（与其他地区不同）如今岛上的大部分人口是希腊人，而且，在现代散居在世界各地的塞浦路斯人和希腊人互动融合。

---

① Crusader kingdom of Jerusalem，1099年第一次十字军东征后在黎凡特建立的中世纪基督教王国，包括现代以色列、巴勒斯坦、黎巴嫩和叙利亚的部分地区。

塞浦路斯哈罗米奶酪有时是在盐水中熟成的，质地坚实，融点较高，适合煎烤。传统做法以绵羊奶或山羊奶为原料，现在常用牛奶

塞浦路斯香肠

为了制作烤串（*souvla*，穿在烧烤扦上的菜肴）猪肉糜被与香料和香草混合，做成粗粗的香肠，裹上羊或猪网膜，穿在扦子上烤。这是一道不错的小菜，也可以塞进塞浦路斯口袋饼并配上卷饼（*gyros*）经常搭配的黄瓜酸奶酱、洋葱、西红柿和温热的薯条。

塞浦路斯口袋饼大致呈椭圆形，可以很轻松地从中间

第五章 美食地理（一）：希腊之外

分成两层以便填塞馅料，希腊口袋饼则更厚且呈圆形，无法被这样分成两层，只能包裹在想要搭配的馅料外面。

塞浦路斯香肠在塞浦路斯非常受欢迎以至于需要进口猪网膜来制作。

> 500克较肥的猪肉糜
> 100克干面包，用水浸泡后挤干水分
> 一把切碎的欧芹
> 少量留兰香
> 1/2茶匙香菜粉
> 1/2茶匙肉桂
> 盐和胡椒
> 6张猪网膜，彻底洗净并用厨房纸吸干表面水分

将网膜外的所有原料用手混匀，直至呈光滑的香肠肉馅质感。将馅料分成6份，并将每一份都大概整理成略长的球形。将一张网膜铺开，并尽量紧地包裹肉圆，就像包春卷或包饭（*dolma*）一样。将肉圆单独穿在长木扦上。烤好后趁热上菜。

孜然（当地称*artisha*）、香菜（新鲜香菜和磨碎的种子）和薄荷是典型的塞浦路斯调味料。在希腊大部分地区很少使用的香菜籽是阿菲利亚（*afelia*，用红酒和香菜籽煎的猪肉）等很多

157 塞浦路斯菜肴中的主要香料。新鲜香菜被用于沙拉、橄榄面包和菠菜派（*spanakopita*）中，其独特的香味也可能出现在炖蔬菜（*giachnista*）等煮熟的菜肴中。薄荷常被用来搭配肉，如被加入烤肉酱面（*pastitsio*），还有肉圆中。烤肉酱面在当地被称为 *makaronia tou fournou*，这个名字更像希腊语而非意大利语。

希腊卷饼

每家烧烤店和快餐店的菜单上都有 *Souvlaki merida*，这个菜名的字面意思是"烤串拼盘"，指的是从巨大的旋转烤肉串上切下来的肉片、细洋葱丝、黄瓜酸奶酱、西红柿、三角形的烤过的口袋饼和炸得正好的薯条。每一家烤串餐厅都有展示这道菜的照片，这种组合听起来或许平淡无奇，但实际很好吃。至于卷饼（将肉等食物包在口袋饼里带走吃），点单时可以明确说明配料是不是全都要（*apo ola*）。

以下食谱的灵感来自5月的一个晚上在帕罗斯岛吃的卷饼，那时当地的西红柿季尚未开始，没有加西红柿是为了避免使用淡而无味的进口西红柿。

两人份，准备3串用油、柠檬和牛至腌制后烤好的猪肉
2个圆形口袋饼，或塞浦路斯口袋饼，烤好后切成4等份
1团黄瓜酸奶酱

第五章　美食地理（一）：希腊之外

> 1/2 个小红洋葱，切薄片
> 几把芝麻菜，粗粗切碎
>
> 将口袋饼放在一个大盘子上，将烤肉放在饼上。在一侧放上黄瓜酸奶酱，旁边依次堆放洋葱和芝麻菜叶。配上啤酒，一盘就是完美的一餐。

Şeftali kebabı 或 seftalia，一般指网膜而非肠衣包裹的塞浦路斯香肠，从名字判断来自土耳其：şeftali 的意思是"桃子"，这个词为何会被用来指香肠仍是个谜。烤串（souvla）在历史上是一道为特殊场合烹饪的菜，是将腌制过的肉穿在扦子上炭烤制成的：其名称是拉丁语（subula 是"扦子"的意思）。小串（souvlakia）也是一种烤串——不过希腊也使用这个指小词[①]——烤的可能是猪肉、鸡肉、塞浦路斯香肠、卢卡尼亚烟熏香肠、蘑菇或哈罗米奶酪——食用时塞进或卷进口袋饼中。

腌猪里脊

整个塞浦路斯地区最著名的腌肉，腌猪里脊（lountsa）

---

① diminutive name，表示小或亲昵的词。在希腊语中表示"小串"的 souvlakia 是表示"烤串"的 souvla 一词的指小形式。

可能是威尼斯人引入塞浦路斯的，这种食物最初是对贫穷的塞浦路斯人很有帮助的赚钱商品，每年11月家里杀猪时制作，做好之后卖给路过的船。猪里脊用盐腌制，在红酒和香料中浸泡至少一周，塞进猪肠衣中，烟熏并挂起来干燥几个月。之后，这种香味浓郁的肉切片作为小吃食用或被用来做煎蛋饼、派或其他菜肴——比如三明治，帕罗斯岛的滨海咖啡馆（Marina Cafe）整个夏天每天都为两个思乡的塞浦路斯人提供这道菜。

塞浦路斯三明治

4厚片优质结实的白三明治面包或2个小的恰巴塔面包卷（ciabatta rolls）

一点蛋黄酱，足够在面包表面涂满1层，但不要太多

1袋真空包装的塞浦路斯腌猪里脊——或4厚片烟熏猪肉

1袋真空包装的哈罗米奶酪

1个成熟的硬西红柿切成圆片

腌菜（piccalilli）

面包切片，每片都涂上蛋黄酱。在两片面包上铺上腌猪里脊或猪肉片，尽量铺满，少留空隙。

将哈罗米奶酪切成0.5厘米或稍厚一些的长方形。将一个干燥的不粘煎锅用中火烧热，分批烘烤奶酪，每一片

第五章 美食地理（一）：希腊之外

翻面一次确保两面都上色好看。将哈罗米奶酪片放在腌猪里脊上，在剩下的奶酪变凉变成类似橡胶的口感之前吃掉：这是厨师特供。将剩下的面包，涂有蛋黄酱的一面朝下，放在最上面。

用帕尼尼压板或其他压制工具烤三明治。面包变棕后，拿掉上面的面包，在下半部分摆上西红柿厚片，上半部分则铺满大量腌菜。轻轻将面包放回，切成四个三角形，配啤酒吃。塞浦路斯曾是从英国到其东方殖民地的航路上的一站，在那时原本是印度宫廷美食的腌菜在塞浦路斯流行了起来。

可供2人享用

腌猪里脊和本地香肠挂在肉铺外面

有人说塞浦路斯因腌肉而著名：有羊肉和小山羊肉制作的盐腌羊肉（tsamarella），必然非常咸；有用盐腌制并加入大量香料的牛肉，在土耳其语中叫pastourma，有时会被制成卢卡尼亚烟熏香肠；但最著名的是盐腌猪肉，用红酒浸泡造就了其独特的塞浦路斯风味。腌猪里脊（Lountsa）的原料是猪里脊，用盐水腌制后再用红酒腌制，然后烟熏（如果喜欢更强烈的风味）和熟成。

塞浦路斯有自己的布格麦（pourgouri），可与西红柿和洋葱一起蒸，也有自己的谷物奶饼，将其做成汤时可以加入时间长了的哈罗米奶酪块。地中海贸易带来了咸鲱鱼和咸鳕鱼，可以在露天烤炉和土豆和西红柿一起烤。岛上的较新蔬菜中，被充分利用的是茄子和质感像蜡的塞浦路斯土豆——烤熟后配孜然、牛至和洋葱丝吃。

奶酪中，最著名的是哈罗米奶酪，用山羊奶和绵羊奶混合制作而成的一种盐水奶酪，经常切片然后烤或者煎。熟成哈罗米奶酪可以磨碎。阿纳里奶酪（Anari）是一种乳清奶酪，新鲜的像里科塔奶酪（ricotta）一样易碎，配蜂蜜吃，干的又硬又咸，可磨碎后放入面食中，尤其是乔韦齐（giouvetsi），一种配面吃的辣味炖肉。和塞浦路斯的水果甜品与糖浆一样独特的是那里的榛子酱（soumada）——被记载于1364年被塞浦路斯国王彼得二世作为礼物送给波兰国王卡西米尔一世——和用圣露西樱桃或玫瑰露调味的白布丁（mahalepi）。不过这些都不如卡曼达蕾雅（Commandaria）加度葡萄酒令人骄傲，这种葡萄酒继承了一种中世纪的风格和风味，成功地一直流传至今，而16世纪希腊的马姆齐葡萄几乎已被遗忘。在13世纪初诗人亨利·德安德利（Henri d'Andeli）创作的法语诗《葡萄酒之战》（La Bataille des vins）中，这种塞浦路斯佳酿是唯

第五章　美食地理（一）：希腊之外

19世纪60年代塞浦路斯的葡萄丰收：将葡萄运往踏浆桶

——种扮演重要角色的来自法国之外的葡萄酒。塞浦路斯白兰地和果渣白兰地（zivania，与格拉巴渣酿白兰地[①]和拉克酒[②]同属一类的白兰地）没有这么古老，仅在当地有名。

更广泛的海外散居

自古以来，希腊人在海上航行并在海外战略要地建立贸易殖民地。从古代、中世纪到文艺复兴，意大利沿海城市有强大的希

[①] grappa，一种意大利果渣白兰地，用酿酒葡萄压榨后剩下的皮、籽和茎蒸馏而成的透明酒。
[②] raki，一种在土耳其和巴尔干半岛各国流行的酒，是一种用葡萄果渣蒸馏的烈酒，饮用之前通常会用水稀释。

腊势力和一些长期居留的希腊社群。在奥斯曼帝国时代和之后的几个世纪，很多有能力旅行的希腊家庭在海外，巴尔干半岛、意大利和西欧等地，找到了安全和繁荣的环境。大多数情况下，这些家庭保留了其在希腊、各岛屿、士麦那或君士坦丁堡的根基；对他们中的大多数来说，这不仅仅是流亡或移民，而是在新的政治背景下延续对贸易和殖民的古老渴望。

因此，现代希腊人的海外散居并非希腊独立战争——1821年爆发，1832年让希腊独立获得国际认可——引起的，只是因其进一步深化。散居海外的希腊人从他们在海外的庇护所，在政治同情者（众多政治同情者中最著名的是拜伦勋爵）的帮助下，为在希腊境内战斗并最终击败奥斯曼帝国的人们提供了强有力的支持。

最具中世纪特色的塞浦路斯葡萄酒，味道甜美浓烈的卡曼达蕾雅葡萄酒的老酒标

第五章 美食地理（一）：希腊之外

希腊和塞浦路斯即便取得了独立也不以繁荣著称。从19世纪到21世纪，海外希腊人对祖国的人们仍很重要，如今散居海外的希腊人遍布全球。亚历山大和伦敦都是19世纪的新希腊"殖民地"，埃莱夫塞里奥斯·韦尼泽洛斯的自由主义政府在20世纪初从这两地获得了经济和政治援助。20世纪希腊海外群体的重要中心包括纽约、蒙特利尔和悉尼；2015年最张扬的部长阿莱克西斯·齐普拉斯曾在悉尼工作多年并拥有希腊、澳大利亚双重国籍一点也不令人感到意外。

"我们聊了茄子，聊了香倒伊玛目。"埃莱娜·韦尼泽洛斯（Helene Venizelos）在回忆录中写道，回忆她与未来丈夫的初见。她来自一个分散在士麦那和伦敦的希腊家庭，是一名富有的女继承人，1913年，在伦敦的希腊人社群举办的一场晚宴上，她是主办人之一，埃莱夫塞里奥斯·韦尼泽洛斯①则是嘉宾。[17]她的描述告诉我们即便是在最国际化的场合，希腊社群仍旧享用希腊，或者说至少是君士坦丁堡和士麦那的食物。不过希腊和塞浦路斯餐馆要到20世纪下半叶才会在非希腊食客和美食家中打响名号。

后来它们真的声名大噪。在纽约，20世纪50年代从希腊移民，最初经营几乎没有民族特色的小饭馆和餐厅的利瓦诺斯家族20世纪末与年轻厨师吉姆·博萨科斯（Jim Botsacos）联手。尽管博萨科斯来自一个在美国定居已久的、有意大利和希腊血统的家庭，但他此前烹饪的都是美式和法式菜肴。他们一同创立了莫利沃斯（Molyvos），餐厅的名字源自利瓦诺斯家族的发源地

---

① Eleftherios Venizelos（1864—1936），20世纪初希腊重要政治人物，在希腊现代化和倡导领土扩张方面发挥了关键作用，曾多次担任希腊总理，塑造了希腊的政治格局和外交政策。

希腊美食史：诸神的馈赠

（莱斯沃斯岛上的古城米提姆纳），这家餐厅在烹饪领域登峰造极：几乎成为全球最著名的希腊餐厅。[18] 他们同时毫不犹豫地进军意餐领域，2004年创建的阿博卡托（Abboccato）几乎同样成功；尼克·利瓦诺斯（Nick Livanos）如今是美国烹饪学院的中流砥柱。米海尔·普西拉基斯（Michael Psilakis）为提升知名度做了更多的努力，并因此经常上电视且收获一颗米其林星，尽管获得一星的餐厅不久之后就关门了。[19] 唯一一家风头可能盖过莫利沃斯的纽约希腊餐厅其实是加拿大人开的：科斯塔斯·斯皮里阿迪斯，一名希腊裔蒙特利尔人，在他的家乡开了第一家米罗斯餐厅（Milos），然后大胆地将米罗斯餐饮帝国从伦敦拓展到了拉斯维加斯（我们还没提他的地中海游轮呢）。澳大利亚的希腊厨师也同样雄心勃勃，《每日电讯报》力挺彼得·科尼斯蒂（Peter Conisti），甚至声称他的"新餐厅阿尔法（Alpha）展现了在澳大利亚的希腊人的一切美好品质"。这听起来很夸张是因为着实夸张了，但阿尔法的确是希腊俱乐部①的一员，希腊烹饪的复兴几乎确实可以被描述为"希腊社群送给这座城市的礼物"[20]。悉尼的科尼斯蒂和纽约的利瓦诺斯已成为希腊美食历史的一部分：在他们的努力下，希腊美食突破了美食家的小圈子，超越了大都市混乱的餐饮潮流。

---

① Hellenic Club，推广希腊文化的组织。

第六章
美食地理（二）：希腊之内

15世纪，希腊大陆被奥斯曼帝国蚕食。塞萨洛尼基于1430年陷落。莱斯沃斯岛和罗得岛分别于1453年初和1522年成为奥斯曼属地。热那亚统治的希俄斯岛一直坚守到了1566年，其出产的无可替代的洋乳香让热那亚一直十分繁荣。威尼斯统治的克里特岛直到1669年才被奥斯曼帝国征服。

随着独立的希腊从南向北一点点发展壮大，希腊本土被夺回，1832年，刚刚独立的希腊领土很小，极度贫困。塞萨洛尼基还在奥斯曼帝国手中，直至1913年被希腊军队夺回。第一次世界大战后，希腊得到了色雷斯西部，但不得不放弃争夺君士坦丁堡。

随着奥斯曼帝国力量逐渐衰落，诸岛的命运各不相同。罗得岛和佐泽卡尼索斯群岛经历了一段奇怪的意大利统治，1947年才从中脱离。克里特岛也成了外国势力（他们如此自称）关注的对象，这些外国势力无力地试图监督该岛自治，并最终于1913年允许希腊接管。伊奥尼亚群岛则几乎没有被奥斯曼帝国的统治触及。它们被从中世纪领主转给威尼斯，18世纪末拿破仑吞并威尼斯后又落入法国之手，后来又被英国统治。事实证明英国人无力统治这一特殊的区域，他们于1864年同意将其交给独立的希腊。这就是现代希腊逐渐形成的过程，团结这个国家的不是历史也不是地理，而是其主体民族的人民。

从公元前5世纪起，甚至从更早之前，希腊就是一片地形极其多样的土地，无数不同的微气候和微栖息地带来了极端丰富的饮食和饮食习俗。为何锡弗诺斯岛名厨辈出？帕特里克·利·弗莫尔问道。为什么君士坦丁堡的蒸馏酒制造商多来自察科尼亚（Tsakonia）？任何一个章节都无法提出所有此类问题，更别提一一回答了，但本章会通过从中世纪到现代的多名观察者的视角，部分呈现希腊饮食无尽的地理多样性。

伊奥尼亚群岛

我们从最西边的列岛开始，这些岛屿从未成为奥斯曼帝国的一部分，而是被威尼斯统治。此后，这些岛屿构成的七岛共和国（The Septinsular Republic）曾隶属于法国并短暂隶属于俄罗斯，后来又被名字很奇怪的伊奥尼亚群岛合众国所取代（United States of the Ionian Islands），这一地区是大英帝国被遗忘的角落，1864年归于独立希腊。我们很快就会揭晓英国为何对这一地区感兴趣。因此，七岛独特的饮食主要源自（每座岛屿都不尽相同的）本地传统，受威尼斯影响很大，也融入了少量英国元素。

威尼斯人和英国人共同让群岛向单作栽培发展，毫不在意其后代的碳足迹。那之后科孚岛一片橄榄绿，凯法利尼亚岛、伊萨卡和扎金索斯岛种植的无籽小粒葡萄已经远超希腊岛民的需要。17世纪末的英国旅行家乔治·惠勒写到扎金索斯岛（桑特岛）时解释了无籽小粒葡萄贸易发展的过程和原因：

第六章 美食地理（二）：希腊之内

在伊奥尼亚群岛几乎被单一栽培的两种植物：科孚岛的橄榄树林和……

如今这个岛是无籽小粒葡萄的主要产地，我们在英格兰用这种葡萄制作很多美味佳肴。这种葡萄的名字（curran）来自科林斯（Corinth）……它们不同于普通人的印象，不像我们的红醋栗或白醋栗结在灌木上，而是像其他葡萄一样长在藤上；它们的叶子比其他葡萄大但果实非常小……8月成熟的葡萄会被在地面上铺成薄薄一层直至干燥；然后它们会被收集起来，清洗干净，运进城镇，存入被称为"内室"①的仓库：被从顶部的一个洞倒进去直到填满整个房间……为

---

① seraglio，这个词通常指土耳其或奥斯曼帝国的宫殿，尤其是君士坦丁堡的苏丹宫廷和政府办公室。

……扎金索斯岛的无籽小粒葡萄园。
前景是刚刚采摘的无籽小粒葡萄在太阳下晾晒

了将葡萄运往这些储藏室而装桶时，一个人会光腿光脚进入大桶，在葡萄被运来并倒入时，他会不断踩踏，让葡萄紧贴在一起……在这里做生意的主要是英国人，他们这么做有充分的理由，我认为他们食用这种水果的量是法国人和荷兰人的六倍。扎金索斯岛人……以为我们只用它们染布，对圣诞派、干果浓汤（plum-potage）、蛋糕和布丁的奢华美味仍一无所知。[2]

惠勒补充道扎金索斯岛每年生产的无籽小粒葡萄（用他生动描述的方法压紧过）可以装满五或六条船，凯法利尼亚岛是三或四条，伊萨卡则是两条。他也提到了部分岛屿——还是科孚岛、

第六章 美食地理（二）：希腊之内

凯法利尼亚岛和扎金索斯岛——生产的橄榄油，这些岛屿生产"大量优质橄榄油，但是不允许外国人出口……仅有岛屿的多余产量被送往威尼斯"。这一细节显示，单一栽培生产的橄榄油和无籽小粒葡萄不同，完全是为了满足统治城市的需求。意大利南部也大量产橄榄油，但那里与伊奥尼亚群岛不同，不受威尼斯控制。造访克里特岛（另一处前威尼斯属地）的人常被告知（又有谁敢反驳呢？）这座岛出产的很多顶级橄榄油，即便在如今，会被送往意大利当作意大利橄榄油出售。

威尼斯人离开后很久，科孚岛仍旧因他们种植的橄榄林而著称。1894年的第一本希腊贝德克尔旅行指南①提到在科孚岛上"橄榄树不做修剪，自由生长，其高度、美感和长势在地中海，甚至整个世界，都是顶尖的。它们4月开花，果实在12月到次年3月间成熟"[3]。其他人也提到岛上的橄榄树确实不修剪，而且与希腊其他地方的传统不同，果实也不是用棍子敲下来的。"女人应该像橄榄树一样挨打，"在《普罗斯佩罗的牢房》(Prospero's Cell)中，劳伦斯·达雷尔虚构的一名人物说道，"但是在科孚岛，女人和橄榄树都不会被打——因为每个人都懒得无可救药。"[4]

取代了原有的农业作物的这两种经济作物，无籽小粒葡萄和橄榄，并不完全是外来物种。岛上本来就有橄榄，但没有像威尼斯人所做的那样被一排排密集种植；无籽小粒葡萄出现之前这里就已经有酿酒葡萄了，现在亦是如此，众多有趣的古老品种

---

① Baedeker guide，德国出版商卡尔·贝德克尔19世纪开始出版的一系列旅行指南书，因详细的信息和实用的建议而著称。

采收橄榄的准备工作：在树下铺上垫子

能够酿出在其他地方品尝不到的意外多样的葡萄酒。这些葡萄藤从根到果实都完全是本地品种，因为希腊本土西部区域和伊奥尼亚群岛没有受到葡萄根瘤蚜的影响。惠勒还正确地记录了凯法利尼亚岛盛产"优质红酒，尤其是麝香葡萄酒［我们称之为卢克雪莉酒（Luke Sherry）］"，扎金索斯岛"有其他葡萄藤，其果实可酿造优质但很烈的葡萄酒……红葡萄酒很耐海运，但麝香葡萄酒不行，尽管它们很好喝，在这里产量也很高"。[5]根据惠勒和其他很多人的记述，科孚岛也"盛产红酒"。达雷尔的读者无需，尽管有些可能会，认为作家对他移居的岛屿的葡萄酒过度偏爱。他认为卡斯特拉尼（Kastellani）的酒很好，帕莱奥卡斯特里萨（Palaiokastritsa）和查莫斯（Chamos）的更佳，还在山中发现了

第六章 美食地理（二）：希腊之内

一种"轻微冒泡的葡萄酒；略带硫黄和岩石的味道。如果在拉克内斯（Lakones）点葡萄酒，他们会给你拿来一杯火山之血"[6]。他的描述说服了迈尔斯·兰伯特-戈克斯（Miles Lambert-Gocs），在《希腊葡萄酒》（*The Wines of Greece*）中，他描述这种酒是"用马尔扎维葡萄①酿造的、含糖量极低的葡萄酒"，同样的葡萄在勒卡斯被称为维尔扎米（*vertzami*），在托斯卡纳被称为玛泽米诺（*marzemino*）；这种葡萄肯定是威尼斯人引入的。[7]

达雷尔的导师美国诗人科斯坦·扎里安（Kostan Zarian）或许真的花了"近两年时间……"对科孚岛的"葡萄酒进行了详尽的研究"。[8]从科孚岛往南一直到扎金索斯岛，伊奥尼亚群岛出产种类繁多的葡萄酒，一首创作于1601年的诗就罗列了34种葡萄，包括：

> 扎金索斯岛上的葡萄酒包括科扎尼提斯（*kozanitis*），
> 米格达利（*Mygdali*）、弗莱里（*fleri*）、拉扎基亚（*razakia*）、克洛拉（*chlora*）和莫罗尼提斯（*moronitis*）……
> 其余包括非常美味的罗柏拉和艾托尼奇（*aitonychi*）……
> 此外还有斯基洛普尼奇蒂斯（*skylopnichtis*），
> 但最著名的是红罗伊迪提斯（*roiditis*）。[9]

如果《奥德赛》中提到的神话中的岛屿斯克里埃岛在现实中就是科孚岛，那么2700年以前这部史诗被创作时，科孚岛就已经因葡萄和橄榄等水果而著称了。奥德修斯在阿尔基诺奥斯

---

① martzavi，一种深色厚皮葡萄，可酿造红葡萄酒。

168　（Alkinoos）的果园中（见第33页引文）看到了梨、石榴、苹果、无花果、橄榄和葡萄。1682年，惠勒发现科孚岛"盛产葡萄酒、油和各种优质水果"。他注意到了橙子和柠檬树，并被赠予了很大的绿色无花果，他详细描写了这种水果"中间有一团圆形的胶状物，大小和肉豆蔻相当，很好吃，在炎热的夏季十分清爽"[10]。评论完橄榄和葡萄藤之后，1894年的贝德克尔指南提到"橙子、柠檬和无花果品质极佳"，并略带夸张地补充"一年可以收获好几次"，与《奥德赛》中的记述一致。[11]达雷尔听到了"果园里的橙子落到长满苔藓的地面上发出的一声声闷响——"，看到了"一大片杏树"和酸樱桃——水果饮料酸樱桃汁（vyssinada）的原料。[12]莎士比亚的《暴风雨》中普罗斯佩罗在虚构的亚得里亚海岛屿上给卡列班但被后者拒绝的"有浆果的水"是不是就是这种饮料？[13]

　　很久以前，惠勒在扎金索斯岛上看到了香橼、橙子、柠檬和桃子，其中桃子尤其"又大又好"。但他最喜欢的是"（我敢自信地说）世界上最好的甜瓜"，其浅绿色的果肉"闻起来吃起来都香味浓郁，就像用龙涎香调过味一样"。[14]

　　在烹饪和作物方面，伊奥尼亚群岛略受英国影响，深受意大利影响。19世纪中叶，英国统治伊奥尼亚群岛时，科孚岛不知为何爱上了英国特色的姜汁啤酒。爱德华·利尔（Edward Lear）曾经表示他自己"无法忍受姜汁啤酒"，[15]却敦促一个朋友来科孚岛拜访他并承诺用"姜汁啤酒、干红葡萄酒、虾和无花果"[16]招待他。达雷尔和他的朋友们"穿过银色的橄榄树林"来到一家"小酒馆……那里有按照爱德华七世时代的食谱制作的姜汁啤酒，装在一个小石瓶中，用弹子当塞子"。[17]过去和现在姜汁啤酒在当地都被称为tsitsimbira。但达雷尔讲述的故事——威廉·格拉

第六章 美食地理(二):希腊之内

德斯通(William Gladstone)躬身亲吻帕克西岛(Paxos)主教时撞到了对方的头,后来两人共饮一杯姜汁啤酒化解了尴尬局面——真实性存疑。

酱汁煎肉

酱汁煎肉(*sofrito*)是伊奥尼亚群岛的传统肉类菜肴之一。伯罗奔尼撒半岛的莫奈姆瓦夏和纳夫普利奥等威尼斯堡垒也有这种用肉汁在锅里制作快手酱汁的烹饪风格,但这在其他地方就很少见了,这种风格反映了威尼斯占领的直接影响,通过港口和岛屿的资产阶级传播开来。

4片小牛肉薄片

中筋面粉,能够裹住牛肉即可

1小块黄油

2茶匙橄榄油

2瓣大蒜,压碎

白葡萄酒醋

蔬菜高汤或清淡鸡高汤

1把平叶欧芹,切碎

盐和胡椒

小牛肉薄片两面充分调味并撒上面粉,压一压让面粉粘牢。

在大煎锅中加热一半黄油和一茶匙油,将两片小牛肉煎至上色好看。翻面并再煎几分钟。然后取出小牛肉,将剩余的黄油和油加入同一个锅中并重复之前的步骤。这么做能确保肉上色但不熟透。

将所有小牛肉和大蒜一起放入锅中,轻轻搅拌一分钟,然后调大火力,倒入醋和高汤,煮沸。再次调小火力,炖煮十分钟直至酱汁变少变稠。向牛肉中加入欧芹,再次搅拌并趁热上菜。

可供 4 人食用。

在这些岛上,*horta*——野生绿叶菜——是加红辣椒粉、大蒜和西红柿泥炒,而不是像其他地方那样用清水煮。这里的烹饪风格比爱琴海岛屿更丰富和复杂。体现英国影响的除了姜汁啤酒(在科孚岛的大道上一边看板球比赛一边喝),还有几种布丁:来自伊萨卡的面包布丁(*boutino*,但这可能是经意大利传入的)和科孚岛的蒸布丁(*poutinga*,这个名字肯定是从英国人口中传出来的)。Minestra,一个表示汤的、颇具意大利风情的词,在群岛变成了 *manestra*,指一种用红辣椒粉和丁香调味的汤,上菜时会撒上奶酪并待其在表面上融化,这种做法在希腊其他地方很少见。酥皮派是一种厚底、顶部呈格子状的果酱馅饼,在日常希腊语中叫 *pastafrola*,起源自伊奥尼亚群岛——是从意大利传入的。凯法利尼亚岛和科孚岛的肉圆(*polpettes*)就是意大利的"肉圆,

第六章 美食地理（二）：希腊之内

炸肉饼"（*polpette*），这个词源自表示"肉"的*polpa*。茄汁肉酱面（*pastitsada*）是以炖小公鸡或其他肉类为酱汁搭配管状的长面条，类似意大利的*maccheroni pasticciati*，即用奶酪、黄油和肉汁烹饪的通心粉；它和希腊各地都熟悉的烤肉酱面（*pastitsio*，这个名字也来自意大利语）——碳水版的穆萨卡[①]——颇为不同。显而易见，菜肴和名字都受到了意大利影响：表示"科孚岛鱼汤"的*bourdeto*一词来自意大利语中表示"高汤，鱼汤"的*brodetto*；表示"酸味酱汁煎小牛肉"的*sofrito*来自意大利语中意为"轻度煎炸"的*soffritto*；表示洋葱炖肉或禽类的*stoufado*直接来自意大利语中表示"炖菜"的*stufato*（其他地方一般是叫*stifado*）。表示适合搭配盐腌鳕鱼（*bakaliaros*）的七岛大蒜酱的*aliada*一词来自意大利语中的*agliata*，该词又源自意为"大蒜"的*aglio*。

伯罗奔尼撒半岛

希腊大陆半岛南部的三分之一——与其他地区通过科林斯地峡相连——在拜占庭帝国晚期被分割为希腊统治的区域和法国统治的区域。一名帝国总督从古代斯巴达附近的米斯特拉（Mistra）统治该地区东南部，而拉丁帝国[②]的亚该亚公

[①] moussaka，一道源于东地中海地区的传统菜肴，在希腊和中东特别受欢迎。通常由一层层堆叠的土豆片、茄子片组成，有时也会加入碎肉，最上面浇有贝夏梅尔调味白汁。本书后文对这种食物有详细的介绍。
[②] 1204年第四次十字军东征后在君士坦丁堡建立的一个短命的中世纪国家，是西欧十字军占领并洗劫君士坦丁堡，瓜分拜占庭帝国领土后形成的政治实体。拉丁帝国持续了约57年，之后其统治区域逐渐被拜占庭和其他地方势力再次征服。

国[①]有一座朝西的港口城市格拉伦扎（Glarentza），这座城市早已被遗忘，但就在现代港口、希腊第三大城市帕特雷西部不远处。伯罗奔尼撒半岛也以其中世纪名称摩里亚半岛为人所知，地形多山，中部是难以到达的阿卡迪亚地区。旅行者们知晓古代传说，如埃里曼索斯山的野猪、克赛诺丰等古典时代的猎人等，为了在森林中打猎来到这里，并能够得偿所愿。"我在伯罗奔尼撒半岛看到的最好的森林是在亚该亚，"1676年，弗朗西斯·弗农（Francis Vernon）写道，"那里的森林长满松树、野梨树、冬青和七叶树，有流水的地方还有悬铃木。"[18]严格地说亚该亚位于半岛的北部边缘，埃里曼索斯山是将其与阿卡迪亚分割开的山脉的一部分。利克1830年记述道，在山坡上鹿变得很少见，但"雄獐（zarkadi）和野猪（agriochoiros）很常见"[19]。在更东的斯汀法洛斯（Stymphalos），鹿和野兔较为常见，利克在这里的一处山泉边停留，当地人"夏季在这里等待狩猎前来喝水的鹿（elaphia），这时山中其他的泉水和水源都干涸了。我的向导说鹿有时跟牛差不多大，长着很长的树枝般分叉的角，每年脱落再生"。他从狩猎说到采集，利克看到"一些刚刚结果的野生醋栗灌木……；其被称为loustida：他们说每年这个季节孩子们会来采摘这种果子"[20]。再往南，"东部拉科尼亚的山脉中有大量野草莓"，[21]这里指的是斯巴达东部。

伯罗奔尼撒半岛不全是树林和山脉。1676年，伯纳德·伦道夫曾列出过"摩里亚半岛的商品"，包括橄榄油、蜂蜜、黄油、

[①] principality of Achaea，位于希腊南部伯罗奔尼撒半岛的中世纪国家，由第四次十字军东征后的十字军建立，从13世纪初持续到15世纪中叶。亚该亚公国曾承认拉丁帝国的领导地位，并遵循其政治和军事领导。

第六章　美食地理（二）：希腊之内

奶酪、葡萄干、无籽小粒葡萄、无花果、葡萄酒、小麦、大麦、黑麦和燕麦。[22]根据1830年利克的记述，这里的橄榄油和伊奥尼亚群岛生产的一样被送往意大利。利克向伦道夫列出的清单中补充了玉米和水稻，还有另外两种出人意料的出口商品，"被运往英格兰的 *kedrokouki*，即杜松子"和松子，这些松子来自帕特雷附近的"茂密的意大利石松（*strofilia*，Pinus pinea）森林，这种松树会结出像杏仁一样可食用的种子，在希腊烹饪中常被用来替代杏仁"。[23]19世纪，无花果和古典时代一样常被干燥并拴在灯芯草上以便长途贸易。今天人们偶尔仍旧会这么做。黑麦被种植在不适合其他粮食作物生长的山区，一般来说在半岛各地，作物的选择以及播种和收获的时机必然取决于极端多样的本地地理、水资源和微气候。不过，伦道夫还是提供了一份伯罗奔尼撒半岛农民的日历：

　　12月他们开始制作油，直到3月初或取决于油的质量。2月、3月和4月制作黄油和奶酪，也是剪羊毛的季节。5月和6月收玉米。6月和7月他们忙于采集桑叶喂蚕。8月、9月和10月采集并干燥小粒无籽葡萄、无花果和葡萄干……还有烟叶；还酿酒并采收蜂蜜和蜂蜡。[24]

帕特雷位于半岛西岸平原、伊奥尼亚海海边，最近几个世纪的所有观察者都表扬那里的花园，花园让该地显得"环境宜人"（利克如是说，但他之后话锋一转，评价急转直下）"从远处看，多数地方的惨状不会暴露"。[25]150年前，伦道夫列出果园中种有橙子、柠檬、香橼、石榴、杏子、桃子、梅子、樱桃和核桃。

"他们种的苹果和梨不多，"他补充道，[26]在希腊南部，苹果在温度过高的低地无法舒适生长，更适合山村。根据弗农的记载，这里的香橼是土耳其帝国最优质的，和他同处一个时代的惠勒曾在早餐时间造访"种植美味香橼的，名为格利卡达（Glycada）的花园"。他对香橼的喜爱之情溢于言表。

> 最大的是上好柠檬的两倍大，硬皮内部的白色部分很好吃，但中间的少量汁液是酸的……管理花园的好心人送给我们一个表面盖着紫罗兰花束的漂亮篮子，里面装着橙子、柠檬、香橼、石榴和核桃。于是我们请人送来面包和帕特雷著名的松脂葡萄酒（pitch-wine），我们清晨共饮，祝福朋友们身体健康，好酒和欢乐长伴，而且不用离家很远就能欢饮。这里的橙子的形状和味道都和苦橙（Sevil oranges）一样。[27]

惠勒的松脂葡萄酒显然就是松香葡萄酒。英国人对小粒无籽葡萄无穷无尽的需求最终导致这种独特的葡萄品种在希腊本土被广泛种植，尤其是在帕特雷附近。贸易带来的产量上升——不过贸易也很容易浮动——引发了几个有趣的实验。"他们有时尝试用它们酿葡萄酒，但成品很粗糙。不过它们可以酿出很好的白兰地。"雅各布·斯庞1678年写道。[28]所有尝过希腊白兰地并怀疑这种酒是不是来自外星的人应该想到其风味独特的原因可能很简单：这种酒是小粒无籽葡萄酒的半成品。无论如何，实验没有止步于此。帕特雷小粒无籽葡萄的市场或已萎缩时，极富进取心的巴伐利亚人古斯塔夫·克劳斯（Gustav Clauss）——他与酿造啤酒的约翰·格奥尔格·富克斯（Johann Georg Fuchs）同属一个时

第六章 美食地理（二）：希腊之内

代——来到帕特雷酿酒，并最终创造出了与波特酒和雪莉酒同类的黑月桂酒（Mavrodaphne）。酿造黑月桂酒的葡萄之一是黑月桂；另一种是科林斯艾奇（korinthiaki），也就是小粒无籽葡萄。

思维清奇的利克注意到了小粒无籽葡萄带来的一个好处。他认为帕特雷酿造的葡萄酒比很多其他地方的都好是因为尽管山坡更适合葡萄藤生长，但对于葡萄藤种植者来说，低地平原种植起来实在太方便了。在帕特雷，小粒无籽葡萄占据了低地，酿酒葡萄就只能种"在崎岖的山坡上"，在那里利克尝到了"不比波尔多葡萄酒差的"葡萄酒。[29]他品尝的一定是传统的、克劳斯出现之前的黑月桂；现在如果想要品尝的话就要尽量找凯法利尼亚岛的黑月桂酒。

伯罗奔尼撒半岛西南部是古老的麦西尼亚地区。在迈锡尼时代，涅斯托尔的宫殿坐落于此，或者说这里至少有一座被考古学家如此称呼的巨大废墟。在古典时代，这里有港口迈索尼，这座威尼斯前哨中世纪被称为莫东。朝圣船只在去往圣地的路上在这里停靠。当地的食物很不错："面包和肉很便宜，"一份1480年的记录写道，"但葡萄酒松脂味很重，让人难以下咽。"[30]佐餐酒确实是有松香味的，10年后彼得罗·卡索拉（Pietro Casola）证实了这种说法，他写道："为了使葡萄酒变得浓烈，发酵时加入了松脂，而这会留下一种我不喜欢的很奇怪的香味：他们说如果不加，葡萄酒就无法长久储存。"[31]同一时代的费利克斯·费伯（Felix Faber）描绘了当地的猪肉贸易：

> 船上的人们购买猪，屠宰，烧掉猪毛，扔掉头和内脏，将骨头从肉中分离出来。他们只留下里脊，将两三头猪的脂

肪放进一头猪去除内脏后的身体，用针将肚子严严实实地缝好，把它运回船上或运回故乡威尼斯……这里也有很多香肠：以腕尺为单位销售。[32]

这里有小牛肉、牛肉、羊肉；还有鸡，但很昂贵；有无花果，梅子和橙子，量大价优。"五六马克①就可以买一篮优质的橙子，1蒂纳里乌斯②则可以买20或30篮。船只装满这些水果：每人都会给自己买一篮，就连我们朝圣者也会买，"费伯写道，不过他并不知道这种水果对于长途旅行的人为何如此重要。[33]

两种中世纪葡萄酒从莫东被出口。一种是马姆齐葡萄酒，另一种在贸易中被称为拉曼尼葡萄酒（*vin de Romanie*）或莫东的拉曼尼。朝圣者充满爱意地描述这些酒，完全没有将它们与他们不喜欢的佐餐酒联系在一起。"该如何形容那里酿造的葡萄酒呢？"费伯又写道，"一想到它们我就感到喜悦。"[34]

另一块威尼斯飞地科罗尼曾经出口过橄榄油。如今莫东和科罗尼在贸易上均无足轻重，它们被麦西尼亚湾顶部的卡拉马塔所取代，19世纪初卡拉马塔就已经是一座主要贸易中心了。利克描述了每周日举办的集市，集市上会销售本地生产的玉米、小麦、燕麦、油、无花果、奶酪和黄油，以及牛和其他牲畜。无花果，"只有士麦那的比这里的更好"，被装在 *tzapeles*，即柳条编织的小篮子里。[35] 无花果中有一半被出口到的里雅斯特，每年向马耳他出口一船，其余销往希腊和阿尔巴尼亚。橄榄没有被提到

---

① mark，神圣罗马帝国流通的记账货币单位，1马克约合233.856克白银。
② denarius，古罗马使用的银币，是罗马共和国和罗马帝国早期的常见货币，一名熟练工人一天的工资约为1蒂纳里乌斯。

第六章　美食地理（二）：希腊之内

城市市场中销售的橄榄。左前是 tsakistes，绿色时"敲打"采收，然后用大蒜和香草调味。右前 freskies glykopikrides 的名字意为"苦甜交加而新鲜"，看名字几乎就能尝到它们的味道。这些橄榄和后面的其他几种都来自马其顿的哈尔基季基半岛。还有一些红棕色的其他种类来自伯罗奔尼撒半岛的卡拉马塔：左侧是小而便宜的 psiles，右侧则是 hondres，这种橄榄大而饱满，汁多味美，也最为昂贵

很奇怪，因为如今卡拉马塔这个名字在全世界都是优质、大个的紫色橄榄的代名词，这种橄榄在很嫩的时候被采摘并快速腌制。不过橄榄油果然被提到了：马尼半岛（Mani peninsula）的优质橄榄油经卡拉马塔出口到俄罗斯和意大利。

该地区最好的油从拉科尼亚的米斯特拉和斯巴达附近来到卡拉马塔，拉科尼亚位于伯罗奔尼撒半岛东南部，距离卡拉马塔不远，不过两地中间隔着泰耶托斯山。东南部是古老的要塞港口莫奈姆瓦夏，马姆齐葡萄酒就得名于此地；在这里沉寂了很久的甘口葡萄酒传统终于被复兴。北面是察科尼亚山区，好几个蒸馏酒世家都源于此。再往北，纳夫普利奥（Nauplion，曾短暂被选为希腊首都）以 tsakistes 著称，tsakistes 是一种用大蒜和香草调味

的、"敲打"采收的绿橄榄，与卡拉马塔的十分不同。位于伯罗奔尼撒半岛东北部的这个区域，从奈迈阿附近到科林斯南侧，是部分希腊最优质的葡萄酒的产地。这里生产的葡萄酒"圣乔治"（*agiorgitiko*）极具本地特色而且非常古老。

最南面是马尼半岛，这里距离卡拉马塔不远，但在所有人眼中都因为偏远而十分神秘，这一地区传统又十分独立，并为其多石而贫瘠的地形骄傲，极富希腊个性。14世纪造访该地区的古董专家安科纳的西里亚克目睹了一项1 000年前可能也被保塞尼亚斯描述过的活动：

> 他们向我展示了一个布满自然岩石的地方，每年年轻男子依据古老传统在这里参加比赛，奖赏由王子提供：比赛为5弗隆[①]男子赛跑，参赛者光脚，只穿一件亚麻短袍。第一名会被奖励10个青铜海普尔比龙[②]，排在后面的选手按照完赛顺序会获得一点现金或一定量的山羊肉。所有人都有奖励——王子会给最后一名一个洋葱，这会让他成为被嘲弄的对象。[36]

在西里亚克的时代和利克的时代之间的六个世纪中，造访马尼半岛的人很少，至少在文章中写到这里的人很少。那些参加赛跑的年轻人很幸运，因为当地人的日常饮食中几乎没有肉类。"盛大的宴席之外，只有最富有的人……屠宰羊或家禽吃肉；他们有时会吃无法耕田的老牛或濒死的绵羊和家禽。"[37]根据利克

---

① 长度单位，相当于201米。
② *Hyperpera*，单数形式为*Hyperpyron*，一种拜占庭硬币。

第六章 美食地理（二）：希腊之内

的说法，他们的主要食物是奶酪和大蒜、豆类、"贫麦"（lean wheat）和玉米面包，不过，他还补充道，一个沿海村庄出产鹌鹑和仙人掌果（Frank figs）；人们在村庄的周围种植这种仙人掌，以获取果实。他们的果园能够生产的只有少量无花果、葡萄和一些蔬菜。女性播种并采收小麦："她们在打谷场收集麦捆，用手扬麦，再用脚打麦，因此手脚都覆盖着一层干燥开裂的厚皮，像龟壳一样厚。"[38]他们缺乏流水；农场和村庄有储存雨水的蓄水池，带有"石拱顶和一扇长期上锁的小木门"[39]。生活很艰难，但招待利克的当地人没有怨言。他们赞美当地羊肉的肥美，并骄傲地说他们有时会向基西拉岛销售小麦，向卡拉马塔销售牛，而且风调雨顺时，他们除了葡萄酒和奶酪，其他的一切都可以自给自足。油之外，他们还出口著名的马尼半岛蜂蜜：

> 蜂巢是用四块立起的石板搭成的，顶部和底部也是石板。有些架子有两三层，每层八或十个蜂巢，所以远看整个结构像一面用大石头建成的墙：石板的交接处用灰泥黏合。[40]

还有一种其他出口产品："装在羊皮袋里的盐腌鹌鹑，被运到君士坦丁堡和各岛屿。"[41]这是一种著名资源。根据朝圣者的叙述，从至少15世纪开始，每年迁徙的鹌鹑在它们穿过地中海之前和之后会在马尼半岛和近海的基西拉岛布满岩石的海岸停留。聚集数量最多的地方是一个偏远多石的港口，这片马塔潘角附近的陆岬以它的意大利语名字"鹌鹑港"（Porto delle Quaglie）为人所知。还有一座附近的修道院因此而得名，我们很快会说到，这座修道院为利克在艰难旅程之后提供了舒适的住宿、晚餐沙拉和最优质的马尼半岛蜂蜜。

雅　典

　　雅典是古希腊最伟大的城市，罗马时期希腊的文化中心，奥斯曼帝国的僻壤，1834年后独立希腊的首都，如今这座庞大杂乱的都市无可避免地成了希腊食品贸易的中心。中央市场坐落于都市中心，正如阿切斯特亚图和4世纪的滑稽诗人所知，这里的鱼类种类丰富、价值不菲。这座巨大的有顶市场建于1886年。市场从清晨到下午三四点都非常拥挤，其中有大量的肉店和鱼铺，和其他食品商贩挤在一起，很多商贩也会聚在市场周边的街道，这些街道从早到晚都熙熙攘攘：人们在家门口就能买到果蔬、干果、奶酪、油、盐腌肉和盐腌鱼、香草、香料和很多其他食品。

　　对于早期现代的旅行者来说，雅典是一个休闲的地方城镇，但即便是在那时，"各种食物在这里都很便宜，无论是玉米、葡萄酒、油、羊肉、牛肉、山羊肉、鱼还是禽类；山鹬和野兔尤其多"，惠勒1682年写道。[42]伦道夫补充雅典周边都是小村庄，"非常令人愉悦的花园，其中种满水果和蔬菜（saleting），周围有被葡萄藤遮蔽的步道"。红色的葡萄，他继续写道，"到9月才成熟，然后他们把葡萄割下来，挂在房子里过冬"[43]。这些是17世纪雅典的食用葡萄，而伦道夫提到的saleting指的是做沙拉用的绿叶菜。

　　以雅典为首府的阿提刻地区的本地葡萄酒是松香葡萄酒。20世纪30年代，这里的松香葡萄酒就已经是全希腊最好的了，当

第六章　美食地理（二）：希腊之内

中央市场被构想之前的雅典。《雅典市集》，爱尔兰艺术家爱德华·多德韦尔（Edward Dodwell）1821 年绘制。画家的观察点就是现在的蒙纳斯提拉奇（Monastiraki）地铁站外

时有人向帕特里克·利·弗莫尔承诺为他提供一顿美餐并搭配"一些你会喜欢的松香葡萄酒……来自阿提卡的斯帕塔，装满了一个细颈大瓶……我放了几瓶在井里冰镇"[44]。弗莫尔清楚这里的松香葡萄酒为何是最好的，他将其优质归于葡萄园靠近阿提刻和埃维亚岛南部的松树林。[45] 250 年前，人们就已经在享用松香葡萄酒了，当时惠勒承认："这里的葡萄酒非常好，但他们为了贮存会向其中加入一点松脂，在习惯之前，那味道令人不快。"[47] 阿提刻、东北部的博伊俄提亚和西北部的大岛埃维亚岛的松香葡萄酒如今享有不同的"原产地"认证，还有包括斯帕塔在内的很多更小的"区域"认证，但最好的松香葡萄酒就是你最喜欢的那一种。

野兔或家兔

希腊语中的 lagos 表示野兔,在古典时代野兔是一种受欢迎的野味。医生安提莫斯(Anthimos)提供了一则早期拜占庭食谱,并附上了古老的养生建议:

野兔,如果比较嫩的话,可以搭配一种放了胡椒的甜味酱汁、一点丁香和姜吃,用宝塔姜属植物①、甘松精油或月桂叶调味。野兔是非常好的食物,适用于痢疾,可取其胆汁和胡椒混合用于治疗耳痛。[46]

野兔仍旧是猎人的好猎物,但是家兔(在古希腊不存在)如今很常见,在超市和肉类柜台,lagoto 一词,字面意思为"炖野兔",逐渐发展为表示炖家兔或更常见的炖猪肉。只有名字没有改变。

醋的使用可能自古就有,也可能是受到了巴尔干的阿尔瓦尼特人(Arvanite)的影响,阿尔瓦尼特人是阿尔巴尼亚南部定居者,14世纪到17世纪期间移民到色萨利和伯罗奔尼撒半岛。

在尼科斯·卡赞扎基斯(Nikos Kazantzakis)的小说《自由和死亡》(*Freedom and Death*,1953)中,炖野兔被赋予了克里特岛风味。米查尔斯上尉(Captain Michales,

---

① costus,原产于热带地区的多年生草本植物,以其药用价值闻名,在多种文化中均被用于治疗疾病,也可以用于制作香水和烹饪。

第六章　美食地理（二）：希腊之内

> 一个以作家父亲为原型的人物）为了克服他对被土耳其占领的克里特岛的绝望而骑马：
>
> 他感到饥饿，在寡妇的旅馆下马。店主——一名愉快的、有能力的寡妇，身材肥胖——走了过来。她闻起来很清凉，有洋葱和葛缕子籽的味道。米查尔斯上尉的视线绕过了她：他不喜欢扭着屁股卖弄风情的女人……
>
> "你都不常来！"寡妇说道，很有技巧地冲他眨眼，"如果你不在斋戒，我们有用新鲜洋葱和葛缕子籽炖的野兔。"
>
> 她弯腰为他准备下马凳，露出乳沟，艳光四射的胸部膨软清凉。
>
> "你应该吃肉，米查尔斯上尉，"她说道，再次冲她眨眼，"你在旅行，这不是罪过。"

在刚刚独立的雅典、在其第一位皇帝巴伐利亚的奥托（Bavarian Otto）的统治下，一种外来的北欧饮料威胁到了当地松香葡萄酒的地位。这种饮料引入的故事要从阿道夫·冯沙登（Adolph von Schaden）讲起，他1833年所著的小书鼓励巴伐利亚人跟随他们的王子在希腊经商，并顺便提到尽管那里没有能够让饥渴的条顿人神清气爽的巴伐利亚啤酒，但至少有意大利啤酒和英国黑啤。情况很快就改变了：到19世纪30年代末，雅典已经有了名为"绿树"（Zum grunen Baum）的啤酒花园，配有石制啤酒杯和吵闹的德语饮酒歌。"在这里，在东方的边缘，能喝到故乡的啤酒，"一名德国教授睿智地指出，"对巴伐利亚人的灵魂多么不可或缺。"⁴⁸进一步的发展于1850年到来。约翰·格奥尔格·富克斯,一名巴伐利亚矿业工程师的儿子,注意到了这种非希腊饮料的迅速流行并开始自己酿制。1864年他的儿子约翰·路德维希(Johann Ludwig)在当时位于雅典市郊的科洛纳基(Kolonaki)建造了一个很大的酿酒厂,并在皇室供货许可和垄断的帮助下占领了全国市场。其品牌名为菲克斯(Fix),是其先祖姓氏富克斯(Fuchs)对应的希腊语姓氏,这个名字很好记(已至少两次在即将消失时被救回)。失去垄断地位后,家庭纠纷导致约翰·路德维希的三儿子卡罗洛斯·约安努·菲克斯(Karolos Ioannou Fix)创建竞争对手阿尔法酒厂(Alpha)。在希腊人中,这两个品牌都有忠实追随者;在希腊的外国人难以将两者区分开来,但也离不开啤酒。20世纪30年代,来自布里斯托尔的教授汉弗莱·基托(Humphrey Kitto)详细地记录了阿卡迪亚的梅加洛波利斯(Megalopolis)"有雅典供应的优质菲克斯啤酒"。古希腊人曾经骄傲地宣称自己是"男人,不喝大麦酿造的饮料",⁴⁹但基托表示,那是菲克斯先生建立酿酒厂之前。"那些能买到冰镇菲克斯啤酒的希腊城镇应该在地图上用红色标出,"他建议道。⁵⁰

伯罗奔尼撒半岛兔肉

1只兔子,切成8块

1.5汤匙西红柿泥

1撮糖

第六章　美食地理（二）：希腊之内

1小根桂皮，1片月桂叶，几个丁香
250克核桃仁，粗粗切碎
250毫升优质橄榄油
3片陈酸面包，去掉面包皮
60毫升红酒醋
60毫升干红葡萄酒
4—6瓣大蒜，根据个人口味适量加入
盐和胡椒

将兔肉块擦干净。用大砂锅加热少量油，将兔肉分批煎至焦黄。

将所有肉放回大砂锅，加入西红柿泥和一撮盐，倒入足量的水浸没兔肉。加入香料，煮沸然后将火调小，加盖并炖煮30—40分钟。

炖煮兔肉时，将面包弄湿再挤干水分。将其放入食品加工机的搅拌碗中，一边搅拌一边慢慢倒入油，然后倒入醋和葡萄酒。全部吸收之后，加入大蒜、核桃并搅打至均匀但不完全光滑的泥状。

在兔肉炖烂、锅中有鲜美的肉汁时，倒入面包核桃泥，倾斜旋转锅使酱料均匀分布。加热直至完全煮透，趁热或温热上菜，搭配煎土豆或 *chilopites*——一种鸡蛋宽面，在希腊很常见，是伯罗奔尼撒半岛的特产。

可供4人食用。

181   与2000年前一样，另一种优质的本地产品是伊米托斯山的蜂蜜。这种蜂蜜的颜色类似石油精①，土耳其旅行家艾弗里雅对其的第一句描述并不诱人，但其香味浓郁，会让人的大脑充满纯龙涎香和麝香的气味。[51] 在这方面比艾弗里雅探索更加深入的惠勒造访了养蜂人，并描述了他们如何将蜂巢造得"像普通的垃圾篮，上大下小"，里外都涂有黏土，上方有水平的扁棍供蜜蜂附着蜂房。人们在春季通过将部分棍子移到新的篮子中人工拆分蜂群，惠勒记述道。8月每个蜂巢最外侧的蜂房被采收，里面的留给蜜蜂冬季食用。这种方式不需要用烟，这在惠勒的时代是很少见的，所以蜂蜜没有烟味，蜜蜂也不会因硫黄而受伤。[52]

在19世纪末和20世纪初，雅典是首都，而且很长一段时间都是独立希腊唯一的规模较大的城市，因此雅典的餐厅行业蓬勃发展。达米戈斯（Damigos）的家庭小酒馆巴卡利亚拉基亚（Bakaliarakia）一直朴素，但这并未对其经营造成负面的影响，这家餐厅位于普拉卡街区②中心地带的一间地下室，在同样古老的布雷托斯酒厂（Brettos）下方。巴卡利亚拉基亚创立于1864年，名字来自其主要供应的挪威盐腌鳕鱼，提供的葡萄酒毫无悬念是来自雅典周边梅索吉亚地区（Mesogia）的阿提卡。如今，酒馆周边被其他餐厅包围——普拉卡餐厅遍布——但拥有同样悠久的历史环境却如此朴素的餐厅很少：普拉塔诺斯（Platanos）和普萨拉斯（Psaras）离得都不远，艾迪尔（Ideal）在大学附近，席加拉斯（Sigalas）更远一些，在凯拉米科斯（Keramikos），但

---

① naphtha，从煤焦油和汽油中提取的一种可燃油。
② Plaka，雅典的一个历史街区，因迷人的小巷、新古典主义建筑和靠近卫城而著名，是雅典最古老的地区之一，拥有各种商店、餐厅和文化遗迹。

第六章 美食地理（二）：希腊之内

值得寻访。

在巴卡利亚拉基亚用餐的食客被历史照片所环绕。在阿泰纳伊克（Athinaikon）亦是如此，1932年创立时这里只是一家朴素的茴香酒馆（ouzeri），之后被颇为体面的"茴香酒和小吃酒馆"（ouzomezedopoleio）取代，但如今已成为一家豪华餐厅。1920年前后创立的比雷埃夫斯的瓦西莱纳斯（Vassilenas）同样将悠久的历史化为全新的华丽内饰，价格也上调至相应的水准，据说食物水准并没有下降。[53]至于20世纪60年代早期的狄俄尼索斯餐厅（Dionysos），从创立之初这家餐厅就同时为其建筑和菜肴骄傲：卫城的景观非常惊艳，深受在那里用餐的各国政治家的喜爱。有些更新的餐厅吸收了全球希腊餐饮界的风格和内涵，并表现出了这种气质；其他遵循更传统的模式，将地区和岛屿烹饪带到永远欢迎美食并被其滋养的首都。雅典的餐饮业自然地反映了希腊人的流动性逐代都在增长，然而其仍旧依赖被保留下来的家庭关系。正因为这些关系，只要耐心，希腊各地——从色雷斯和伊庇鲁斯到克里特岛和佐泽卡尼索斯群岛，再到侨居地——的食物和葡萄酒都可以在这座大城市里找到。

希 腊 中 部

从雅典向西行进，穿过群山，就会到达科林斯湾北岸，利克曾在山脚下漫游，这里"被橡树和悬铃木覆盖，点缀着野生葡萄藤"，角豆和盛开的虎刺梅（Christ's thorn）"与希腊众多的香味浓郁的灌木混杂生长，栖息在其中的夜莺在阴影中歌唱"。[54]再往西是从相当高的高度俯瞰海湾的古代圣地德尔斐，据说弗朗西斯·弗农是第一位造访并认出这一圣地的现代旅行家。他发现该岛"非常奇怪地坐落于一座崎岖的山上",比海平面高很多,但远低于帕尔纳索斯山的顶峰。"看起来很贫瘠,但水果十分优质……葡萄酒质量极佳,植物和simples香味浓郁而且功效出众。"[55] 弗农所说的"植物"是可用作食物的野菜;他提到的"simples"指的是药草,和古代一样,这两个类别是有重叠的。弗农或许会注意到山羊奶酪,福玛拉奶酪①和菲达奶酪。他提到的葡萄酒,德尔斐的本地葡萄酒,是博伊俄提亚东部的阿拉霍瓦(Arachova)的葡萄酒,这种酒曾经非常优质,但现在已经很难找到了:阿拉霍瓦后来主要生产橄榄油,附近的安菲萨(Amphissa)有优质的橄榄。

再往西走很远,在帕特雷的北方,经伊奥尼亚海眺望伊萨卡和凯法利尼亚岛的是希腊西海岸的一系列城镇,它们因食物在贸易中重要,历史上偶尔具有重要地位。拜伦1824年在迈索隆吉去世,曾为希腊独立浪漫地奋斗过的他未能看到这一目标的实现,但也没有目睹1826年围攻的恐怖、饥荒和食人。[56] 公元前31年,屋大维在亚克兴打败了马克·安东尼和克莱奥帕特拉,从某种意义上说,建立了罗马帝国;也建立了下面提到的尼科波利斯(意为"胜利之城")。在位于东面不远处的勒班陀,其真正的希腊名称是Naupaktos,(一部分)欧洲人打败了土耳其人,保证了伊奥尼亚群岛安全地处在奥斯曼帝国的统治之外。

位于大陆西南角的战略要地的古希腊城市是卡吕冬。这座城

---

① Formaella,一种传统希腊奶酪,半硬质,由羊奶制成,具有独特风味,适合烧烤或油炸。

第六章 美食地理（二）：希腊之内

迈索隆吉制造的灰鲻鱼籽（avgotaracho），这里是拜伦去世之地，是最优质的希腊灰鲻鱼籽的产地

市没有什么名气，然而根据地理学家斯特拉波的说法，"曾是希腊的门面"，定期举行市集。[57]和几乎所有其他城市相比，美食诗人阿切斯特亚图提到卡吕冬的次数最多，这不禁让人想知道他有没有在已经失传的诗歌段落中赞美（或吐槽）过这片海岸出产的传统海鲜，被美食家称为botargo的盐腌灰鲻鱼籽。

这种食物，16世纪鱼类学家卢多维克斯·诺尼乌斯写道，是用"一般被称为cephalus的灰鲻鱼的鱼卵制作的，这种鱼卵天然长在两个独立的囊袋之中，制作时与同一种鱼的血和盐混合"[58]。利克描述了灰鲻鱼籽的制作过程，他在一个希腊小海港（"四十圣人港"，the Forty Saints），即现阿尔巴尼亚萨兰达，位于希腊罗马城市布特林特（Buthrotum）附近，见到了灰鲻鱼籽制作。他的招待者的房子同时是海关办公室、渔铺和烟熏屋，气味令人印象深刻：

> 一头是壁炉，没有烟囱，烟雾从屋瓦间的缝隙散去，被用来熏制灰鲻鱼籽，灰鲻鱼籽像被从鱼中取出时一样被天然的薄膜包裹，它们被挂在屋椽上，烟熏后会在融化的蜡中浸蘸。希腊所有的潟湖和其他多种湖泊都出产大量的灰鲻鱼，这些湖和布特林特的一样是与海联通的；在较为严格的斋戒，只允许吃没有血的鱼时，灰鲻鱼籽对于希腊人是一种很好的资源。[59]

184
皮立翁山的辣椒香肠

Spetzes（字面意思为"香辛料"）是皮立翁山方言中表示希腊北部和巴尔干料理中极受欢迎的小辣椒的词语。最早它们是简单的农家菜辣椒香肠（*Spetsofaï*）的主料。后来，随着口味和生活方式的逐渐变化，肉的比例越来越高，如加入孜然和红辣椒粉的色萨利香肠。在牧羊人社群中，羊肉被用作香肠馅料，不过如今猪肉更普遍。

辣椒香肠是希腊之外较为著名的希腊菜之一，也是为数不多以香肠为原料的菜肴之一（希腊香肠风味足够强烈，几乎只需要搭配柠檬和面包，面包是用来蘸取肥美、

第六章 美食地理（二）：希腊之内

Spetsofaï 的名称来自赋予这道菜刺激口味的辣椒（"香辛料"）带有柠檬香味的汁液的）。这个食谱中的分量搭配面包、一块克法洛格拉维埃拉奶酪①等黄色的硬奶酪和手撕生菜沙拉，足够四人食用，作为小吃之一则可供更多人食用。

辣 椒 香 肠

橄榄油

500 克香肠 [如没有希腊香肠，可能可以用意大利香肠或

---

① *kefalograviera*，传统希腊奶酪，由绵羊奶或山羊奶或两者混合制成，硬质奶酪，略带甜味和坚果味，适合直接食用，也可以擦碎撒在意大利面或沙拉等菜肴上。

> 北非香肠（merguez）]
> 1个大洋葱，切片
> 4个甜红椒，切成粗条
> 1个小红辣椒，切碎，可按个人偏好去籽——或一撮辣椒面
> 3个成熟的西红柿，粗粗磨碎
> （李子番茄［plum tomato］是理想的选择）
> 一撮糖
> 盐、胡椒、孜然和一点红辣椒粉
>
> 在一个大煎锅中加热一层油（不要太多，因为香肠足够肥），煎香肠直至上色好看，并基本熟透。将香肠从煎锅中取出，将油和香肠中的荤油留在锅中。将煎锅放回火上，用小火煎洋葱、胡椒和辣椒，直至变软、辣椒释出的水分蒸发。
>
> 加入西红柿、糖，随个人喜好加入其他调味料，加热至酱汁变稠。将香肠切成适合入口的粗片，将它们倒回锅中，这道菜就做好了。辣椒香肠应该趁热直接从锅中吃。

现在的灰鲻鱼籽外面仍旧有黄色的蜡膜。利克在一条脚注中解释，其名称来自拜占庭时代的希腊语中的 *augotarichon*，而这个词又来自一个字面意思是"腌鱼卵"的古希腊词。具体的古希腊词没有被记录下来，但科普特语，中世纪埃及的语言，中留有线索，在科普特语中灰鲻鱼籽被称为 *butarikh*，这个词显然是从

第六章　美食地理（二）：希腊之内

希腊语中借用的；另一条线索在阿赛奈奥斯的作品中，他引用的一名美食作家断言"盐腌鱼籽"，*ta ton tarichon oa*，难以消化。[60] 或许确实如此，但相信我，即便如此灰鲻鱼籽也值得品尝。黛安娜·科希拉斯建议将灰鲻鱼籽切成纸一般的薄片，剥掉蜡膜。可以撒上现磨胡椒，一些橄榄油和一点新鲜柠檬汁。然后就可以吃了。[61]

在西北海岸的港口中，普雷韦扎位于南面的迈索隆吉和失落的卡吕冬与现阿尔巴尼亚的萨兰达之间，此地现在已被遗忘，曾是威尼斯属地。这里一直很有乡村气息，房屋散落在广袤的土地上，每家每户都有相连的花园和果园，其中有无花果、核桃和杏树以及烹饪香草。除了灰鲻鱼籽，和很多其他威尼斯港口一样这里曾以橄榄油为主要出口商品：满足意大利市场对橄榄油的无尽需求。"最好的橄榄油是用手摘的橄榄制作的，"利克说道，"尽管这样采摘的橄榄产量不足落在地上的果实的一半。"因为担心耗尽土壤养分和伤害橄榄树，橄榄树下不种小麦和大麦："葡萄藤应该不会造成同样的问题，有时会被种在树间。"早在阿切斯特亚图的时代，安博拉基亚湾和最南面迈索隆吉沿岸的潟湖就出产大量优质的鱼：

> 能够捕获贝类、鳗鱼和灰鲻鱼——后两种是在尼科波利斯（Nicopolis）潟湖。在海峡附近和城镇附近的浅水中有取之不尽的贝类：大量贝类会在四旬斋期间被送往各岛屿。有时，大量来自阿尔塔潟湖的鳗鱼也会突然出现在普雷韦扎的港口。这种情况……可能只有在鳗鱼从繁殖地，即海湾附近的河流和潟湖，向海洄游时遇到风暴才会出现。[62]

希腊美食史：诸神的馈赠

希腊北部

　　希腊北部，品都斯山脉以西，与中部和南部截然不同。这里不乏丘陵和山脉，尤其是爱琴海沿岸的奥林波斯山和皮立翁山，但这一区域主要是种植小麦、饲养牛只的土地。不同民族的人们曾经看似水乳交融地混居在这里：色萨利平原和北部沿海地区的希腊人；南部与海岸紧邻的内陆地区的斯拉夫人（保加利亚人和马其顿人）；人数可观的土耳其人和其他穆斯林；居住在皮立翁山山坡上和东北方的弗拉赫人，即亚诺玛米人（Aromunian）。现在希腊北方的大都市塞萨洛尼基曾是一座伟大的犹太城市，同时还是青年土耳其人运动①的摇篮：现代土耳其之父阿塔图尔克②1881年出生于此地。

　　无论在史前、古典时代还是现代，色萨利都繁育牛。无论这种名声是否公平，古代色萨利人的著名形象是身强力壮、头脑愚笨的吃牛肉的人，现代色萨利最受欢迎的日常菜肴之一是牛肚，牛多的地方牛肚就一定也很多。皮立翁山区域最典型的物产是用香肠制作的辣椒香肠，其传统主料是用山羊肉制作的皮

---

① Young Turk movement，奥斯曼帝国晚期的政治运动，主要由青年知识分子和军官领导；出现于20世纪初，旨在实现奥斯曼帝国的现代化，倡导宪政、民族主义和世俗主义。在1908年推翻苏丹阿卜杜勒·哈米德二世的过程中发挥了重要作用。
② Mustafa Kemal Atatürk（1881—1938），土耳其共和国开国者和第一任总统。第一次世界大战后，他领导了土耳其对抗盟军的独立战争，并废除了奥斯曼苏丹统治，建立了世俗的现代民族国家。阿塔图尔克实施了广泛的改革，包括土耳其社会和机构的世俗化、西方化和现代化。他的政策影响了土耳其几代人的生活，并塑造了该国的现代面貌。

立翁山卢卡尼亚烟熏香肠。但也有其他物产。蒂尔纳沃斯以茴香酒和一年一度狂野的狂欢节著称，狂欢节期间要消耗大量的茴香酒。

法尔萨拉（Farsala）盛产哈尔瓦。法尔萨拉生产的这种中东甜点的特别版本每年都有专门的节日，在色萨利各地的市集和市场销售时可能被叫作 *farsalinos*、*panigiriotikos*（意为"庆典哈尔瓦"）和 *sapoune*①，*sapoune* 体现了其肥皂般的质感。法尔萨拉哈尔瓦以玉米面为基底，确实不同于另外两种风格更著名、在现代早期的伊斯坦布尔已经很受欢迎的哈尔瓦：一种口感轻盈，类似甜糕，是用粗粒面粉②制作的；另一种更厚重，呈方形，口感近乎酥脆，以芝麻为主料，是在全球知名度最高的哈尔瓦。

锡阿蒂斯塔位于分隔色萨利和马其顿的北部山区，19 世纪因羊肉——这里的羊"吃的是石灰石山上娇嫩植被"——和丰富的猎物，尤其是兔子——"特别多，白雪覆盖葡萄园的时候……有不带狗去追捕它们，用棍子把它们杀死的习俗，那时它们饿得半死根本跑不动"[63]——而受到赞美。尽管冬天下雪，秋天天气难测，但锡阿蒂斯塔曾是著名的葡萄酒产地。根据利克的说法，这里出产"一些鲁米利亚（Rumili）最好的葡萄酒"，不过这些酒多数只在色萨利和马其顿本地出售。[64] 据说最多石的土地能够产出最好的葡萄酒；和其他地方一样，干旱的年份葡萄酒的产量会降低，但质量会提升。利克最喜欢 *elioumeno*，即"晒干"葡

---

① *Sapoune* 一词在希腊语中是"肥皂"的意思。
② semolina，一种硬质小麦制成的粗面粉。

萄酒，这种酒的原料是"在太阳下晒制八天，或在有顶的建筑内部放置六周"的白葡萄和红葡萄，"用这种方法酿造出的是一种酒体浓烈、风味强劲的干口白葡萄酒"：

> 锡阿蒂斯塔人将红酒保存三年、四年、五年甚至更长的时间。每个拥有一定财产的地主都有葡萄压榨机，较大的房屋地下都有地窖，和文明的欧洲一样，地窖中是酒瓶底部整齐排列的怡人景象。

188　　锡阿蒂斯塔还生产一种名为阿普西蒂诺（apsithino）的葡萄酒，酒中加入苦艾调味，"苦艾和葡萄一起被放入压榨机中。这种酒甘甜浓郁，但品质并未因为加入苦艾而有所提升"[64]。如果利克知道马丁尼酒的话，可能也会做出同样的评价，因为他所描述的就是味美思酒。迈尔斯·兰伯特-戈克斯表示锡阿蒂斯塔的酒窖仍值得欣赏：利克描述的"晒干"葡萄酒仍在被制造但未被营销。它是希腊最优质的葡萄干酒（liasto）之一：

> 完全成熟的葡萄被铺在阳光下晾晒1周，或者在通风的房间内放置约6周。葡萄被压碎并用干净山羊毛袋过滤。葡萄汁然后被装入小桶中过滤，小桶的材质有时是栗木，有时是波士尼亚松（robolo）木，一种当地松木——不过这并不会让葡萄干酒有松木的味道。10到15天之后，小桶被密封，继续发酵25到30天，这期间寒冷的天气会阻碍酵母的发酵直到第二年5月左右。那时发酵再次开始，并在酒精度到达15%—16%时自然终止。[65]

第六章　美食地理（二）：希腊之内

用于酿造的锡阿蒂斯塔葡萄酒和其他希腊北部红葡萄酒的
"又酸又黑"黑喜诺葡萄

正如兰伯特-戈克斯所说，这种葡萄酒的常见现代名称"*liasto*"的字面意思和利克提到的"*elioumenon*"都是"晒干"。这种冠名工艺，即部分晾晒的工序，源远流长：赫西奥德在公元前700年前后就描述过。关于希腊中部某个温暖得多的地区，他建议的季节是：9月中旬，

> 猎户座和天狼星到达天空中央，
> 粉色手指的黎明女神①眺望大角星，
> 那么，珀尔修斯，收获你的葡萄吧。
> 你必须让它们面对太阳十天十夜；

---

① 希腊神话中，粉色手指的黎明女神指伊奥斯（Eos）。

遮挡之后再放置五天；第六天将欢乐的狄俄尼索斯的赏赐收起放入罐中。[66]

锡阿蒂斯塔的主要葡萄品种是希腊北部的经典品种黑喜诺（Xynomavro），"酸黑"葡萄。它的品质比它的名字给人的感觉更好，也是植物繁茂的纳乌萨（Naoussa）地区的主要品种，纳乌萨地区距离锡阿蒂斯塔不远，位于科扎尼西北侧和塞萨洛尼基的西侧，该地区的红酒品质稳定，是经典好酒。

马其顿乡村的另一种资源是这里的淡水鱼，希腊南部对此基本很陌生。北方的大河盛产淡水鱼：很久以前在新石器时代的克里奥内里（Kryoneri），在斯特赖蒙河（Strymon）沿岸，可

塞萨洛尼基市场出售的河鱼

以捕获灰鲻鱼、鲤鱼、丁鲅、欧鲇（*Silurus glanis*）和鳗鱼，这些鳗鱼的后代在古典时代仍在被品鉴和享用。那时，将希腊哈尔基季基半岛和马其顿内陆分开的沃尔维湖（Bolbe）以鲈鱼著称。卡斯托里亚湖和阿尔巴尼亚边境的普雷斯帕湖（Prespes lakes）因鲤鱼、丁鲅、鳗鱼和鲇鱼著名，马其顿阿利阿克蒙河（Aliakmon）则以鳟鱼著称。

和其他地区相比，在希腊北部的大部分地区，旅行家更清楚地感到了山区居民与低地希腊人的巨大不同。有些是随季节迁徙的牧民，并至今仍是，尤其是在西北部的伊庇鲁斯地区。除了春季和秋季来回迁徙之外，他们赶着牲畜长途跋涉，将它们卖给居住在城市里的肉食者。另外，牧民们擅长处理牛奶。他们在独立希腊的政治和商业发展中扮演了重要的角色。

乳类：从牧民到城市居民

在牧羊的社群中，鲜奶派（*galatopita*）是一道经济实惠的美食。有些食谱会用到菲洛酥皮（*phyllo*）[①]覆盖或包裹。如果奶足够好足够甜，就不需要菲洛酥皮。但酥皮会让奶香派方便运输——这对牧羊人来说很有用。

其他食谱用粗粒面粉替换小麦面粉，但马其顿的高山只有玉米面粉。有时简单的糖浆，可能会是橙子或柠檬

---

① 一种薄的不发酵面皮，时常多层叠在一起制作酥皮点心。

希腊美食史：诸神的馈赠

Galaktoboureko，奶糕的名字，混合了土耳其语和希腊语，其历史起源尚不明确

味的，会在派刚出炉还热的时候被浇在上面，让其更加奢华，在现代，香草被作为调味料广泛用在这道菜中。"奶糕（*Galakto pastry*）是美味的早餐，也是希腊犹太人在特别的奶制品餐①后食用的食物，如在五旬节②，这种长方形的糕点形状恰似摩西在西奈山上制作的律法石碑。"吉尔·马克斯（Gil Marks）写道。[67]

---

① 在犹太传统中，特别的奶制品餐通常在节日食用，包括一系列乳制品菜肴。
② Shavuot，逾越节后第 50 天庆祝的犹太节日，纪念《妥拉》在西奈山的颁布，即希伯来圣经中描述的神在西奈山把律法书授予摩西。

第六章 美食地理（二）：希腊之内

酥皮派（*bougatsas*）中的奶油馅料使用的是类似的食谱（时常不加鸡蛋），这种点心在塞雷和塞萨洛尼基很受欢迎，在希腊各地都能吃到。*bougatsa*的字面意思是菲洛酥皮（此词来自土耳其语*poğaça*，而*poğaça*直接来自意大利语中的*foccacia*，最终可追溯到拉丁语中的*panis focacius*，即炉烤面包），这是因为最初酥皮派是没有馅料的，而且直至今日菲洛酥皮也和里面的馅料一样重要。奶油馅是最普遍的，尽管在北方也有奶酪馅或绞肉馅的酥皮派出售，它们在其他地方被称为"奶酪派"（*tyropita*）或"肉派"（*kreatopita*）。大多数店铺如今使用大规模生产的菲洛酥皮，但最好的酥皮派要用手工菲洛酥皮；技艺高超的面点师制作菲洛酥皮时拿着酥皮的边缘，像撒渔网一样将其反复抛甩，让面皮一次次逐渐变大。[68]

食用场景非常重要。酥皮派可以在上班路上用小叉子吃，可以站在早餐吧里吃，一边吃一边喝咖啡，看早间新闻，和朋友讨论最近的加税和降薪。它简直是最棒的都市早餐。

16世纪中叶，皮埃尔·贝隆取道曾是古代艾格纳提亚大道[①]

[①] Via Egnatia，公元前2世纪修建的古罗马道路，长约1 100公里，连接现阿尔巴尼亚的亚得里亚海海岸和土耳其的博斯普鲁斯海峡，穿过位于现代阿尔巴尼亚、北马其顿、希腊、土耳其欧洲部分的地区。艾格纳提亚大道是重要的贸易和军事路线。

的一部分的公路桥跨过斯特赖蒙河时,遇到了"在烤去掉头的整只羊并卖给旅行者的牧羊人":

> 他们把去除内脏后肚子被再次缝好的羊穿在柳树干上。没见过的人不会相信这么大块肉可以烤熟……羊肉烤好后,牧羊人将羊肉切成小块并卖给旅行者。我们在桥头的柳树下扎营歇马,买了一些这种肉,我们觉得这样烤的肉比切成小块之后烹饪的更好吃。[69]

所以希腊和巴尔干山区的牧羊人及牧羊犬和其他人一同在君士坦丁堡参加公会大游行一点也不令人意外——牧羊人视牧羊犬为伙伴,不介意和牧羊犬用同一个盘子吃饭。[70]利克在斯特拉托斯的埃托利亚同盟城镇看到300只瓦拉几亚牛(Wallachian oxen)构成的牛群也很正常,每只牛都是白色的,"在被运往岛屿的"路途上经过这里。他们从南罗马尼亚远道而来,但此外大量畜群每年会被从品都斯山脉赶到阿卡纳尼亚(Akarnania)和埃托利亚的平原觅食过冬。[71]不久之后利克就探访了这些山区,在弗拉赫城镇锡拉科(Syrrako)附近,他发现自己"突然走进了一片茂密的森林,其中有椴树、枫树、樱桃树、欧洲七叶树、橡树、榆树、白蜡木、山毛榉、梧桐和鹅耳枥,还混有山茱萸、冬青、接骨木、榛树和多种低矮植物"。在一个陡坡脚下有一条奔流的溪流,是阿拉克索斯河(Arachthos)的支流,有出产鳟鱼的深池,"最常见的捕法是将石灰投入池塘入口处,很快被迷晕的鱼就会浮上水面"。[72]

第六章　美食地理（二）：希腊之内

鲜奶派

750毫升新鲜牛奶
（也可以按个人偏好用牛奶和山羊奶的混合物）
225克细砂糖
150克细面粉
100克黄油，切丁，还需要少量额外的用于抹油
1个小橙子的皮，磨碎
2个鸡蛋
肉桂粉

烤箱180摄氏度预热，在一个20厘米×30厘米的烤盘的表面涂上黄油。

用一个长柄深锅加热牛奶和糖。煮沸后一次性倒入面粉，用木勺搅拌。继续搅拌加热混合物，直至稍微变稠。离火，加入黄油，用打蛋器搅拌均匀。然后每次一个加入鸡蛋，搅匀，再加入橙皮。将混合物倒入涂过黄油的烤盘，烤30分钟，直至出现薄薄的外壳且变棕定型。

静置冷却，然后切成方形或菱形，撒上肉桂粉。室温食用，最好当天食用，或放入冰箱储存。

弗拉赫人说一门类似罗马尼亚语的语言，利克在另外一处用一个（希腊人教他的）句子展示这种语言的"发音情况"：

oao aue oi aua,根据他的说法,这句话对应希腊语中的 *auga staphylia probata edo*。"我吃鸡蛋,葡萄,羊。"用这些词,一群阿尔巴尼亚或希腊牧羊人到达一个弗拉赫村庄时能够点餐。[73] 但并非所有现代希腊迁徙牧民都是弗拉赫人。说希腊语的萨拉卡察尼人(Sarakatsani),20世纪30年代帕特里克·利·弗莫尔曾在色雷斯受邀参加了一场他们的婚礼宴席,也有类似的游牧生活方式。[74] 他对宴席的描述类似《奥德赛》中的宴会(利·弗莫尔对这部作品非常熟悉):

低矮的圆桌,上面已经摆好了杯子和分享的菜肴,有从在外面旋转烹饪的整只羊身上巧妙地切下来的烤羊肉和蒸

在塞萨洛尼基市场的干豆类中,并排摆放的是来自兹拉马的鹰嘴豆和小扁豆;它们后面是来自普雷斯佩斯(Prespes)的紫芸豆和白棉豆,也就是"巨豆",再往后是进口大米。除了米之外,看不到其他进口商品

第六章 美食地理（二）：希腊之内

羊肉，表面撒着岩盐，被搬进来并塞进宾客之间……装满葡萄酒的玻璃壶在宾客脑袋上方被传递……我们能够听见菜刀剁在木砧上的声音和骨头被劈开的断裂声，为了满足两百人的巨大胃口，一名强壮有力的游牧民像刽子手一样忙个不停。这种美味的烤肉只搭配在外面的拱顶烤炉中现烤的、热乎乎的切片优质黑面包……在这样的场合，陌生人一般都会受到热切的关注：稀少的珍品，一叉叉的肝脏和肾脏，还有更奇特的部位，被不断送来，一份份羊脑被从纵向剖开的脑袋中挖出。

"客人想方设法避开羊眼，"利·弗莫尔承认道，但它们被"山地人视为珍馐"。[75]

塞萨洛尼基的城市市场，仅次于雅典的市场

甜味酥皮派

1升高脂牛奶

180克粗粒面粉

200克糖

3汤匙黄油，切丁

6张菲洛酥皮

融化的黄油

糖粉和肉桂粉，撒在成品表面用

在锅中加热牛奶、粗粒面粉和糖，变浓稠后加入黄油。充分搅拌，注意不要把混合物煮沸。静置直至完全变凉：应该是可以涂抹的浓稠度。

在一张菲洛酥皮上刷上黄油，然后将另一张放在上面。将奶油馅料涂在酥皮中间，整理成长方形。像包礼物一样将酥皮边向内折，包裹馅料。再用两张酥皮重复以上步骤，然后再重复一次，直至酥皮派被整齐地包好。在顶部随意刷上更多的黄油，180摄氏度烤30—40分钟。塞萨洛尼基的多多尼餐厅（Dodoni）的彼得罗斯会在快要烤好的时候把它们从炉子中拿出来，用快刀的刀尖在上面戳洞。

从烤箱中取出，放置一会儿降温，然后切成四块。撒上糖粉和肉桂粉，切成小方块后上菜。

第六章　美食地理（二）：希腊之内

多多尼餐厅可能是享用这种塞萨洛尼基最受欢迎的早餐食品的最佳地点

北方的一切汇聚在塞萨洛尼基，早在900年前这里就是觅食的好地方和年度市集的举办地，这里的市集是马其顿规模最大的，在城门外举办，在圣季米特里奥斯节（10月26日）盛宴的6天前开始；市集不仅吸引保加利亚人和弗拉赫人，还吸引加泰罗尼亚人、意大利人和法国人。[76]1097年参加第一次十字军东征的人们欢乐地来到"塞萨洛尼基，这里物产丰富，人口众多"，他们在城外扎营，快乐地连办四天宴会。[77]90年之后，西西里岛的诺曼人围攻并占领了这座城市，但根据尤斯塔修斯主教的说法，他们并非来者不拒。诺曼人唾弃异域香料和陈年葡萄酒——对于他们来说不够甜——但大啖猪肉、牛肉和大蒜。[78]之后犹太人来

塞萨洛尼基市场中仍在干燥，同时吸引着顾客的辣椒

到了这里，他们是原本来自西班牙和葡萄牙的难民，让塞萨洛尼基成为最伟大的犹太城市之一。如今犹太人已经离开，但据说20世纪初塞萨洛尼基的典型犹太食物听起来和这座城市现在的常见食物很像。[79]这座城市的魅力不仅来自其1917年大火后重建的、仅次于雅典的中央市场区，还来自这里的食品店和餐馆，它们很多都聚集在市场附近，如销售独特的本都特色食品的拉吉亚斯美食商店；此外，为这座城市增色的还有酥皮派和咖啡，完美的塞萨洛尼基早餐；和强身健体的兰茎饮[①]，和几百年前一样，这种饮料仍旧由流动商贩作为热饮销售（见第334页）。

[①] *salepi*，中东、地中海国家流行的传统饮料，由某些兰花品种［一般是熊兰（*Orchis mascula*）］的块茎粉末制成。制作时将粉末与牛奶或水、糖混合，用肉桂或香草调等调味，热饮居多。

第六章　美食地理（二）：希腊之内

爱琴海诸岛

每一座爱琴海岛屿历史上都曾被外国占领，各岛的特色食物也都不同，从莱斯沃斯岛的茴香酒到希俄斯岛的洋乳香。

圣伊西多尔的朝圣图章，据传说，圣伊西多尔的泪水是最早的洋乳香。
这是卖给拜访希俄斯岛的朝圣者的纪念品

希俄斯岛是一座多山的大岛，距离小亚细亚的海岸很近，在古典时代的就已经是奢华之地，特产不仅有最优质的葡萄酒，还有金色的轻度干燥的无花果和无可替代的洋乳香，乳香黄连木的一个本地品种（ Pistacia lentiscus var. chia ）的芳香树脂。尽管它曾被多位古代作家提到，尤其是因为其药用价值，在孜孜不倦的安科纳的西里亚克之前，没有人描述过洋乳香的采收过程，1446年1月，安科纳的西里亚克在希俄斯岛骑马穿过"苍翠宝贵的乳香黄连木树林"并查看产生这种宝贵物质的著名树木。他看到几滴发亮的洋乳香从"流着泪却令人愉快的树干"上渗出来，用手收集了一些，想到希俄斯岛是这种树在全世界唯一的生长地。[80]那时它已是热那亚，中世纪希俄斯岛的统治者［他们称该岛赛欧（Scio）］，的主要财富来源之一，而且，还产生了最初的几滴洋乳香是希俄斯岛的圣伊西多尔的眼泪的传说，圣伊西多尔因其基督教信仰而被折磨和杀死。

不久之后，握有关于洋乳香垄断的第一手信息的热那亚人克里斯托弗·哥伦布在探索西印度群岛时在其他芳香物质中寻找洋乳香，他无比乐观地相信自己找到了。他搞错了，直到现在仍旧只有希俄斯岛出产洋乳香。很多后来的旅行者描绘了这种树脂的采收、贸易和用途。该树"如果得不到必要的照料就几乎不产生树脂"，贝隆说道。[81]理查德·波科克对采收的观察最为细致：

> 7月9日，他们在树干的硬皮上打孔……他们把地面打扫干净，泼上水，将其踩平形成光滑的地面；三天后树脂开始流出，他们会将树脂留在地上干燥八天；那时树脂已经变硬方便拿取，然后他们将树脂捡起；整个八月都会有树脂流出。[82]

嚼洋乳香是土耳其妇人的"娱乐，同时还能让牙齿洁白"，波科克解释道。希俄斯岛的女孩亦是如此，安托万·德斯巴雷斯（Antoine Des Barres）写道："她们给了我一些，而我拒绝了，告诉她们我从不碰任何形式的烟草。她们爆发出一阵大笑，说她们

第六章　美食地理（二）：希腊之内

嚼的是洋乳香……她们说这很健康。"[83]他不相信她们，但斯科特·威廉·利思戈（Scot William Lithgow）更加明智：他称之为"具有药用价值的洋乳香"，如今这种树脂有很多保健用途。[84]洋乳香酒在希腊突然流行了起来，但洋乳香茴香酒，一种不加甜味剂的烈酒，几乎只有希俄斯岛人知道。洋乳香也被放入面包中，波科克补充道，"据说味道非常不错"。[85]他说得没错。[86]

希俄斯岛和它北面的邻居莱斯沃斯岛在古代因葡萄酒而著称，但如今情况已发生改变。莱斯沃斯岛，一座有1 100万棵橄榄树的岛屿，除了橄榄油，还生产很多人心目中希腊最好的茴香酒。酿酒厂集中在位于南岸的小镇普洛马里（Plomari），莱斯沃斯岛的茴香酒最适合搭配附近卡洛尼（Kalloni）的盐腌沙丁鱼。

希俄斯岛南面是萨摩斯岛；莱斯沃斯岛的西北是特尼多斯岛（现在属于土耳其）和利姆诺斯岛。萨摩斯岛和利姆诺斯岛都有理由为它们甘美的麝香葡萄酒骄傲。最好的利姆诺斯岛麝香葡萄酒可以和世界上最好的潘泰莱里亚岛（Pantelleria）麝香葡萄酒媲美。不久之前，特尼多斯岛也种麝香葡萄：其"主要出口产品是好的葡萄酒和白兰地，"[87]波科克写道，安托万·加朗也认可这种说法。至于萨摩斯岛，18世纪早期的博物学家约瑟夫·皮顿·德图内福尔认为麝香葡萄是岛上最好的水果，还表示"如果他们知道如何酿酒和存酒"，用这些葡萄制作的葡萄酒品质就会很好，"但希腊人很脏，而且他们不听劝告一定要往里面加水"。[88]现在这种酒的品质已经提升了：陈年萨摩斯岛麝香葡萄酒，花蜜酒①和陈年花蜜酒（Old Nectar），香味非常浓郁。

---

① Nectar，一种萨摩斯岛麝香葡萄酒，具有浓郁、蜂蜜般的甜味。

来自阿克罗蒂里遗迹（桑托林岛）的米诺斯城镇的壁画。如果这个人是一名渔民，那么鱼的实际尺寸可能更大；如果他是神，那就不好说了。这种鱼是鲯鳅（Coryphaena hippurus），其英文名 dolphinfish 令人迷惑[1]，不过它的夏威夷名字 mahimahi 更为著名，它们适合食用

贝隆1550年造访了利姆诺斯岛，没有看到麝香葡萄，但是提到"水被精心储存，因为他们在花园中辛勤劳作，充满热情地种植洋葱和大蒜……而且非常用心地栽培黄瓜，这些黄瓜无比美味……他们搭配面包吃黄瓜，不放油或醋"：

朋友造访花园时，主人会选一根黄瓜，用左手垂直拿

---

[1] "dolphinfish"字面含义为"海豚鱼"。

第六章　美食地理（二）：希腊之内

着,然后顺着长边向柄的方向削皮,让一条条被削下的黄瓜皮像星星一样落在他的手上。然后他会把黄瓜切成四块,分给每人一块。他们不加任何调料直接吃……这是他们之间的至高礼遇,换作我们可能是分享一只优质的梨。[89]

炖鹰嘴豆——克里苏拉的鹰嘴豆食谱

500克干鹰嘴豆（不是罐头鹰嘴豆）
3或4个蒜瓣,去皮,整个使用或切成两半（会融化在酱汁中）
2片月桂叶
2小枝叶片浓密的迷迭香,约6厘米长
2个中等大小的洋葱,切厚片
150毫升果香橄榄油
盐和胡椒
每份搭配约1/2个柠檬的果汁
面包,上菜时用

用大量水浸泡鹰嘴豆过夜。沥干并将鹰嘴豆洗净,与大蒜、月桂叶和迷迭香一同放入一个可进烤箱、配有可盖紧的盖子的大烤盘中。将洋葱片铺在表面,加入盐、胡椒和水,然后倒入橄榄油。确保盖子盖紧；如不确定可再盖上两层锡纸。放入烤箱,150摄氏度烤至少4个小时——5个小时也没问题。

> 上菜时挤上大量柠檬汁,并配可以蘸汁的面包,还可以搭配凯法洛蒂里奶酪(或味道浓烈的兰开夏奶酪[①])。炖鹰嘴豆非常适合搭配又热又脆的炸鱿鱼,但克里苏拉一般搭配红酒章鱼(见第82页)。
>
> **可供6—8人食用**

野生和驯化的岛屿风味

在岛屿上,到了仲春时节,苦涩的冬季野菜已经木质化,不适合食用。3月起,菠菜和莙荙菜的清甜将会取代冬日的苦涩。之后是卡尔法菜(kalfa,*Opopanax hispidis*)上市的短暂季节。这种植物在第一场秋雨后开始发芽。整个冬天都在生长:不吃发芽的莲座状叶丛,而是吃花芽。在五月两周左右的时间里,卡尔法菜的花芽不到10厘米长并且还很嫩,从野外采摘。这种菜的外形和味道都很像芦笋,但更软,风味更柔和。在那段短暂的时间里,酒馆会供应自家采摘的卡尔法菜,但它没有名,而且很少出现在菜单上:食客必须主动点。

鹰嘴豆并非野生。在公元前4000年或更早的时间,鹰

---

① Lancashire cheese,源自兰开夏郡的英国传统牛奶奶酪。

第六章 美食地理（二）：希腊之内

卡尔法菜：在其短暂的上市季节，比芦笋更好吃。从底部撕去花芽的硬皮，然后小心煮软，注意娇嫩的尖部。趁温热上菜，加入大量橄榄油或搭配温和的芥末酱汁

鹰嘴豆就在色萨利被种植，是夏季几乎没有降雨的地区（如爱琴海诸岛）的重要主食，因为鹰嘴豆可以依赖存留在土壤中的冬季降水生长成熟。传统的炖鹰嘴豆是用大陶罐烹制的（基克拉泽斯群岛的锡弗诺斯岛拥有优质的天然陶土资源，以生产这些被称为 *skepastaria* 或 *pilina* 的陶罐著称），周六晚上这种装有鹰嘴豆的陶罐会被送往村庄面包房的烤炉。和一些其他菜肴一样，炖鹰嘴豆是用烤面包的余热慢慢过夜烘烤的，周日上午弥撒后取出，午餐食用。在许多乡村社区，这种做法仍旧很普遍，星期天早晨

希腊美食史：诸神的馈赠

去面包店的客人很可能会看到一排陶罐排列在门边，等待它们的主人。陶罐一般会用简单加了水的面粉密封，以防让鹰嘴豆入味的珍贵汁液在烹饪过程中蒸发。这种烹饪方式的成品是一种口感丝滑、有坚果香味的、质感黏稠的炖菜。

  迷迭香在希腊很容易生长，但不是所有人做炖鹰嘴豆都会放：有些人认为其味道过于强烈。最重要的是橄榄油的质量：这是这道菜的风味来源。鹰嘴豆的"精华"是在烹饪过程中一直位于表面的焦糖化的、浸满油的洋葱，如果上菜时不搅拌进豆泥，单独吃也很美味。

克里苏拉制作的炖鹰嘴豆

第六章 美食地理（二）：希腊之内

因此，每座岛屿都因充分利用自己的水源和土壤生产能够在当地茁壮生长的蔬菜和水果而值得被赞赏。17世纪初，利思戈在佐泽卡尼索斯群岛的海上因无风而停留时，看到一男两女带着一篮篮出售的水果游到"一英里开外"的船边。他们不上船，但浮在水面上"一个多小时"，和乘客聊天、砍价。[90] 现代佐泽卡尼索斯群岛的烹饪有时会体现古老的贸易联系。在卡尔帕索斯岛的奥林波斯山，尽管地处偏远，面包和奶酪挞被用混合香料调味，这些香料包括粗粗碾碎的香菜籽（本地种植的）、多香果粉、肉桂、丁香、孜然、黑胡椒和洋乳香或茴芹籽。[91]

1749年沙勒蒙伯爵（Lord Charlemont）享用了纳克索斯岛的无花果（"和它们相比，马赛的无花果……淡而无味"），它们

被运往帕罗斯岛帕罗伊基亚市场街的一家餐馆的新鲜蔬菜

至今品质上乘。"西红柿可以长在任何光秃秃的白色土地上……果实很小，但味道很丰富。"汉弗莱·基托描写他1930年前后造访桑托林岛时写道。葡萄藤已经在这里旺盛生长（或者说至少是生长并结果）了两千多年，它们聚集在大风吹过的山坡的凹陷处，是阿斯提可（*assyrtiko*）等本地品种，阿斯提可因抗葡萄根瘤蚜而备受赞誉；许多人认为用这些葡萄酿造的葡萄干酒，也叫*visanto*或*vin santo*，相当不错。基托则认为这种酒是"一种很类似黑月桂酒的红酒，也就是说，像稀释的雪莉酒加糖蜜①"。[93]荷兰旅行家埃格蒙特和海曼热情满满地描写米洛斯岛（关于此地还有一些不相干的叙述，"在贞操方面，这里的女人是这个群岛里品行最差的"）：

> 这里盛产最精美的食物，如山鹑、斑鸠、园林莺（beccafigo）、鸭子等；还有美味的水果如甜瓜、无花果、葡萄等；鱼类品质也很好。葡萄酒也很优质……他们用山羊奶制作优质奶酪。[94]

因此，不同的岛屿和爱琴海微气候的野生资源——生长在山间的香草、散发着浓郁香味的灌木和野生果树，其特别价值已经或在未来某天会被发现——都值得被探索和评估。惠勒记述道，在小岛提洛岛——古代阿波罗神殿的遗迹所在地——上"生长着大量野生的乳香黄连木，在上面我观察到了一滴滴渗出的洋乳香，这让我们相信如果在这里种植这种植物，它们会和种在赛欧

---

① Treacle，糖精炼过程中产生的一种浓稠的深色糖浆，味道丰富。

第六章 美食地理（二）：希腊之内

岛的那些长得一样好"。[95] 人们或许会认为土耳其多山的卡拉布伦半岛也具备类似的条件，那里和希俄斯岛纬度相同，拥有相同的气候，景致也和希俄斯岛颇为相似，曾经出产和希俄斯岛葡萄酒十分类似的葡萄酒；但这些地方的乳香黄连木至今未能产出可用的洋乳香。

很多人可能会将桑托林岛单独拿出来说，这座岛屿被公元前1629年至公元前1627年发生的火山爆发毁灭，因此独特地一定程度上保留了当地食物的史前状态——蜂箱、仓库里的桑托林蚕豆、采收番红花的壁画和被火山灰埋葬在羊圈里的山羊。我们赞美帕罗斯岛的蘑菇；兰伯特-戈克斯对萨摩斯岛和伊卡里亚岛的蘑菇评价颇高。利·弗莫尔疑惑锡弗诺斯岛为何名厨辈出。他提出这个问题是因为尼古劳斯·采莱蒙特斯①——被他颇为有理有据地称为希腊的比顿夫人②——来自锡弗诺斯岛，或者至少他的家庭来自锡弗诺斯岛。[96] 实际上，希腊出版的第一部食谱书（1828年，希腊独立得到国际认可四年前）出现在附近的锡罗斯岛。

每座岛屿都有自己的蛋糕和甜食。卡利姆诺斯从古至今一直以蜂蜜著称，但特别受古典时代希腊人欢迎的最优质的蜂蜜芝麻点心来自卡尔帕索斯岛、卡索斯岛，或基斯诺斯，甚至还有游

---

① Nikolaos Tselementes（1878—1958），希腊厨师、烹饪专家，撰写了多部食谱，彻底改变了希腊烹饪，引入现代技术和国际元素，同时保留传统食谱。
② Mrs Beeton，原名伊莎贝拉·玛丽·梅森（Isabella Mary Mayson, 1836—1865），英国作家，以家庭管理和烹饪方面的著作而闻名。其作品《比顿夫人的家庭管理之书》(*Mrs Beeton's Book of Household Management*) 是一部在维多利亚时代的英国具有广泛影响力的指南，提供了烹饪、清洁、育儿等领域的建议，细致而实用。

客扎堆的伊奥斯岛；据说糖衣杏仁要吃阿纳菲的。每座岛屿对这些食物和饮料的解读——是一样的也不奇怪，实际上却多种多样——都值得单独赞赏。在各个岛屿上，当地生产商都有各自的当地市场。帕罗斯岛的茴香酒与纳克索斯岛的茴香酒不同，尽管从帕罗斯岛到纳克索斯岛坐渡轮只要40分钟。纳克索斯岛的奶酪熟成后品质出众，处于最佳霉变状态的希俄斯岛科帕尼斯蒂奶酪[①]味道绝佳。希俄斯岛的水果橄榄，尤其是乔玛德斯橄榄（*chourmades*，意为"枣子"），美味无双，不过纳克索斯岛的树上熟橄榄（*throumbes*）亦是如此。

克 里 特 岛

克里特岛的地理和很多独立国家一样多样。（1900年前后，有一段时间，它几乎就是一个独立的国家。）其食物也非常丰富多彩。多山的西部有橙子和柠檬果园，肉类菜肴，黄油和奶酪，爱吃米饭；中部拥有佩扎和阿卡尼斯（Archanes）产区的葡萄酒；多石的东部拥有鱼类，喜食布格麦和香料。兴旺的旅游业和商业压力带来了巨大的改变，但很多克里特岛人保留了他们和乡村的联系以及一些传统饮食方式。[97]

就野生食用植物及其保健功效而言，没有哪个岛屿比克里特岛更负盛名。其香草在罗马帝国就备受追捧。如今它们在药典中已不像过去那么重要。不过，如今，"克里特岛饮食"——肉类

[①] *kopanisti*，传统的希腊奶酪，以其浓郁而辛辣的风味闻名，制作过程中会有意培养微生物以提升风味。

第六章　美食地理（二）：希腊之内

很少，富含野菜，用大量克里特岛橄榄油调味，搭配克里特岛葡萄酒——被认为是"地中海饮食"中最好的版本。这样的饮食让克里特人十分长寿，不过还有更长寿的伊卡里亚人。

在雅典中央的蒙纳斯提拉奇区的雅典娜大街（Athinas Street）上坐落着一座有顶的肉类和鱼类市场，在这座市场的入口处和希腊各地的露天市场中，还能找到野菜商贩，他们蹲坐在折叠露营椅上，带着几个塞满新鲜采摘的野菜的塑料袋。酒馆时常将野菜列为一道蔬菜菜肴，有些会具体说明他们提供哪种野菜［多半是菊苣（radikia），在克里特岛则可能是刺菊苣（stamnagathi）］。越来越多的蔬果店和专门超市也会销售野菜。地中海鹿草（Kafkalithres）、凹头苋（vlita）和芥菜叶价格都很昂贵。2014年11月，在一家很受欢迎的雅典超市，克里特岛野菜的价格超过每千克四欧元——是罗马生菜（romaine lettuce）价格的五倍。

当然，克里特岛并没有垄断野菜。"这里有一些优质的小麦田，"利克叙述他穿越拉科尼亚的旅行时说道，"女人正在里面除杂草。我们路过时，一名同伴问她们在做什么。她们用拉科尼亚当地语言回答在 Botanizomen。"这个回答确实很简洁[1]：用英语表达同样的意思需要五个单词，"我们在采野菜"。值得注意的是，利克使用了"杂草"一词。在本书中蕾切尔撰写的文字中，她多次用到这个词，安德鲁将其全部改掉了，之后才发现其实利克也是这么用的。

如今，在克里特岛，拜占庭希腊人和中世纪欧洲付高价购买

---

[1] 表示"拉科尼亚的"的单词 Laconic 也有"简洁"的意思。

的浓烈的甜葡萄酒产量已经很低了。在食谱和食物名称方面，这座岛受威尼斯——威尼斯统治克里特岛的时间比奥斯曼土耳其人更长——影响很大。

中世纪旅行者经常将克里特岛称为干地亚。他们对香草不是很感兴趣，首先注意到了葡萄酒［"被出口到世界各地的著名克里特岛葡萄酒"⁹⁹ "全宇宙最好的莫奈姆瓦夏（Malvasy）、麝香葡萄酒和里亚提克（Leaticke）葡萄酒"¹⁰⁰］，然后依次是奶酪和水果。

1480年一个无名作者描述了他在朝圣旅途上遇到的一个问题：克里特岛葡萄酒太烈了，必须与三倍的水混合。¹⁰¹ 同年旅行的费利克斯·费伯证实了这一点，他"看到好几个朝圣者摇摇晃

克里特岛雷西姆诺的水边酒馆

第六章 美食地理（二）：希腊之内

晃地站在海边，犹豫着要不要迈步上船，因为豪饮甘甜美味的克里特岛葡萄酒让人头晕"[102]。10年后彼得罗·卡索拉解释了这种现象，他发现在雷西姆诺，如果点佐餐酒，就会提供马姆齐葡萄酒。他还注意到葡萄藤做过贴地整形（ground-trained），"像甜瓜和西瓜一样在地面上爬藤"[103]。

克里特岛和希腊的野菜

最好将不同蔬菜混合在一起：蒲公英、苦苣菜（zochos）和菊苣很苦，野生菜几乎也是如此；矢车菊很美味，"小脚菜"（podarakia）有一种多汁的口感，但这两种菜都很难大量食用。下方列出了一些常见种类。

采野菜时，尽量整棵割下，这样叶子底部还连在一起，而根留在土里可以再次发芽。洗净，去掉根和任何小的棕色叶子，在流水下冲洗，去除砂砾。放入大盆或水槽，加一点醋，用大量水浸泡。在水中静置约1小时，然后用手捞出并放入滤盆。清洗水盆并重复浸泡2次。哪怕是卡在紧密的褶皱里的砂砾也会因此沉底，方便去除。然后用大量水煮25分钟直到完全变软且苦味基本消失。不要把水从锅中倒出（这可能会导致剩余的砂砾又混入菜中），而是用叉子将野菜从水中捞出。将野菜蒸熟或让它们保持脆的口感都不行。轻轻挤压一棵野菜的基部以测试嫩度：如果能按动，野菜就煮到位了。放凉：上菜时在野菜表面

生长在野外的矢车菊和一种野莴苣（*petromaroulo*）

淋上柠檬汁和大量橄榄油。

Agria sparangia［野芦笋，天门冬属的多个物种（*Asparagus* spp.）］只有三月到五月之间的两到三周能找到，具体时间取决于每年的天气情况。这种菜总是长在水源附近：在更干旱的地区，要在干涸的河床中寻找。可以在不放油的锅中煎烤，或加入简单的煎蛋饼中，可以作为搭配齐普罗酒的小吃食用。

Agrioradiko、*pikralida*、*pikromaroulo*和*antidi*［野菊苣和苣荬菜，菊苣属的多个物种（*Cichorium* spp.）］有很多种，有些更苦一些，在希腊各地均有分布。刺菊苣是克

第六章 美食地理（二）：希腊之内

里特岛特有的，如今备受追捧，已被栽培。

Chamomili（母菊，*Matricaria chamomilla*）春天采集，那时雏菊一般的花朵铺满大地，空气中充满其独特的香味，采集后干燥，全年都可以食用。它是一种希腊常见的花草茶，民间谚语说 *Ta niata theloun erota kai oi geroi chamomili*，"年轻人需要爱情，老人需要母菊茶"。

*Chirovosko*s, *karyda*［矢车菊，矢车菊属的多个物种（*Centaurea* spp.）］味道鲜美，适合和苦味蔬菜混合制作水煮沙拉。

Kafkalithra（地中海鹿草，类似车窝草，*Tordylium apulum*）是最常见的冬季芳香野菜。人们收集其嫩叶，和其他更苦的蔬菜一起食用。

Lapatho（酸模，酸模属的多个物种［*Rumex* spp.］）大量分布在荨麻田附近——这是一件好事。多达25个物种在希腊生长；它们从冬季到晚春旺盛生长。嫩叶生吃，成熟的叶片煮熟。风味有点像醋。

Molocha（锦葵，锦葵属的多个物种）：嫩叶和其他蔬菜一起煮熟食用，或根据一份来自佐泽卡尼索斯群岛的食谱的记载，替代古代的无花果叶或现代的葡萄叶被用来包饭。

Myroni［欧亚针果芹（*Scandix pecten-veneris*）］被古希腊人称为 *skandix*。这种冬季蔬菜的嫩叶会被少量用作香料加入其他苦味蔬菜中。

Petromaroulo，*agriomaroulo*［野莴苣（*Lactuca serriola*）］与之前提到的野菊苣不同，但烹饪方式是相同的，也是和其他蔬菜混合做水煮沙拉。这是一种希腊各地都很常见的冬季蔬菜。

Taraxako［蒲公英，药用蒲公英（*Taraxacum officinale*）］可以放在沙拉中生吃或和其他蔬菜一同水煮，冬季在希腊和塞浦路斯各地都有。

Tsouknida［荨麻，异株荨麻（*Urtica dioica*）］在干燥的南部爱琴海诸岛上不是很常见，但是在希腊大陆，尤其是北部，是最受欢迎的冬季蔬菜之一。本都希腊人将荨麻用于油煎饼和汤中，如荨麻汤（*kinteata*），一种加入荨麻和留兰香的浓汤，用辣椒碎或红辣椒粉调味，加入玉米粉和科科托（去壳压碎的麦子）增稠。

漫长的夏季，*Vlita*［凹头苋（*Amaranthus blitum*）及近缘植物］在地中海各地水分充足的田地、花园和休耕地上都能找到。在马尼半岛和克里特岛它常被和嫩黑眼豆（*ambelofasoula*）、西红柿、洋葱一同烹饪。在其他地方，它煮熟后作为熟沙拉搭配肉类或单独食用。凹头苋多汁清爽，和其他冬季蔬菜不同，一点也不苦。如果是在市场里买的，像处理芹菜一样去掉茎的底部和硬丝，然后煮25分钟直至变软。

皮埃尔·贝隆写到君士坦丁堡蔬菜市场时曾提到过 *Vrouves*［芥菜叶，灰芥（*Hirschfeldia incana*），白芥

第六章 美食地理（二）：希腊之内

（*Sinapis alba*），黑芥（*S. nigra*）]这个希腊语名字。有些品种价格非常高昂，有些则因为口感老和没有香味而不受欢迎。

Zochos［苦苣菜（*Sonchus oleraceus*）]和 *agriozochos*［毛莲尾种草（*Urospermum picroides*），希腊语名称字面意思为"野苦菜"]，是分布最广泛、最常被采集的野菜（"有栽培的，野生的在荒废或休耕田地、田边、橄榄林、葡萄园和沟渠中都有"：也就是说希腊各地都有[104]），从11月到3月或4月初都能找到。这两种野菜通常是单独或和其他冬季蔬菜混合煮熟，加入柠檬汁和橄榄油，酒馆菜单上常有它们的身影。

野菜是真正的地中海饮食不可或缺的元素

克里特岛的麝香葡萄酒、马姆齐葡萄酒和希腊其他需要长途出口的葡萄酒一样做过特殊处理。贝隆的描述显示两种加度葡萄酒的传统——用于雪莉酒的索莱拉①法，和用于巴纽尔斯（Banyuls）和莫里葡萄酒（Maury）的"烹煮法"——源自中世纪希腊。最好的克里特岛马姆齐葡萄酒从雷西姆诺被出口，贝隆确认道，"运输距离越远品质越好"，关于马德拉葡萄酒也有这种说法。[105]

克里特岛葡萄酒如今种类极多（不过克里特岛是一个大岛）。东部的锡蒂亚区域生产最多的甜葡萄酒是一种用名为"七月"（liatiko）的古老葡萄品种酿制的红葡萄酒。还有来自中部，伊拉克利翁南面的阿卡尼斯和佩扎地区的干红。最西边基萨默斯（Kissamos）也有优质葡萄酒。但中世纪和早期现代欧洲人支付高价购买的马姆齐葡萄或麝香葡萄已经很难找到了。

早在1323年，爱尔兰朝圣者西蒙·塞米奥尼斯（Symon Semeonis）就列举了克里特岛产量最高的水果：石榴、香橼、无花果、葡萄、甜瓜、西瓜和黄瓜。[106]贝隆在前往东方进行科学考察时首先在克里特岛停留，他注意到那里的气候和泉水适宜建造蔬果园，园中种有杏树、橄榄、石榴、枣树和无花果，橙子、香橼和柠檬树尤其多。他最早提到了榨橙汁和柠檬汁以及这两种果汁被销售到君士坦丁堡，"土耳其人在烹饪中常用橙汁和柠檬汁，

---

① solera，一种陈酿和混合葡萄酒的方法：将装有葡萄酒的木桶堆叠成多层，年代最久远的葡萄酒位于底部，较新的位于顶部。酒从底部的木桶被抽出装瓶后，上层木桶中的葡萄酒会补充进来，以此类推。这种渐进的混合过程确保了风味和质量的一致性，因为随着时间的推移，陈年葡萄酒的特征会传递给新葡萄酒。

第六章 美食地理(二):希腊之内

而非酸果汁①:因此它们在销售咸鱼和鱼露的商店零售"。[107]至于葡萄干,最优质的是小粒无籽葡萄干,克里特岛至今以此著称,位于岛屿东端的锡蒂亚如今每年都围绕这种葡萄干举办庆典。中世纪和现代作家很少提到榅桲,尽管古典时代干尼亚(基多尼亚)以这种水果著称。在那片区域,榅桲被橙子取代,但克里特岛还有一些榅桲,正如赞·菲尔丁(Xan Fielding)20世纪40年代所发现的那样,当时他的早餐是红茶和齐库迪亚酒②配榅桲。[108]

只有年代较近的资料——埃利斯·维拉德(Ellis Veryard)1701年的作品和理查德·波科克1743年的作品——提到了克里特岛现在的著名出口商品橄榄油(或许是因为直到1668年克里特岛都被威尼斯统治,橄榄油全都被运往了威尼斯)。蜂蜜被提到的时间更早:艾弗里雅曾写道,这里的蜂蜜最清澈纯净,像白色平纹细布,"很出名,被出口到各个国家"[109]。蜂蜜,菲尔丁补充道,是萨马利亚峡谷(Samaria gorge)脚下圣鲁米利亚村(Agia Roumeli)的骄傲:为了保护蜜蜂,这个村庄拒绝了向田地喷洒滴滴涕杀虫剂根绝虱子的机会,情愿继续与这种害虫共存。

因此,菲尔丁才有机会享用"当地特色:蜂蜜浸奶油奶酪薄饼"[110]。这样我们就聊到了山羊和绵羊奶制成的黄油和奶酪。如果第一章中提到的新石器时代人类定居点扩散到高原的原因是正确的,它们可能是所有克里特岛食品中最古老的。干尼亚和雷西姆诺的黄油烹饪后加面粉被制成奶油酱(*staka*),还会被做成

---

① verjuice,用未成熟的葡萄或其他酸水果制作的果汁,常用于烹饪。
② *tsikoudia*,是一种以葡萄为基底的果渣白兰地。

烹饪及烘焙中用到的乳脂（stakovoutyro）[①]，两种都很有特色。一种同样独特、奶香浓郁的中软奶酪是安索提罗奶酪（anthotyro），"奶酪之花"。几位中世纪作家提到他们乘坐的船只装满克里特岛奶酪。彼得罗·卡索拉写道，克里特岛生产的羊奶不比葡萄酒少，奶酪产量很高：很遗憾它们特别咸。"我看到装满奶酪的仓库，有些盐水有两英尺深，大奶酪漂浮在里面。他们告诉我奶酪营养特别丰富，只能这样保存。"[112]

---

① 绵羊奶或山羊奶经过长时间炖煮，会分为两种产品，上层是被称为乳脂（stakovoutyro）的清黄油，下层是被称为奶油酱（staka）的浓稠白色蛋白质残留物。根据传统，下层物质会加入盐和面粉烹饪至布丁质感。

第七章
近代希腊的食物

在过去1.7万年中,希腊地理发生了变化。海面升高了。爱琴海上从几座大岛变成了众多小岛。与大陆上的丘陵和山坡一样,岛屿上的森林也变少了。希腊越干旱,森林就越不可能重生。

和森林减少一样,很多其他的地形变化也是在人类控制下发生的——如果能用控制这个词表述的话。山坡被梯田覆盖,有些直到很高的地方都有:有的被精耕细作,有的已被遗弃,但被遗弃的梯田可能会再次被使用,比如纳克索斯岛现在就有这样的情况。

橄榄和野葡萄藤曾经只是岛上植被的一小部分。如今橄榄林几乎是希腊地貌的最显著特征。就像很多橄榄树所在的梯田一样,有的橄榄林被精心照顾,有的被遗忘了,但很多被遗忘的也在继续生长,可以重新利用。葡萄藤像杂草一样占领了更多的土地,很多都被贴地整形过,在散落着岩石的土地上蔓延。山坡低处和山谷底部人工灌溉的土地被丰茂的果园占据,呈柑橘叶的深绿色。

人类活动遗留物的传播超过了应有的限度。不仅仅是正在使用的建筑,还有永远也不会完工的建筑和已经衰败的建筑:被混凝土覆盖的空房子，这种建筑与古老废墟不同，无花果树和刺山柑灌木无法在其墙壁中生长。还有需要修建的道路和无需修建的道路以及修建时对自然景观造成大量非必要伤害的道路；以及垃圾堆和甚至没有被集中到垃圾堆的垃圾。

食谱与厨师

1828 年，希腊的第一部食谱书出版时，爱琴海岛屿锡罗斯岛，尽管在革命斗争中是中立的，是革命者的避难所，初具雏形的国家首都。这部食谱书不知名的作者表示他的目标是将意大利烹饪介绍到希腊，但"意大利"指的是西方：书中的八道甜点中有两道是英国的，黄油面包布丁和米布丁。下一本希腊食谱书可以追溯到 1863 年，创作灵感也主要来自外国烹饪。《烹饪手册》(Syngramma magirikis) 由尼古劳斯·萨兰蒂斯汇编，在君士坦丁堡出版，公开目的是为希腊城市的中产阶级读者介绍法国烹饪，而在我们看来，希腊的传统烹饪要更有趣得多。然而，萨兰蒂斯以一种奇怪的方式向希腊独立致敬（这种做法在君士坦丁堡一定是具有颠覆性的），他用革命海军将领的名字，来自埃维亚岛的米亚乌利斯（Miaoulis），来自伊兹拉岛的萨赫图里斯（Sachtouris）和来自普萨拉的卡纳里斯（Kanaris）命名了三道菜。[1]最后一位因 1822 年的希俄斯岛大屠杀向土耳其海军复仇，之后曾任希腊总理，在萨兰蒂斯的书出版时仍是一名活跃的政治家。

下一本希腊食谱书是著名的尼古劳斯·采莱蒙特斯撰写的《烹饪指南》(Odigos Magirikis)，采莱蒙特斯祖上是锡弗诺斯岛人，1878 年生于雅典，在维也纳接受厨师训练。他认为希腊烹

第七章　近代希腊的食物

饪应该摈弃所有的东方影响，引导他的读者接受中西欧偏甜、不用香料的菜式。"这位烹饪叛徒放逐了橄榄油和大蒜，赶走了传统希腊香草和香料，引入了黄油、奶油和面粉，"乔纳森·雷诺兹（Jonathan Reynolds）2004年尖锐地写道，但是在采莱蒙特斯的时代，"希腊中上阶层，和契诃夫笔下的俄罗斯人并无二致，向往这种全新的精致，这种寡淡、臃肿、油腻的食物随之在一个渴望更欧洲化的国家传播开来。"[2]这部食谱书后来的多个版本被卖给整整一代刚刚或即将成为家庭主妇的女性，通过翻译传遍世界。正如阿格拉娅·克雷梅兹所指出的，采莱蒙特斯的几个地道希腊食谱受到了他锡弗诺斯岛祖籍的影响，包括蜂蜜奶酪酥饼（*skaltsounia*）。但是让他名垂千古的是有着复杂历史的穆萨卡。它的名称是"阿拉伯语词*musaqqā*，意为'湿润的'，"阿拉伯学者查尔斯·佩里（Charles Perry）解释道，"指的是西红柿汁。"在中东，它是在炸茄子淋上浓郁西红柿酱汁的一道凉菜，希腊人称之为伪穆萨卡，只在斋戒期间吃。在土耳其，它又变成了用茄子片和肉制作的炖菜；希腊的穆萨卡原本也是这样的，但是采莱蒙特斯向其中加入了贝夏梅尔调味白汁①。[3]

现代作家和厨师

在《希腊文化与风俗》（*Culture and Customs of Greece*）中，阿泰米斯·莱昂提斯（Artemis Leontis）对采莱蒙特斯进行了正

---

① bechamel，经典法国白酱，由黄油、面粉和牛奶制成，常用盐、胡椒和肉豆蔻调味，是很多其他酱料的基础。

面的解读,说他是"推动界定希腊民族料理的主力"之一。他"去除了即兴发挥的不稳定和异域风味","通过加入法式烹饪技艺'提升了'食谱,创造了一套可重复的食谱"。但书中也并非全是溢美之词。晚些时候,20世纪80年代往后,莱昂提斯又写道,希腊人开始意识到小亚细亚难民对希腊烹饪所做的贡献,他们带来了"一些外来的'土耳其'香料,而这些正是采莱蒙特斯想要去除的",或许正是因为认识到这一点,希腊人才开始重视一度被他们忽略的本地饮食传统。

与此同时,新一代美食专家开始成名。"他们将进行人种志研究的态度融入烹饪,让希腊人敢于大胆想象自己用基础的应季食材、经过时间检验的技法和自己的创意能够做出怎样的美食",从而终于消除了采莱蒙特斯的大部分影响。[4] 如今,在希腊,餐厅里的食物比位于希腊北部和西部的国家的食物更好更新鲜——希腊餐厅开始为此感到骄傲——菜肴时常具有地方特色,即便是在雅典,或者说尤其是在雅典,亦是如此,因为,正如詹姆斯·佩蒂弗(James Pettifer)所说,"雅典是一座满是外来者的城市……说到底希腊人忠于故乡,哪怕那是爱琴海上一座不宜居住的多石岛屿或色萨利的一个贫穷山村"。这样的联结甚至更加紧密,他继续写道,因为现代雅典反复经历了多次贫困和饥荒——在两次世界大战期间雅典人都食不果腹,甚至饿死——那些仍与乡村有联系、可能保有能够种植食物的土地的人可能更幸运一些。[5] 难怪有些被弃置的梯田如今又有人耕种了。

雅典或许是出版和广播发达的大都市,长期吸引着作家和名人。但采莱蒙特斯的后来继任者们,今日的美食作家和名人,如果失去了与地方、侨居群体和广阔世界的联系,就会魅力大减。

克里苏拉的穆萨卡

5个体型中等或偏大的茄子

盐，橄榄油

馅料：

150毫升橄榄油

1个大洋葱，切碎

1/2千克牛绞肉

1/2千克偏肥的猪绞肉

150毫升干红葡萄酒

1汤匙西红柿泥或1千克刚打碎的新鲜西红柿

满满1茶匙肉桂粉

1/2个或更少新鲜肉豆蔻，擦碎

1个胡萝卜，粗粗擦碎（可选，但它能够中和西红柿的酸味）

55克奶酪，擦碎——凯法洛蒂里奶酪、成熟切达奶酪或格吕耶尔奶酪（Gruyère）

盐和胡椒

贝夏梅尔调味白汁：

1.5升全脂牛奶

140克中筋面粉

50克奶酪，粗粗磨碎——凯法洛蒂里奶酪或成熟切达奶酪

满满一茶匙无盐黄油

1/2个新鲜肉豆蔻，擦碎

3个鸡蛋,轻轻打散

成菜点缀:

一点黄油

擦碎的奶酪

碎面包屑

首先处理茄子:去头尾,延长边切成1厘米粗细的长条。放进滤盆,撒盐(最终要洗掉)。静置过夜以出水,上面压一个盘子。

用厨房纸巾将茄子擦干。然后放入热橄榄油中油炸并沥干,或(按照克里苏拉的做法)平铺在锡纸上,刷油,然后放入温度极高的烤箱中烤。翻面一次;茄条彻底烤熟但仍旧足够结实能保持形状时取出。将茄子放在一边,然后准备肉馅(这时可以放置冷却,包好然后冷冻,以备冬天没有好吃的新鲜茄子时制作穆萨卡)。

至于肉馅,用一个大长柄深锅加热油,加入洋葱用中火煎几分钟,使洋葱变软但不变色。加入绞肉,煎至微微变色,然后加入红酒,煮5分钟。夏天,如果你有风味浓郁的西红柿,则将1千克成熟但不软烂的西红柿打碎,稍微沥干水分,然后加入绞肉中。冬天,用1汤匙优质的西红柿泥替代,并用335—450毫升水补足汁液。无论采用哪种方式,再炖煮5分钟,加入肉桂粉并擦入肉豆蔻。加入胡椒,一起炖煮,深吸一口香味。此时将胡萝卜擦入混合

第七章 近代希腊的食物

物。中小火炖煮30—45分钟。

酱料不用完全煮到位，因为还要进烤箱继续烤，但不能太稀让菜肴显得邋遢。[这款基础酱汁可以再煮一会儿作为希腊肉酱（ragu）搭配意面，或用作烤肉酱面的馅料。]

在快要煮好时加入一点盐：克里苏拉表示如果过早加入盐，肉会"缩紧"或变硬。煮好后，离火，加入擦碎的奶酪搅拌，奶酪会让菜肴变咸，也会让风味更加丰富。

煮肉的时候可以准备贝夏梅尔调味白汁。在大锅中用中火加热牛奶。加入面粉、奶酪、黄油、肉豆蔻，用胡椒和适量盐调味。继续烹煮，只在混合物冒泡时偶尔搅拌几下。酱汁最终会开始变稠：质感类似浓稠的双重奶油①时离火。冷却几分钟之后，加入鸡蛋搅匀（鸡蛋会"固定"贝夏梅尔调味白汁，这样次日容易切成整齐的片状）。

现在将这道菜组装起来。在一个直径40厘米的圆盘——或一个大矩形烤盘——上涂抹少量黄油，在底部放上一层茄子。撒上一小把奶酪，然后用勺子在表面铺上薄薄一层肉泥。重复此操作一到两次，直至用光所有原料。如果肉馅很湿——夏天用新鲜西红柿制作肉酱时可能会出现这种情况——在每一层肉馅上撒上一小把细面包屑吸收多余的液体。有些酒馆为了用廉价的食材替代肉加入更多的面包糠；这种做法有坚实的传统基础，尤其是在肉类稀

---

① double cream，脂肪含量高，一般为48%及以上的奶油。

少的岛屿上（做庆典菜肴时亦是如此）。制作穆萨卡的最后一步是用勺子加入贝夏梅尔调味白汁：如果倒入则可能会破坏下面的精致构造。再加一把擦碎的奶酪和细面包屑。将这道精美的菜肴用200摄氏度烤1小时左右。出炉时表面会起泡并部分变色，香味扑鼻。

在希腊，理想的做法是静置放凉至室温然后再食用——放到第二天更好。食用时搭配用切碎的生菜、芝麻菜制作的普通蔬菜沙拉，几块凯法洛蒂里奶酪或成熟切达奶酪，以及面包。

克里苏拉的穆萨卡

我们以众多餐厅厨师中的两位为例。莱夫泰里斯·拉扎鲁（Lefteris Lazarou）以自己对海鲜的烹调为荣，他有这种想法是

第七章 近代希腊的食物

十分合理的,拉扎鲁赞美爱琴海盐的特别品质,这种盐赋予了当地鱼类一种无与伦比的风味。他和父亲一样,作为船上厨师接受烹饪训练。干这一行22年之后,他决定开一家"不会动"的餐厅。他在故乡比雷埃夫斯创立瓦鲁尔科餐厅(Varoulko),曾担任希腊版《厨艺大师》(*Masterchef*)的评委并做客美国烹饪学院。他斩获了授予希腊烹调的首颗米其林星。

克里斯托福罗斯·佩斯基亚斯属于最古老的塞浦路斯希腊侨民群体。他在波士顿学习,在雅典附近的基菲夏(Kephisia)做厨师,在芝加哥接受训练,最终回到雅典创建了名为"派盒"(πbox,他竟然没有想一个更好的名字)的餐厅。"我们吃什么,我们就是什么,"他颇具哲思地说道,声称自己以解构的方式制作希腊经典菜肴。[6]

不是餐厅大厨(尽管做过餐厅顾问)的伊利亚斯·马马拉基斯(Ilias Mamalakis)是雅典本地人。他身兼作家、广播电视名人、综艺节目主持人、希腊版《厨艺大师》评委等多重身份,热爱奶酪,是慢食主义者,还取得了法国美食院士[①]的殊荣。

韦法·亚历克西阿杜(Vefa Alexiadou)是所有这些名人的女前辈,被一家英国报纸誉为"希腊版迪莉娅·史密斯[②](Delia Smith)",她出生于色萨利沃洛斯(Volos),在一个从希腊各地收集了几千份传统食谱的食谱比赛电视节目中成为经典人物:

---

① 法国国际美食学院(Académie Internationale de la Gastronomie)成员,该学院是一个致力于促进和延续全球烹饪技艺和传统的组织,成员通常为知名厨师、美食作家及其他烹饪相关专业人士。
② Delia Smith(1941—),英国厨师、电视节目主持人,曾撰写多部畅销烹饪书,主持的电视节目也广受欢迎。

"有些人甚至给我寄来了祖母亲笔写的原始手稿。"[7]韦法的女儿亚历克西娅（Alexiadou）出生于塞萨洛尼基，是厨师、美食作家和她开办的报纸《塔尼亚》（*Ta Nea*）的烹饪版的编辑，亚历克西娅于2014年突然去世。

斯泰利奥斯·帕利亚罗斯（Stelios Parliaros）出生于君士坦丁堡，继承了侨民群体的传统。他在巴黎和里昂受训成为甜点师，擅长被他本人称为"甜蜜炼金术"的甜点制作，是著名的食谱作家、老师、日报《新闻自由报》（*Eleftherotypia*）——已不复存在——和《每日新闻报》（*Kathimerini*）的记者。由此发散，我们再说说其他作家和记者。希腊电视名厨、在美国担任顾问厨师①的黛安娜·科希拉斯家庭来自伊卡里亚岛，她本人出生于纽约，现在在伊卡里亚岛生活并教授烹饪。阿格拉娅·克雷梅兹在伦敦学习，为《新闻自由报》周日版供稿，如今在凯阿岛生活并教授烹饪。饮食史学家玛丽安娜·卡夫鲁拉基与克里特岛有关联，是《论坛报》（*To Vima*）烹饪板块的编辑并举办希腊美食研讨会。琳达·马克里斯（Linda Makris）和黛安娜·法尔·路易斯（Diana Farr Louis）是嫁给希腊人与希腊的美国人：马克里斯为《新闻自由报》供稿，路易斯则为另一份已经不复存在的报纸《雅典新闻》供稿，还与人合著了书名十分巧妙的《普罗斯佩罗的厨房》（*Prospero's Kitchen*），这是一本关于伊奥尼亚群岛烹饪的书。

---

① consultant chef，顾问厨师为餐厅、食品企业或个人提供食物制备、菜单开发、厨房管理、烹饪操作等方面的专家建议和帮助。

第七章 近代希腊的食物

烹饪一餐

希腊毕竟长期以来都是旅行者的目的地。古罗马人来到雅典学习哲学和修辞学，或提升自己的希腊语水平。圣威利鲍尔德（St Willibald）等中世纪背包客和西蒙·塞米奥尼斯等经济舱朝圣者沿着希腊道路艰难前行或在去圣地的途中在希腊港口停留。十字军来到这里，有些赖着不走。安科纳的西里亚克等古董专家搜寻废墟和铭文；皮埃尔·贝隆等博物学家找到了早已被遗忘的植物物种。他们对食物都有自己的看法，或表扬或批评。

希腊食物极具地理多样性——这是必然的，因为希腊的地理条件就多样而独特——但令人意外的是，历史上人们食用的食物、制备和享用食物的方法都颇具延续性。我们概览了考古学家找到证据的史前希腊食物：通过种子识别的水果、蔬菜和香草；通过骨头（尽管这些很容易被忽视，而且很少在更早的挖掘中被发现）识别的鱼类；通过贝壳识别的贝类；通过动物骨头识别的肉类；还有面包、奶酪、葡萄酒和橄榄油——如果存在可识别的、制作这些食物的证据。关于古典时代的希腊，我们有人们写下的关于他们吃了什么的文字证据。他们叙述时，一般会提到面包、葡萄酒和橄榄油——还有肉类，因为肉是宴席的主角；鱼类，因为要花钱购买；面包和葡萄酒，因为它们一直存在；橄榄油，因为它有用又昂贵。我们怀疑在史前和古典时代，肉类在证据中显得比在真实日常生活中更重要：关于贫穷人口的生活方式的零星证据指向水果、蔬菜、面包，或许还有奶酪。

面包、葡萄酒和橄榄油是必不可少的，蔬菜、水果和奶酪常相伴，有时吃鱼，难得吃肉：这和古典资料的记述差别不大，也正是近代造访希腊的旅行者再次发现的状况。"葡萄酒和面包似乎是当地人的主食。"伊莎贝尔·阿姆斯特朗（Isabel Armstrong）1893年在她的回忆录《两位英国女子漫游希腊》(Two Roving Englishwomen in Greece) 中写道。她和她的旅伴在希腊大陆旅行，因此很少看到鱼，但她们发现任何种类的肉都必须提前预订，"旅行者在一个地方停留的时间一般不够长，赶不上宰羊"。她提到鸡蛋也是偶尔能吃上的奢侈品；还有咖啡，如果她们是男人并因此能够进入咖啡馆（kafenia），或许能够更容易地喝上咖啡。但是是什么种类的肉呢？"直到我们去色萨利，我不记得在希腊看到奶牛，但有很多绵羊和山羊，所以能够吃到羊奶和奶酪；黄油是奢侈品，我们只在帕特雷、雅典和沃洛斯吃到过。"[8]在这些英国女子漫游时，希腊领土尚不包含色萨利以北。马其顿和色雷斯是彻头彻尾的奥斯曼省份，一个最终会被称为阿塔蒂尔克的10岁男孩正在塞萨洛尼基成长。这一北部地区大部分于1913年被希腊并吞，在当地饮食中，肉——尤其是牛肉——相对常见。黄油亦是如此，很大程度上取代了在希腊南部是日常必需品的橄榄油。因此，北方拥有最好、种类最丰富的用菲洛酥皮制作的派——这种食物在希腊各地都很常见——也就不足为奇了。还有，和其他地方相比，那里有更多的肉馅派——因为即便是在农民饲养大量家畜和家禽的地方，按道理肉也不便宜，而做成点心可以让绞肉更经吃。

无论到达夜晚休息的地方时会有什么发现，近代造访希腊的旅行者不会期待一顿含有大量肉类的午餐。1805年前后在希腊的爱尔兰画家爱德华·多德韦尔被建议随身携带食物，因为如果

第七章　近代希腊的食物

他在村庄停留观赏废墟或铭文，可能只有面包和奶酪可吃。因此他的团队带了咖啡、茶、糖、葡萄干、无花果、橄榄、鱼子酱和哈尔瓦；对于那些买不起或不想在长途徒步时带鱼子酱的人，他推荐灰鲻鱼籽，其实灰鲻鱼籽本身也不便宜，但可能在希腊西北部更容易找到。他对橄榄的描述很精确，"一种优质食物，肉类的良好替代品"；鱼子酱和灰鲻鱼籽亦是如此。他认为哈尔瓦（他称之为 *kalbaz*）是黄油的替代品，这么想确实有一定道理。

多德韦尔感觉到读者可能会问他的补给中为何没有奶酪。"这里的奶酪，"他解释道，"是用山羊或绵羊奶制作的，非常咸，不符合我们的口味。"他对希腊葡萄酒也有意见，"经常有很强烈的树脂味，很刺鼻，所以我们只能喝拉克酒，从压榨机中的葡萄茎中提取出的一种烈酒"，这确实是喝拉克酒的一个好理由。[9]多德韦尔相信在路上能够找到面包，一点也没带。一点食物也没有带的利克在拉科尼亚的一个村庄请人为他准备一顿午餐，吃到了鸡蛋、葡萄酒和白面包；然而他的希腊向导只能凑合吃，"昨天的冷豆粥，已经变成了一块固体，切片后加盐和醋吃"。[10]但如果没有村庄怎么办？皮埃尔·贝隆1550年造访圣山时，一个年轻修道士带他从一家修道院前往另一家。一次穿过山脉时他们迷路了。一行人没有带食物，当晚也无法到达目的地，但是遇到了一条有很多淡水蟹的小河。他们的向导"直接生吃，并向我们保证这种蟹生吃比煮熟好吃。我们和他一起吃，觉得从未吃过这么鲜美好吃的肉，可能是因为太饿了，也可能是因为这对我们来说是一种全新的食物"。[12]

多德韦尔列举的补给作为有营养的零食有一定道理，但他的清单给人奢侈的感觉，与赞·菲尔丁在克里特岛西部萨马利亚峡谷攀爬几小时后享用的临时午餐形成了鲜明的对比，菲尔丁的临时午餐包括：奶酪、生洋葱和大麦面包干（"家庭自制的面包干，带有一种好闻的坚果味，但非常硬，吃之前必须浸湿"）。旅行时间比多德韦尔晚约130年的菲尔丁依赖他的希腊旅伴判断什么食物不花钱买，自己携带。

多德韦尔在萨罗纳的一餐

1805年，爱德华·多德韦尔在希腊西北部旅行时，受萨罗纳［Salona，即古代阿姆菲萨（Amphissa）］主教邀请参加宴会。他在《希腊古典与地形游记》（*Classical and Topographical Tour in Greece*）中详细描述了当时的场景，并在《希腊见闻》（*Views in Greece*，London，1821）中绘制了相应插画。这可能是文字和插画首次被印在一起：

没有比这更悲惨的生活了！他过着原始基督徒俭朴的生活；除了米和劣质奶酪没有其他食物；葡萄酒糟透了，满是树脂，入口几乎把我们的嘴唇烧掉一层皮！但是现在我们有机会参观一座希腊房屋的内部，并体验这个国家的一些习俗。在坐下用餐之前，以及用餐之后，我们必须进行净手仪式（*cheironiptron*）：一个锡盆被送到所有人面前，一名仆人把锡盆放在左臂上，另一只手用一个锡制容器把水倒在洗手的人的手上，他的肩头搭着一条擦手用的毛巾。

第七章 近代希腊的食物

我们坐在一张一条桌腿，或者说桌柱，支撑的镀锡铜制圆桌边用餐。坐在放在地上的垫子上；我们的服装不像希腊人的宽大而方便，我们发现把双腿放在身下，或者跪坐在它们上面都非常困难，而希腊人则可以轻松柔韧地做到。好几次我都差点翻倒，掀翻主教摆满好东西的餐桌。主教坚持要我的希腊仆人和我们一起上桌用餐；我表示这有悖于我们的习俗，他表示在他的房子里他无法容忍这样荒唐的区别对待。我好不容易才获得了用自己的杯子喝水的特权，而非用供所有宾客使用、被主教和所有其他人的胡子蹭过的大高脚杯，因为希腊人和土耳其人用餐时共用一只杯子。

晚餐后，分发不加糖的浓稠咖啡：杯子不是放在碟子

爱德华·多德韦尔，1805年与萨罗纳（即古代阿姆菲萨）主教共同用餐

> 上，而是放在另一个金属杯子里，以防手指被烫伤，因为咖啡是趁热呈上和饮用的。[11]
>
> 在插画中我们可以看到多德韦尔护着自己的杯子。他身边是他的向导——凯法利尼亚岛的安德烈亚·卡塔尼博士（Dr Andrea Cattani）；对面是他的仆人，多德韦尔其实不愿意与他同桌吃饭。一名希腊拜访者正在向主教行礼。

差不多在同一时代旅行的帕特里克·利·弗莫尔亦是如此。以下是在德国统治的克里特岛的一个洞穴中的一顿典型晚餐：炖豆子、小扁豆、蜗牛和香草，盛在一个锡盘中用勺子吃，搭配"烘烤两次、吃之前必须用水或羊奶浸湿的牧人的面包"（大麦面包干）。利·弗莫尔和他的旅伴们把山羊奶酪戳在匕首尖上火烤，从酒瓶里喝下面村庄送上来的拉克酒。[14]

享 用 一 餐

如果被邀请用餐会有怎样的体验呢？如果是在修道院用餐——即便是最近，这种情况对旅行者来说也很普遍——"最糟糕的是食物和脏污的环境。"爱德华·利尔写道，他从他位于科孚岛的宁静隐居处出发，决心拜访并描画圣山的修道院。他并不欣赏"吃鱼肉泥和柑橘果酱的"修道士。但这是私人信件中提到的。[15]描述拜访希腊修道院的旅行者在书面文字中通常都对他们得到的接待和食物表示满意，尽管食物一般都很简朴。利克在鹌

第七章　近代希腊的食物

鹬港的圣母修道院享用了"迄今为止在马尼半岛遇到的最舒适的住宿"和一顿非常健康的晚餐：

> 在东面，一股泉水从山侧涌出，顺着山坡菜园的几层梯田流下，梯田中种植着橄榄、长角豆（caroubs）和柏树，还混有少量橙子树。晚餐我享用了来自菜园的沙拉和一些修女院储藏的最优质的马尼蜂蜜。

利克的希腊向导们得到了一顿热餐，吃了豆汤和盐腌橄榄。[16]我们会再次提到这种橄榄。

1682年，乔治·惠勒描写了修道院的一顿早餐，"有面包、蜂蜜、橄榄、优质葡萄酒和 aqua vitae（即后来作家笔下的拉克酒，这里是早期的记载）"，晨祷后院长让客人与他一同在"某种食物储藏室中"享用这些食物。这是在位于博伊俄提亚的利瓦迪亚（Livadia）附近，惠勒后来又与住在赫利孔山下的两名隐士一起吃饭。他们的日常食物是面包和香草，饮料是水，而这些每周也只吃四天。节日期间，惠勒的接待者可能会吃一点蜂蜜；他们只在圣餐仪式上喝葡萄酒。他的两名邻居有果园，其中"种满豆类，附近的另一个园子则有四五百窝蜜蜂"。惠勒享用了"一盘精美的白色蜂巢，搭配面包和橄榄，还有品质极佳的葡萄酒"，"比享用欧洲最豪华的盛宴还要满足"。[17]

皮埃尔·贝隆拜访了好几家圣山的修道院，并受邀参加四旬斋晚宴。他记录道，修道院院长为我们提供了"芝麻菜、块根芹（celeriac）、韭葱球茎、黄瓜、洋葱和一点很好的青蒜叶。我们生吃这些香草，不加油或醋。这是他们的日常餐食"，但他还额

(来自现格鲁吉亚的"伊比利亚人的")依维龙修道院（Iviron monastery）的菜园。1744年，瓦西里·巴尔斯基绘制了圣山修道院的菜园素描，此后那里几乎没有变化

外得到了腌制黑橄榄、饼干（大麦面包干，不是面包，因为斋戒期间不得烘烤）和葡萄酒。

在斋戒期间他们可以吃各种螃蟹、海鞘和贻贝、生蚝等贝类……他们总是从生洋葱和大蒜开始一餐；主菜是盐腌橄榄和水浸蚕豆，最后吃芝麻菜和水田芥……选择这样生活的不仅是修道士，还有牧师和希腊其他的神职人员，以及普通人，他们在斋戒期间不吃带血的鱼、肉类和任何其他不适当的食物，哪怕饿死都不吃。[18]

第七章 近代希腊的食物

哈马达腌橄榄（hamades）是用盐腌制的完全成熟——已经掉落或快要掉落——时采摘的橄榄，旅行者都曾提到这是修道院的一种常备食物

我们后面会解释贝隆提到的海鞘。修道院橄榄在现实中和在这些记述中一样是一种常备食物。没有什么比腌制橄榄更常用了，贝隆在其他地方写道，这种橄榄与法国常见的橄榄相当不同，是"黑色的、成熟的、保存时没有任何酱汁，像梅干"[19]。125年后，惠勒赞同地写道：腌橄榄是四旬斋的主菜，"不像其他地区那样在橄榄仍是绿色时腌制，而是等到橄榄完全成熟，充满油脂。他们吃腌橄榄时会搭配醋，这是一种很有营养、有益健康的食物，对肠胃很友好"[20]。又过了125年，多德韦尔写道："橄榄成熟后，会变成黑色，并从树上掉落；然后不作任何处理直接搭配面包和盐吃。"[21]那些橄榄，与蔬菜和香草一样，来自

修道院的公共菜园，贝隆补充修道士们也有自己的小菜园。俄罗斯修道士瓦西里·巴尔斯基于1725年和1744年拜访并绘制了圣山的多座修道院，他特别用心描绘了这些菜园和在其中劳作的修道士。修道院的园丁们不怎么种植谷物，贝隆观察到；他们有葡萄藤、橄榄树、无花果、洋葱、大蒜、蚕豆和其他蔬菜，将多余的收获与给他们带来小麦的水手交换。他们也采集月桂果（bayberry），用它们榨油，然后把油运到巴尔干半岛售卖。[22] 他们完全不吃肉类，不饲养任何家畜，甚至不捕捉野鸟，但有些修道士会海钓消磨时间。确实，巴尔斯基描述了一名埃斯菲格梅努修道院的修道士用鱼竿钓鱼，另一名修道士则在移动的船上用鱼叉戳中一条章鱼。[23]

修道院地窖中储存红酒的巨大木桶给好几位作家留下了深刻的印象。圣山依维龙修道院的圣器保管员亚科博斯（Iakobos）正好有空带安科纳的西里亚克参观了修道院地窖：

> 依维龙修道院的格鲁吉亚院长杰拉西莫斯（Gerasimos）因在土耳其执行外交任务而缺席，是圣器保管员带我参观了修道院所有重要的财产，包括三个古老的葡萄酒桶，它们非常大，我们测量了他向我们展示的第一个，这个装满了葡萄酒的酒桶长30英尺，直径10英尺。[24]

惠勒也有类似的经历，他写道：在地窖不是院长而是一名修道士担任翻译，"一名能说流利的意大利语的年轻神父，来自扎索（Zant，扎金索斯岛）"，他带惠勒参观了修道院存储的葡萄酒和橄榄，"被存储在我见过的最长的木桶中，根据我的测量，有好几个都有近20英尺长"。[25]利克造访的是位于卡拉夫里塔附近的大岩洞修道院（Megaspelio），在那里，相较于木桶中储存的无味稀薄的葡萄酒，因厚厚的墙壁和顺着岩石流下的水而夏季凉爽的地窖给他留下的印象更深。

尽管圣山没有肉，其他地方的修道士也不吃肉，但有些造访修道院的客人幸运地吃到了肉。惠勒记述他受到了符合基督教习俗的、非常热情的欢迎：主人为他们一行人宰了一只羊，餐食包括米饭、鸡肉、优质橄榄、奶酪、面包和葡萄酒。[27]两名漫游的英国女子拜访迈泰奥拉的圣巴西勒修道院时也赶上了宰羊，并被鼓励吃羊头上的精华部位。其中一人，（在我看来）比遇到类似情况的帕特里克·利·弗莫尔更勇敢，接受了最尊贵的部位，一只眼睛。菜单上还有米饭、腌包菜、酸奶和奶酪。院长自己不吃肉，但还不至于拒绝别人把肉从自己过载的盘子里送到他的盘子里。[28]

所以，即便主人因为宗教规则对自己不能像对客人那样慷慨，受邀用餐也是一件好事。无论是从逻辑上说还是在现实中，被邀请拜访某人的家会更好，在回答希腊食物好不好吃的宽泛问题时，劳伦斯·达雷尔给出的微妙答案正是源于这种想法。如果是评判希腊人在家吃的食物，那么他确定地认为他们吃得很好，善于挑选，厨艺高超。如果受邀拜访私人房屋或参加某些家庭庆典，食物的丰富和美味会让客人吃惊。但这需要大量的准备工作，达雷尔补充道："背后总有祖母忙碌的身影，她清晨四点就起床做菜为宴席做准备。"美味的希腊盛宴刚刚开席，客人就会享用最好吃且种类最丰富的食物——短时间内连续上桌，每种单独少量盛放的小吃，也就是"前菜"；因此，达雷尔补充

一家旅店（xenodochion）和其竞争对手奥林匹亚酒店（Hotel Olympia）的素描，约1890年，伊迪丝·佩恩（Edith Payne）和伊莎贝尔·阿姆斯特朗在这里首次遇到了酸奶（"非常酸的凝乳"）：摘自阿姆斯特朗的《两位英国女子漫游希腊》（1893年）

道，这些小吃一般是在户外葡萄藤的阴影下吃，这确实是一种合适的享用方式。[29]根据希腊用餐习俗，主菜以类似的方式陆续上桌，种类也很丰富，很像中国的上菜习惯，与法国人喜欢的按顺序上菜、每道菜之间间隔很久的方式，和英国人擅长的菜式一道接一道快速上桌、尽快吃完的方式都很不同。一顿希腊美餐是多人——最好多于阿切斯特亚图认为是上限的三五个人——分享的，而且要吃很久。

愉悦的心情是享受希腊美食的前提，能否在餐厅愉快用餐取决于多个因素的复杂协调：有什么食材，厨师怎么做，宾客和餐厅能够给彼此带来什么。有时可能无法协调。"在这个国家就吃不到一个好吃的水煮蛋：没有人懂什么叫煮三分半。"汉弗莱·基托断言道。[30]他说得可能没错，但如果不为此焦虑，他可能会感觉好一点。面对上菜时已经凉到离谱的食物，达雷尔也失

第七章 近代希腊的食物

科斯塔斯·普雷卡斯（Kostas Prekas）在锡罗斯岛的商店因为出售来自希腊各地的传统产品而声名远扬。他销售自己的西红柿干、盐腌刺山柑和其他蜜饯

去了幽默感；菲尔丁注定永远无法习惯克里特岛乡村料理，那些菜趁热吃或许还能下咽，他承认道，"但从来都不是热的"；[31]在利·弗莫尔讲述的故事中，他点了炒蛋和薯条，然后等了半个小时，因为店家要把做好的菜放凉。"热食不好，"咖啡店老板告诉他，"会让人生病。"[32]

鉴于希腊食物的质量取决于地点和季节——还有运气——好餐厅的水平也会波动。"晚餐总有意外，"两名漫游希腊的英国女子发现，"从三道菜到六道菜都有可能。"[33]她们很幸运。基托在察科尼亚时有时能吃上一道菜就满足了："今天没有收获。吃煎蛋饼可以吗？"[34]

感到满足是一种技艺，而且不难学。基托就学会了，那是在造访察科尼亚后不久，那天他享用了"第二顿早餐……在肉铺里的餐厅吃了一大盘炸肝和西红柿"[35]。"你很快就会忘掉最初的烦恼"（劳伦斯·达雷尔仿佛在与基托对话），"进入一种认命的状态，平静地接受被端上来的任何东西——是能遇上好东西的"。[36]达雷尔在此处列举了一些最好的食物：伊兹拉岛的龙虾或小龙虾，科孚岛的酱汁煎肉（见第225页食谱），罗得岛的 *soutzoukakia*（串烤内脏）。平静地接受任何被端上来的食物意味着时刻做好准备，迎接美味菜肴恰好现身，并同时在肉铺享受眼前的炸肝。一定程度上，漫游希腊的两名英国女子在奥林匹亚的第一晚就是这么做的，那时"晚餐比想象的好很多"：

> 汤很浓郁——我们觉得非常好喝——虽然不容否认的是在颠簸的海面上它应该有很强的舒缓作用；然后是各种奇形怪状的羊肉，随意享用，之后是厚肉片——这就解释了为何前一道菜是形状不规整的肉；最后是非常酸的凝乳和橘子。这里带有浓烈松脂味的葡萄酒，包括红葡萄酒和白葡萄酒，相当适口，甜度低且特别健康。[37]

利克斯·费伯也是这么做的。让我们回到15世纪，回到克里特岛上的干地亚（现伊拉克利翁），一天晚上，他作为一群各式各样的德国朝圣者，"包括贵族、牧师和修道士"中的一员，在乘船前往圣地的途中在这里停留：

> 很不幸，除了一家一名德国女子经营的妓院，我们找不到其他旅店……我们一进门她就清空房子，把所有房间都提供给我们。她是一个举止得体、恭敬谨慎的女子，为我们提

第七章 近代希腊的食物

供了大量所需物品,我们喝着克里特岛葡萄酒——也就是被我们称为马姆齐的葡萄酒——享用了丰盛的晚餐。那天我们吃了很多成熟的葡萄,有紫色的,也有白色的。[38]

达雷尔提供了另一条建议:"必须努力到处寻找符合自己口味的餐厅。"[39]比费伯晚450年,比达雷尔早40年的菲尔丁在克里特岛西端的干尼亚兢兢业业地实践了达雷尔的建议,最终选中了一家无名的港口酒馆:

没有菜单;客人只要揭开炭火盆上炖得冒泡的铜锅的盖子就能看到店里在做什么。食物有时非常美味,总是很朴实:西红柿和橄榄炖嫩章鱼;同样做法的乳猪;搭配大蒜土豆蘸酱——克里特岛版本的普罗旺斯大蒜蛋黄酱(aioli)——的鳕鱼排;烤小牛排或烤红鲷鱼;有时只有汤,小扁豆或鹰嘴豆或豆子搭配……我最喜欢的"火山"沙拉。[40]

原材料:水果和蔬菜

水果是希腊诗歌中最早被提到的食物之一,至今仍在诗歌中出现。我们已经说到,《奥德赛》提到了斯克里埃岛(以科孚岛为原型的虚拟地点)上的一座果园,园中种有6种水果。[41]在中世纪文学中,大主教尤斯塔修斯在欢迎法国的阿涅丝公主的致辞中,将利用联姻巩固拜占庭防御的曼努埃尔皇帝描述成一名从东南西北把果树幼苗带到君士坦丁堡种植的果园园丁。马尼半岛的一首葬礼悼诗也取用了类似的比喻:

> 死神计划造一座果园。
> 他挖土准备好种树的土地。
> 他种下的年轻女子是柠檬树,年轻男子是柏树,
> 幼儿是遍布果园的玫瑰,
> 老人则是围绕果园的树篱。

希腊果园已变得更加丰富。橄榄、葡萄和无花果几千年前就已被种植,史前时代末,又新增了《奥德赛》中列出的苹果、梨子和石榴,以及梅子、榅桲和核桃。古典时代新增了樱桃、桃子、杏、开心果和香橼。柠檬、苦橙和甜橙随后到来,还有最近的猕猴桃。他们都在希腊烹饪中占据一席之地:比如不用柠檬现在已经很难想象了。然而希腊最早的人类居民熟悉的野生水果,有些偶尔被种植在菜园中,有些尚未被栽培,如今在森林中仍旧能够找到。其中之一是草莓树(arbutus),利克在伯罗奔尼撒半岛的乡野曾发现这种植物,在科孚岛达雷尔讨论过他所听说的这种植物果实的奇怪特性:"我不知道,"他在《普罗斯佩罗的牢房》中引用了他的朋友西奥多·斯特凡尼季斯(Theodore Stephanides)的话语,"你有没有注意到草莓树果也会醉人?" [43] 斯特凡尼季斯是一名生物学家、放射学家和诗人,很久之后他发表了他对希腊及其自然历史和食物的个人观察,并详细解释了这种令人意外的说法:

> 9月和10月,草莓树挂满一簇簇橙红色的果实,单个果实有大个樱桃那么大,可以被做成带有柔和草莓香味的美味果冻。如果空腹生吃,这些莓果会让人有类似醉酒的感觉。

第七章 近代希腊的食物

不好看不好吃但非常芳香的香橼（*Citrus medica*）是最早传入地中海的柑橘类水果之一，约在亚历山大大帝时代后不久传入。如今它在希腊被种植，并赋予一种岛屿烈酒纳克索斯岛柑橘酒（*kitron Naxou*）独特的风味

第一次世界大战期间，在马其顿前线我曾看到约50人构成的工作小组在草莓树果的作用下酩酊大醉的滑稽场面。[44]

在栽培水果中，葡萄作为酿酒原料从不会被忘记，但吃时令新鲜葡萄的快乐可能会被忽视。过去安贝洛基皮（Ambelokipi）的葡萄藤就是为了给雅典市场提供水果葡萄而种植的，安贝洛基皮是"葡萄园"的意思，如今是一个内城区和一个往返机场的人都知道的地铁站的名字。在那里伯纳德·伦道夫（236页上有更完整的引言）走过"非常令人愉悦的花园，其中种满水果和蔬菜，周围有被葡萄藤遮蔽的步道"。在克里特岛干尼亚西部的普拉塔尼亚斯（Platanias），此地名意为"悬铃木"的河边，曾有遮天蔽日的大悬铃木旺盛生长，这正是因为要生产晚于一般时令上市的水果葡萄。1743年，理查德·波科克曾欣赏过这些树：

它们很高,组成了极美的树林;葡萄藤被种在树下,缠绕在树上,不修剪自然生长;因为在树荫下生长,这种葡萄生长缓慢,一般采收季过去之后才成熟;果实直到圣诞节都还挂在枝头,可带来可观的收入。[46]

这些树木和葡萄藤,"如今已经长到了在法国或意大利闻所未闻的大小,有些树干有普通人的腰那么粗",1837年,罗伯特·帕什利(Robert Pashley)赞美它们是"最值得干尼亚访客观赏的对象之一"。帕什利最勤奋的读者爱德华·利尔1864年拜访此地,"走在有夜莺出没的清新绿道边",但他来得太晚了:葡萄藤已经死了,变得无用的悬铃木已被砍掉。[47]

草莓树(Arbutus unedo),10月可以看到小白花以及未成熟和成熟的红色果实

第七章 近代希腊的食物

纳克索斯岛和希腊沙拉

我们沿着一条悬铃木和夹竹桃覆盖的急流走进了有两个村庄的阿卡迪亚山谷。其中较大的梅拉内斯（Melanes）是我们的目的地，向东走半小时即可到达。我们继续沿着水道前行，偶尔遇见水潭，路过大量悬铃木，越过一片露出地面的白大理石到达村庄。它位于峡谷南侧，而远近闻名的菜园（peribolia），我们在炎热的天气进行这场旅行的原因，在峡谷另一侧……我的向导为了用我的钱回自己家故意误导我；因为村里的咖啡店，由美丽的女主人卡利奥佩经营，似乎属于他的家庭。但在炎热的正午，这个地方还不错：有凉爽的树荫、新鲜的鸡蛋、优质的面包以及入口即化的无花果、美味的葡萄和纳克索斯岛葡萄酒……享用丰盛大餐之后再来一杯土耳其咖啡并小睡一会儿，我都有点想要原谅这个小流氓了。

住在安德罗斯岛，但造访附近的纳克索斯岛的 J. 欧文·马纳特在他的书《爱琴海的日子》（Aegean Days，1914）中这样写道。一百年来，那些"远近闻名的菜园"几乎没有任何改变，至今仍被精心打理，梅拉内斯仍是享用午餐的好去处。11月初，我们在纳克索斯岛进行了一次漫长、炎热但最终令人满意的徒步，从散布着水车磨坊、被郁郁葱葱的梯田覆盖的山谷，到橄榄林间陡峭的驴道，再到通往一座未完成的青年男子立像——一直倒在2500年前其破碎并被弃置的地方——的岩石隘口，最终到达一个难找的古代输水道入口。然后是马纳特笔下的菜园，山谷的一侧是陡峭的梯田蜿蜒盘旋，下坡或穿过水流都很难。穿过这一区域后，就会遇到更多的果园和菜园，并最终到达梅拉内斯和奥乔戈斯酒馆（O Giorgos）。我们吃了酒馆自种的本季第一批甜黄瓜——足足吃了一整盘——黄瓜被去皮并切成了几个欧元硬币的厚度；我们还品尝了淋上橄榄油，搭配面包的奶酪之花，从羊奶上层撇出的新鲜白奶酪，也是他们自制的，只有吃了初秋下雨后长出的新鲜绿叶的山羊才能产出这样油分含量极高的羊奶。

无数菜单上都有的经典"希腊沙拉"由西红柿、黄瓜、洋葱、青椒、菲达奶酪、橄榄和牛至组成。但希腊沙拉是多种多样的：食材合理搭配，酱汁轻滑清淡，搭配大量乡村面包或酸面包食用。福尔斯提到了一种做法："我们吃了午餐，在柱廊下享用了山羊奶酪和加鸡蛋的青椒沙拉组成的一顿简单的希腊餐。"[48]西红柿是很多菜肴的基础，但质量一定要好：从七月底到十月的，它们或酸或甜，风味丰富甚至会让人想起草莓。可以随喜好加入红洋葱、黄瓜、刺山柑、青椒、红椒、菲达奶酪或米泽拉乳清奶酪等白色咸奶酪、柔软的马齿苋、牛至等。

在对希腊节庆的叙述中水果偶尔会被提到：蔬菜几乎从来不会被提到。无人夸耀它们。然而它们的重要性是显而易见的，尤其是在日常生活（肉类总是一种奢侈品）中，对穷人（肉和鱼都

第七章 近代希腊的食物

很昂贵）——特别是住在乡村地区、有空间和时间照料菜园的穷人——而言。在一出古代喜剧中一名贫穷的老太太列举了她日常生活的主要食物，这些食物包括豆类、羽扇豆、芜菁、黑眼豆和葡萄风信子球茎。[49]古典时代的希腊人知道包菜、生菜、菊苣、芜菁和甜菜；几千年来，蚕豆、豌豆、小扁豆和鹰嘴豆为人所熟知。如果小麦和大麦不足，它们甚至是潜在的主食，不过如果有面包，豆类通常会被用作主菜。在中世纪的拉科尼亚，安科纳的西里亚克记述道："他们的餐食包括用大量油调味的碎豆，他们的面包是用大麦制作的。"[50]正如利克所说，即便是获取这样基本的食物，也要有和平的环境和灌溉用的水源，利克的希腊之旅发生在19世纪初，希腊从土耳其独立前的最后几年：

> 依赖灌溉的夏季菜园收获，如葫芦、黄瓜、茄子（badinjans）、西瓜等，对于穷人来说太昂贵了，或无法获取，毕竟园艺栽培，因为收获太容易被偷走了，在土耳其这样一个财产安全得不到保障的国家是无法蓬勃发展的。[51]

西瓜和菲达奶酪沙拉

两人份：西瓜一厚片，约300克，去皮，果肉切成大块
150克菲达奶酪，粗粗捏碎撒在西瓜上
黑胡椒
少许橄榄油和大量面包

> 享用并吐籽。
>
> 西瓜和图卢米西奥奶酪（*touloumisio*）更配，图卢米西奥奶酪是一种在山羊胃中熟成的、质感类似蜂巢的硬山羊奶酪，但这种奶酪不容易找到。

在这个简短的清单中，利克提到了葫芦和西瓜，这两个物种在古希腊就已经出现，但在古典文学中几乎没有被提到。利克还提到了黄瓜和茄子，这两者都已知是拜占庭时代被引入的。他还可以加上情况类似的菠菜；引入较晚、但如今不可或缺的西红柿；以及洋葱和大蒜，当然还有韭菜——在古典时代，这种蔬菜低调但十分重要，当时蔬菜田就被称为韭菜田（*prasion*）。韭菜如今仍很重要，另一首马尼半岛的充满诗意的悼诗中写道："我在花园里，香草间……"哀悼者哀泣道，"我采欧芹，拔韭菜……欧芹是我的泪水，韭菜是我的悲伤。"[52]豆类或其他蔬菜可能会被做成小吃或配菜，如很多餐厅菜单上都有的棉豆；蔬菜可以被做成派，如菠菜（*spanakopita*），甚至生菜（*maroulopita*）也可以；多汁的新鲜蔬菜可以制作餐厅作为午餐提供的"希腊沙拉"，别忘了赞·菲尔丁喜欢的"火山沙拉"中的那些蔬菜："大蒜和生洋葱，红椒、青椒和橙椒以及六七个清凉的梨形小冬季西红柿。"[53]

伯罗奔尼撒半岛橙子沙拉

> 几个厚皮大橙子去皮——厚皮的橙子好吃——切掉两

头,然后用快刀沿着橙子的曲线在果肉和白色橘络之间划开。将橙肉切成圆片,摆在盘子中,保留尽量多的果汁。将几根小葱细细切碎,撒在橙子上。在表面撒上一些质感柔软、风味浓郁的山羊奶或绵羊奶白奶酪:如希诺米兹拉奶酪。最后加入少量辣椒粉。用一点油调味,不加醋。

纳克索斯岛土豆沙拉

500克纳克索斯岛土豆煮熟,切成方便入口的大块
几个李子西红柿[①],切成四等份
1/2个红洋葱,切片
1/2汤匙盐腌刺山柑,沥干并浸泡
橄榄油,适量醋,一点盐
(刺山柑已经非常咸了)

纳克索斯岛的土豆口感细腻,是粉感和蜡感的完美结合,做沙拉或者搭配烤肉都很好。纳克索斯岛的梅泽梅泽餐厅(Meze Meze)的菜单上有"土豆沙拉"和"纳克索斯岛土豆沙拉":建议点后者。在帕罗斯岛的莱夫克斯村(从纳克索斯岛城镇可以看到这个村庄),土豆沙拉有所不同:是土豆混合刺山柑叶并加油调味。

---

① plum tomato,一般呈椭圆形,和其他西红柿相比肉厚籽少,尤其适合制作酱汁或番茄泥。

香草和香料也属于蔬菜王国，拜占庭人和土耳其人追捧它们，为了健康和享受将它们用于烹饪，这一传统被小亚细亚的希腊人保留了，但险些——如果尼古劳斯·采莱蒙特斯成功的话——被独立希腊遗忘。它们没有被遗忘：希腊食物如今善用香料，阿泰米斯·莱昂提斯清楚地列出了似乎经常被一起使用的香料："柠檬和莳萝，柠檬和橄榄油，醋和橄榄油，醋和蜂蜜，醋和大蒜，大蒜和牛至，大蒜和薄荷，西红柿和肉桂，西红柿和刺山柑，茴芹（或茴香酒）和胡椒，橙子和茴香，多香果粉和丁香，松子和醋栗，圆叶樱桃仁粉（mahlepi）和洋乳香酒（mastiha）。"后来从东方和西方到来的人带来了丁香、柠檬、橙子、西红柿和多香果粉，但其中有些组合在古代烹饪中已经很常见了。

原材料：鱼和肉

对于住在海边的人来说，贝类和其他无脊椎海鲜，就像野菜一样，在春天十分重要。对于遵循传统规则的人，斋戒期间是不能食用鱼和肉的，但"没有血的鱼"是可以吃的。因此，在中世纪的君士坦丁堡，海鲜料理得到了大力发展；现代希腊对不像鱼的海产，乌贼和章鱼，螃蟹和龙虾以及小龙虾和虾有着广泛的兴趣。关于章鱼：希腊谚语说"章鱼要打两次，每次七下"，因为如果不做嫩化处理，章鱼就会硬到无法食用。[55]还有赞·菲尔丁在干尼亚他最喜欢的小酒馆学会享用的海胆，味道"融合了砂砾、黏液和碘：荟萃海之精华"；海胆因外表像刺猬而得名，但里面截然不同。菲尔丁看到即便是被切成两半，深橙色的"馅"——卵巢——被舀到面包皮上之后，海胆紫色的刺

第七章 近代希腊的食物

仍然在动。菲尔丁想要用白葡萄酒搭配这种奢侈的小吃,但招待他的主人坚持配茴香酒。[56]还有海鞘,它是《伊利亚特》中提到的唯一"没有血的鱼",曾被亚里士多德详细描述过,因为没有任何其他生物与之相似(与其说它是一种动物,不如说它是一个微观生态系统),阿切斯特亚图曾推荐去拜占庭对面的迦克墩(Kalchedon)购买海鞘。海鞘,现代希腊语称 fouska,古代希腊语称 tethyon,的吃法是切成两半,生吃其中柔软的黄色物质〔艾伦·戴维森(Alan Davidson)说像"炒蛋"〕,[57]加柠檬汁调味;或加入古代海鲜作家克赛诺克拉底推荐的香料,不过要用阿魏替代已经消失的罗盘草:"海鞘。切开洗净,用来自昔兰尼的罗盘草、芸香、盐水和醋,或浸在醋和甜葡萄酒中的新鲜薄荷叶调味。"[58]

自从弗兰克西洞穴的居民捕捞金枪鱼,爱琴海就因鱼著称。自从货币被发明,希腊人就愿意为好鱼支付高价。从达达尼尔海峡(赫勒斯滂)到马尔马拉海,再到君士坦丁堡海岸,渔业资源都非常丰富。皮埃尔·贝隆提到,马尔马拉海的海鲜产量不亚于任何拥有好牧场的地区的牲畜产量,他还补充道,"土耳其和希腊的所有人相较于肉,都更喜欢吃鱼"。[59]希腊海岸线很长,住在海附近的居民占比很高,拥有一些出色的城市市场,对海鲜美食的特别关注是希腊的独特之处之一。"他们用亮着一盏小灯的船捕鱼,鱼会跟随在后面,渔民发现后就用鱼叉叉鱼。"惠勒1682年写道。[60]爱琴海的许多捕鱼活动规模都很小,但由于政府一方面鼓励不可持续发展的方式,另一方面又摒弃本地传统,渔业资源在减少,渔业受到了致命威胁。[61]

无论是在海港还是在市场出售,到达厨房后,鱼很可能还是像阿切斯特亚图推荐的那样被简单烹调，或许是按照相同的食谱。每种鱼的处理方法一旦确定就没有必要改变。面对一种他不认识的鱼，菲尔丁学到了三行诗句，这三句话概括了名字中有巧妙谐音的食谱Σκάροι στη σχάρα（skaroi sti schara，烤隆头鱼）：

我叫隆头鱼，请把我放在烤架上烤
装盘后加入油和醋：
然后把我整个吃掉，包括内脏。[62]

这是一种古罗马人支付高价购买的鱼，但他们的诗人马提雅尔是一名挑剔的食客："其内脏很好，其余部分味道很廉价。"[63]

在餐厅点新鲜的鱼（冻鱼不得作为鲜鱼销售）时，用手指出你喜欢的鱼并按重量付款，如果你愿意，可以回忆一下古代雅典舞台上关于鱼价高昂的众多讨论。鲜鱼可能不会在菜单上列出：怎么可能呢？没人知道每天会进到什么鱼。这取决于渔民和鱼。黛安娜·科希拉斯提供的简短的希腊西北部渔历让我们能够一瞥渔获的潜在多样性："欧鳊九月最佳。其中较小的被称为 ligdes，加少许盐和橄榄油保存。"[64]

肉是人几乎不配吃的奢侈品。我们不完全清楚在史前希腊人们找什么借口宰杀他们的牲畜，但确实知道有人在圣所大吃特吃，把神牵扯进来。古典时代的希腊人显然就是这么做的：一只动物被献祭——他们将宝贵的牲畜献给神的做法符合这个词的所有定义——几乎所有的肉都被参加仪式的人类分享，只留给被祭祀的神很少一部分。这种背景影响了拜占庭和现代希腊对待肉的态度：如今吃肉已经相当普遍，餐厅菜单上都有肉类菜肴，但也

第七章　近代希腊的食物

圣山瓦托佩迪修道院的最后的晚餐壁画，约1312年

会有不提供的意外情况；和过去相比，肉类在现代生活中要常见得多，不过和北欧人比，大多数希腊人吃的量很少，因为尽管神和宗教哲学都改变了，但肉（尤其是羊肉）仍旧是祭祀食品。

屠宰一头动物可以产生很多食物，从可以烤的肌肉，到可以制成精美特色菜肴的头，再到可以被变成各种好看好吃的产品的内脏。动物被宰杀后，肌肉之外的所有部分都会被吃掉，无需举办庆典或仪式。但吃烤肉是要庆祝的，无论是《伊利亚特》和《奥德赛》中招待宾客的晚餐，还是复活节羊肉或现代希腊的婚宴，抑或是更俭朴的庆典宴席。和史诗中一样，在重大场合可能还是男人烤肉，但也并非总是如此。"这里有一条美味的羊腿。"帕特里克·利·弗莫尔的临时旅伴对他说，拍了拍他的背包。它

米栏（Miran）是雅典蒙纳斯提拉奇地区最受欢迎的熟食店和历史悠久的地标。天花板上悬挂着香肠（Soutsouks）和风干牛肉

来自一只三个月大的春季羔羊，将会由他的房东太太烤制，"全包在油纸里……她把整个丁香插在肉和骨头之间"。适当烘烤后剥开油纸，金棕色的羔羊腿会"汁水满溢，旁边搭配一些烤土豆"，散发出大蒜、百里香和迷迭香的香气。[65]

绞肉可以制作经济的菜肴，如香肠或肉圆，或含肉量更少的派，希腊各地都有具有当地特色的派，而肉也是潜在派馅的一种。

绞肉还可以做成香肠。很多希腊屠户自己制作香肠，主要是用猪肉，但也用牛肉和羊肉，或多种肉混合，不同地区和不同屠户的食谱都不尽相同。人们会为了前往自己喜欢的香肠店长

第七章　近代希腊的食物

途跋涉。多样的自然资源和历史悠久的人口交换导致最北部地区的香肠和南部的大不相同。在色雷斯和希腊马其顿地区，香料和附近的巴尔干半岛国家保加利亚和前南斯拉夫的马其顿共和国①等相似或一模一样。香肠中会加入大量新鲜红辣椒（被称为 boukouvo）或干辣椒粉，以及孜然粉、多香果粉和黑胡椒等其他香料。在马其顿中部的科扎尼，香肠因含有得名于该地区的番红花雄蕊（krokos Kozanis）而呈深橘黄色；在仍有半游牧的少数民族弗拉赫人居住的塞萨洛尼基东部的纳乌萨地区，香肠是用一点肥瘦相间的猪肉和牧羊人社群中随处可见的山羊肉混合制成的。色萨利特里卡拉（Trikkala）的香肠用韭菜增添甜味。再往南，在伯罗奔尼撒半岛，人们喜欢加的香料是香薄荷和橙皮，在马尼半岛烟熏猪肉（singlino，很快会谈到）中亦是如此；附近的拉科尼亚平原以伯罗奔尼撒半岛上规模最大的橙子栽培著称。岛屿香肠加入各式各样的本地香料：锡罗斯岛香肠会加入大蒜和茴香籽，蒂诺斯岛亦是如此；帕罗斯岛和安德罗斯岛的香肠加茴芹籽，然后放入猪油中保存，被用来制作一种煎蛋饼（frittata, fourtalia）。米科诺斯岛的香肠有香薄荷和百里香的香味。在克里特岛西部，牛至、百里香和孜然被混入绞肉，然后绞肉在红酒中浸泡——最长不超过一周——之后被装入肠衣。塞浦路斯的香肠经常含有香菜籽——这种香料在塞浦路斯料理中很常见，但在希腊其他地方几乎不用——在装入肠衣前也会在红酒中浸泡几天。

---

① 隶属于南斯拉夫社会主义联邦共和国的 6 个加盟共和国之一，1990 年代初南斯拉夫解体后宣布独立，并于 2019 年成为北马其顿共和国。

在科孚岛、伊奥尼亚群岛、克里特岛和伯罗奔尼撒半岛上的部分地区，有一种类似威尼斯血肠（boldon）的香肠，用大蒜、肉桂、丁香和肉豆蔻调味。威尼斯人带到科孚岛的牛血猪肉肠（bourdouni）是用牛血和猪肥膘制作的，可能可以追溯到古希腊血肠，这种血肠经过罗马和威尼斯厨房的加工，又回到了祖国。玛丽安娜·卡夫鲁拉基指出尽管食用血不是烹饪界主流，但希腊各地仍有很多这种起源于中世纪或更古老时代的菜肴；不过用肺或脾代替血的做法很常见。[66]

这些香肠多数轻微风干或烟熏，在生产后几周内"新鲜"食用。香肠之外，也有对肉进行保存和腌制的浓厚传统：在农耕或半游牧社群里，在冷藏技术出现之前，必须有在动物宰杀后长期保存肉类的手段。

要说希腊各地熟食店都有的产品，还要数烟熏盐腌猪肉，一般是里脊。根据传统，圣诞节宰杀家猪之后，肝、心、脾等容易坏的美味会先被吃掉，剩下的肉会被腌制，以备冬季剩余的几个月及以后食用。里脊适合烟熏后切成薄片作为小菜搭配茴香酒或齐普罗酒。这种食物的名称和调味可能有所不同，但制作方法始终如一。在蒂诺斯岛和安德罗斯岛，烟熏猪肉一般会加入茴香籽、黑胡椒和多香果粉；在锡罗斯岛则是用胡椒、多香果粉、肉桂和丁香调味；在这三座岛屿，肉都会被用红酒腌制。

在桑托林岛和克里特岛上，拜占庭时代的名称 apokti 流传了下来，指的是一种腌制猪肉的变体，不经烟熏用醋腌制的猪里脊。猪里脊修整后用盐腌制一天，在醋中浸泡三天，然后拍干，抹上肉桂，放置约6个小时让香料附着在肉上："然后抹上黑胡椒粉、干香薄荷和更多的肉桂，悬挂干燥几周。"[67]在此基础上又发展出

第七章 近代希腊的食物

了克里特岛的腌猪里脊（apaki）：里脊同样被放入醋中浸泡，然后烟熏几天，用孜然粉和鼠尾草、鼠尾草和香薄荷等香草调味。[68]

科孚岛的葡萄酒腌猪里脊（nouboulo）是用加入鼠尾草、月桂、桃金娘、牛至和杏仁壳的火烟熏的，在伯罗奔尼撒半岛的马尼半岛地区，现在非常流行的烟熏猪肉是用加入鼠尾草或柏树枝的火熏制的。这里主要的调味料是橙皮——该地区的香肠亦是如此——里脊肉在烟熏之前用盐腌制，还会被压上长筒鼠尾草（mountain sage）。如今，随着传统手法和地区特产再次受到欢迎，很多用这些曾经默默无闻的方法制作的猪里脊可以在超市中买到，这种产品真空包装，已经切好，可以作为搭配齐普罗酒的小吃直接食用。

希腊北部的肉制品保存手法和主料都有所不同，这一地区偏爱存储在猪油或油中的炸牛肉或山羊肉（尽管猪肉已经比过去更常见了）。色雷斯的油封肉（kavourmas 或 kaparnas）一般是牛肉，牛肉用盐腌制，加入香料放入油中烹饪约六个小时直至脂肪

最著名的希腊奶酪肯定是菲达奶酪。最优质的菲达奶酪是在桶中熟成的

米泽拉乳清奶酪是一种广为流传的乳清奶酪，制作奶酪传统上是一种尽量利用牛奶的食用价值的手段。"老奶奶"（yiayia）在乳清凝固时搅拌乳清

243 析出，然后卷成粗香肠的形状，用类似法国油封的手法储藏。苏茨克（soutzouk）是一种紧实的、类似萨拉米香肠的食物，在巴尔干地区随处可见，这种食物得名于土耳其语中表示香肠的词语——它就是一种香肠，不过为了保存被压紧和干燥过。

在北方各地，从马其顿往西，都有风干肉，这种腌制牛肉干在东地中海的前奥斯曼帝国国家为人所熟知。这种肉干一般是用牛肉制作的，偶尔也用骆驼肉，有人说骆驼肉做的风干肉最好，这种肉干在雅典市中心的专门熟食店可以买到。与之形成鲜明对比的是，一种意大利风格的萨拉米香肠——偏肥的猪肉加入大量调味料和大蒜——在18世纪被来自威尼斯湾布拉诺的移民引入到勒卡斯，如今克里特岛、萨索斯和欧瑞塔尼亚（Eurytania）也制作这种香肠。

第七章　近代希腊的食物

克里特岛格拉维埃拉奶酪（graviera）。虽然名字借用自格吕耶尔奶酪，
但格拉维埃拉奶酪在希腊各地已发展出与格吕耶尔奶酪十分不同的变体：
是一种小圆盘状，通常很硬的绵羊奶奶酪

原材料：面包和奶酪

就农业而言，屠宰动物获得的肉和如果有办法储存则可不断产出食物的奶是此消彼长的。利克对农业经济有着浓厚的兴趣，概述了乳制品产业。"一只好母羊，"他首先说，"每次挤奶可以产一磅奶，奶可以制作黄油、奶酪、米泽拉乳清奶酪和酸奶。"然后他解释了如何依次制作前三种乳制品。为了制作黄油，羊奶被静置24小时变酸，然后放入细长圆木桶中用棍子搅拌。剩余的液体（白脱羊奶）与等量羊奶混合：加热这种混合物（tyrogalo）并向其中加入有盐的凝乳酶可生产奶酪，利克随后描述了奶酪的制作过程。之后剩余的液体（nerogalo，乳水）还有一种用途：

  制作米泽拉乳清奶酪。乳水被放在火上加热：加入约其体积1/10的羊奶，短暂煮沸后收集表面上的米泽拉乳清奶酪。山羊奶制作的米泽拉乳清奶酪最好，尽管黄油已经被从中提取。[69]

  因此，米泽拉乳清奶酪是一种凝乳奶酪，是希腊版的里科塔奶酪，这与荷兰旅行家埃格蒙特和海曼拜访当时被威尼斯统治、说意大利语的基西拉岛时的发现一致："其最显著的商品是一种奶酪，名为里科塔：是用煮沸的羊奶制作的。"[70]法国旅行家同样将米泽拉乳清奶酪等同于曾经的萨伏依特产雷奎特奶酪（recuite）。

  即便是在近代旅行家提到酸奶时都颇为困惑：如今我们早已忘记它曾是一种多么陌生的食物。很多人都是在希腊首次接触这种食物，如1893年的两名漫游的英国女子，她们提到了"一种非常酸的凝乳"，[71]还有1945年的劳伦斯·达雷尔，其词汇表包括"Yaourti：一种撒着肉桂的凝乳甜点"。[72]

  希腊奶酪多样又优质，但除了最近的访客，大多数旅行家往往体会不到这一点：最好的奶酪很少能与最挑剔的顾客相遇。有些确实很特别，如利姆诺斯岛海水冲刷的梅里帕斯托奶酪（melipasto）。有些既优质又出名，尤其是用盐水浸泡、在桶中熟成的菲达奶酪，这是一种传统的中东奶酪，在希腊用绵羊奶或最多30%的山羊奶制作。模仿是最高形式的赞美，希腊菲达奶酪在世界其他地方被模仿，直到最近仿品也可以合法自称菲达奶酪。在欧盟，2002年与丹麦的法律纠纷解决后，只有希腊产品

第七章 近代希腊的食物

才能叫菲达奶酪。很多其他希腊奶酪如今有原产地认证，但这些其他种类在产地之外都不如希腊最著名的奶酪制造商斯帕基奥特姆（Sphakiotm，位于克里特岛西南部）的巴尔巴·潘泽利奥斯（Barba Pantzelios）著名，让他知名的不是奶酪，而是他1786年创作的史诗《达斯卡洛伊安尼斯之歌》（Song of Daskalogiannis），这部作品讴歌了一位与土耳其人战斗的反叛者的勇敢和牺牲。

面包烘焙在希腊有至少7 000年历史，古典时代雅典的面包烤炉在当时非常著名；雅典无疑是世界上第一座可以用钱购买面包的城市。如今，优质的希腊面包，发酵面包，是众多简餐的主要组成部分，在餐厅用餐也基本会搭配。但也有其他面包——坚硬的大麦面包干在历史上扮演重要角色，环状的硬面包圈作为快捷的早餐大量出现在城市街头。和肉一样，面包与信仰和仪式息息相关，人们时常为特别场合——圣诞节和感恩节，订婚、婚礼与孩子出生——烘焙特别的面包。早晨吃面包，下午吃蛋糕，不过希腊蛋糕和面包截然不同，遵循一般被认为来自土耳其的传统［多数名字都是土耳其语，如卡黛菲（kadaifi）①和巴克拉瓦］，但与我们所知的古典和拜占庭时代甜点有广泛的相似之处。这种传统显然和北欧传统截然不同，最显著的区别可能是蛋糕——大多数蛋糕——都在蜂蜜中浸泡过的。蛋糕好像一直会被这样处理。"最好的蜂蜜要新鲜食用。不仅好吃，还能延年益寿。"拜占庭农业手册《农事书》睿智地建议道。书中还提到古代哲学家德谟克利特在被问到人如何确保健康长寿时回答道："外用油脂，内服

---

① 希腊甜点，用特别的丝状菲洛酥皮制成，富含坚果，通常是核桃或开心果，并用大量蜂蜜或糖浆浸泡增甜。

蜂蜜。"[73] 至于橄榄油，尽管如今很少被外用——在这方面已被肥皂取代——但仍是希腊厨房和现在的地中海饮食的重要组成部分。大量各种各样不同风格的食用橄榄在市场上销售。市场销售仅仅是橄榄和橄榄油的重要性的部分体现，因为很多乡村居民有自己的橄榄树，他们不仅自己在家庭内食用那些树的果实，还将它们分给亲朋好友。

佐 餐 饮 品

"水为最佳。"古典时代诗人品达曾写下这样著名的论断。[74] 水在希腊一直很重要。1598年前后在扎金索斯岛的乔治·曼纳林（George Manwaring）向招待他的主家的仆人要一杯水。"商人听后让我尽量喝葡萄酒，因为对他来说，水比葡萄酒更加宝贵。"[75] 古希腊人会根据我们难以理解的标准细细评价来自不同泉眼的水。《智者的晚宴》列出了很多泉水，其中之一"很适口，有一种类似葡萄酒的风味：据说当地人去那里开酒会……我称量了科林斯佩雷尼泉（Peirene）的泉水"，另一人补充道："发现它比希腊任何其他的水都要轻。"[76] 这种特别的技能被保留到近代。在19世纪的马其顿，当地居民偏爱卡斯托里亚湖的水（据利克的记载，表面呈绿色，温热浑浊，远称不上无味），而不是当地泉水，因为他们认为后者较重。[77] 即便是在20世纪30年代，"希腊乡村居民向西方人品鉴葡萄酒一样品鉴水，"基托写道。"你的导游会告诉你不要喝这口泉的水：这水又差又稀……再等半小时，你就会遇到一口水轻得多的泉。"[78]

茶和巧克力对希腊的影响一直十分有限——"茶"有时指的

第七章 近代希腊的食物

不是中国茶叶（被称为"欧洲茶"），而是一种本地香草茶。咖啡有所不同。正如欧洲首位咖啡历史专家安托万·加朗所展现的，咖啡在10世纪左右从红海南岸开始其征服世界的旅程，此后被阿拉伯医学作家记录，但用了很长时间才作为一种热饮被接受。咖啡17世纪开始在希腊为人所知。希腊保留了独特的土耳其风俗——也可能是希腊风俗抑或中东风俗。"用餐时间之外，他们任何时间都喝咖啡，也常用咖啡招待客人。"乔治·惠勒1682年简洁地写道。[79]1894年，第一部英文版希腊贝德克尔旅行指南给出了绝佳的实用建议，如今仍旧有效：

> 咖啡一般品质优良，但无一例外是依照东方习惯饮用的，也就是连咖啡粉一起盛在小杯子中。一般都会加糖（gliko），但旅行者可以点少糖的 metrio 和无糖的 scheto……应该放置降温并"沉淀"然后小心地喝，注意不要扰动底部的沉淀物。

希腊咖啡一般会搭配一杯冷水，是一种早餐饮料，在家中会被用来招待客人，也是老式咖啡馆的固定商品。贝德克尔也描述了这些咖啡馆："希腊有很多各式咖啡馆，从乡村破旧的小木屋到装修成意大利风格的气派雅典店铺。"[80]这些雅典咖啡馆，政治家曾与诗人在其中擦肩而过，如今正在迅速消失，被现代国际咖啡店取代，这些店里流行的咖啡是弗拉佩①和弗雷多冰咖啡②。[81]

---

① Frappe，用速溶咖啡、水、糖和冰块制作的希腊冰咖啡饮料。
② Freddo，主要有弗雷多浓缩咖啡和弗雷多卡布基诺两种，前者为将浓缩咖啡、冰块和糖在调酒器中混合，弗雷多卡布基诺则是在弗雷多浓缩咖啡的表面再加一层冷的奶泡。

247

西奥多·斯特凡尼季斯描述的售卖兰茎饮的传统商贩在塞萨洛尼基卡里皮街（Karipi）的民间艺术作品中被表现

售卖兰茎饮的现代商贩在夜晚聚集在亚里士多德广场的人群中

第七章 近代希腊的食物

乡村咖啡店仍在，并不是所有都像贝德克尔认为的那么破旧，老头子们在那里没完没了地闲聊，女人们一般都有更好的事情可做。

这些新的刺激性饮料并未将兰茎饮驱逐出市场。根据达雷尔的朋友西奥多·斯特凡尼季斯的解释，这种饮料是用疏花倒距兰（Orchis laxiflora）和其他物种的球茎的干粉制作的黏稠的半透明液体，只有甜味，趁热加入姜或肉桂调味饮用。到19世纪初，其在伦敦都以"沙露普汤"的名字被销售。直到更近的时代，兰茎饮商贩（salepijis）在塞萨洛尼基都很常见，"背着装饰华丽的桶壶，弯曲的长壶嘴从右肩上方伸出……他会从宽皮带的一个格袋中拿出一个杯子，娴熟地弯腰将杯子倒满"，从而在为顾客提供增强活力的饮料的同时还向顾客礼貌地鞠躬。现在兰茎饮在土耳其仍被广泛饮用，在塞萨洛尼基也很流行，这种饮料如今用可以保温的小推车售卖。提奥弗拉斯特在公元前310年前后探讨刺激性欲的物质时最早提到了兰茎饮的饮用。[82]艾弗里雅描述了17世纪君士坦丁堡的兰茎饮贸易时写道：

> 兰茎（salep）一般被称为"狐狸的睾丸"，生长在布尔萨的奥林匹斯山等高山上……长得像葱，干燥后磨成粉末，加糖制成胶状物，放在用火加热的罐子中销售。商贩叫卖时会喊："喝兰茎饮，加了玫瑰水的：灵魂安逸，身体健康！"兰茎饮是一种增强活力、强身健体的饮料，还能改善视力。[83]

酒精主要以三种形式接触希腊人的味蕾：啤酒、烈酒和葡萄酒。上文讨论了啤酒的入侵（第240页）。除了在最谨遵戒律的教徒的最严格的斋戒期间，佐餐饮料都是葡萄酒，而不是水，自史前时代起一直如此。古典时代的希腊人对葡萄酒生产有着强烈的兴趣，对葡萄酒的产地和质量也很挑剔。奥德修斯探索斯克里埃岛一段简略提及了葡萄酒制作过程：

> 那里还有一座丰产的皇家葡萄园，
> 有的葡萄被铺在一处平地上晒干，
> 受阳光暴晒，有些人正在采摘果实，有些人正在酿造。[84]

这些语句和前面引用的赫西奥德的话语（第253页）一样，表明希腊人用半干葡萄酿酒，这种酒现代称葡萄干酒，发酵较慢，会有残留的甜味，耐保存。至于踩葡萄，利克提到葡萄园有"建在地里的方形石桶用来踩葡萄，处理完之后，带皮的果汁会被运到村里"[85]。至于发酵和熟成，中世纪缓慢而曲折地发生了从半埋在地下的陶罐（*dolia*）到木桶的转变。威廉·利思戈发现17世纪这种陶罐在塞浦路斯仍在被使用：

> 他们不用桶，而是把葡萄酒放在陶制的罐子里……这些罐子罐口以下的部分都被埋在地下，罐口总是打开的……其内部涂满松脂以防止陶器盛装高度葡萄酒时破碎，但会让嗜酒者觉得难喝。[86]

然而，正如我们已经看到的，在此之前很久，造访修道院的旅行家就在地窖里发现了装满修道院葡萄酒的巨大旧酒桶。

在现代，希腊葡萄酒想要恢复它们在罗马时代和中世纪的西方的好名声颇为不易，尽管不少在奥斯曼帝国最后几百年衰败的葡萄

第七章　近代希腊的食物

园已经复兴，现代装瓶和交通技术让他们的产品可以被长途运输。有史以来第一次，以前无法出口到比意大利更远的地方的希腊干红葡萄酒和白葡萄酒走向了世界各地。认证原产地遍布希腊各地，从凯法利尼亚岛到利姆诺斯岛、罗得岛和克里特岛的锡蒂亚（Sitia）；从马其顿的纳乌萨到伯罗奔尼撒半岛的曼蒂尼亚（Mantinea），连达雷尔的《普罗斯佩罗的牢房》中的一名苛刻至极的科孚岛人都说这里产的葡萄酒"在葡萄酒中不算太差"[87]。本地葡萄品种从未失势：它们非常适合希腊的地形和微气候，多数都不适合在其他地方生长（麝香葡萄、莫奈姆瓦夏和七月除外）。有些好酒甚至是爱琴海东岸生产的，尽管只在土耳其本地拥有有限的市场。

很多希腊人以中小规模制造葡萄酒。很大一部分这样的酒不会被装瓶，从未进入过市场：只提供给家人、亲戚和亲戚开的餐厅。在希腊能喝到的最糟糕的、最奇怪的和最好喝的葡萄酒都是装在玻璃水瓶（carafe）中的，这种酒非常便宜，是家庭自制的。达雷尔描述了一项位于科孚岛中部的大型家庭庄园中的规模较大、接近商业运作的酿酒活动，每年这里的人们都会精心采收和酿造罗柏拉（robola）葡萄——伊奥尼亚群岛的经典、历史悠久的葡萄之一——葡萄酒酿造顺利完成后，再用心制作葡萄汁布丁（*moustalevria*）。

葡萄汁布丁

根据劳伦斯·达雷尔的描述，葡萄汁布丁是"一道美味的伊奥尼亚群岛甜点或果冻，是通过将新鲜葡萄汁煮至原来体积的一半，加入粗粒面粉和一点香料制成的。面糊被静置在盘子上冷却，插上杏仁；整个布丁可以新鲜食用，也可以切成好几片放进大储藏柜中"[88]。这种食物一般秋天葡萄收获后制作，是利用剩余葡萄汁的好方法。在还没有便宜的巧克力和糖果的时候，这种布丁是孩子的最爱。如今想找一家制作这种布丁的烘焙店不太容易：奶香浓郁、味道甜美的蛋糕和挞太受欢迎了。

5水杯葡萄汁（约800毫升）
1水杯玉米面粉（200毫升）
1根香茅枝
几把去皮的完整杏仁（75克）
芝麻和肉桂粉

将一杯葡萄汁和玉米面粉混合。在一个大长柄深锅中，将剩余葡萄汁和香茅枝煮沸，然后将葡萄汁、玉米面粉混合液倒入其中。炖煮，不断搅拌，直到混合物变浓稠，质感类似奶油。

稍微冷却，然后放入杏仁搅拌（如果追求柔滑的口感可以不加）。倒入上菜用的杯子（如鸡尾酒杯）中或上菜碗中，撒上芝麻和肉桂。室温食用。

烈酒和小吃

撇开偶尔流行的烈酒不谈，希腊人常喝的烈酒是不调味的齐

第七章 近代希腊的食物

普罗酒(也叫拉克酒,在克里特岛称齐库迪亚酒)和茴芹风味的茴香酒。约瑟夫·皮顿·德图内福尔在其1717年出版的作品中描述克里特岛时可能首次提到了拉克酒这个名称。

> 克里特岛和黎凡特各地都喝的白兰地,拉克酒,令人厌恶。这种烈酒的制作方法是向葡萄榨渣中加入水:浸泡15—20天后用重石压榨。得到的一半皮给酒①蒸馏,另一半丢弃。就应该全部丢掉。[89]

多种希腊茴香酒。嗜酒的人会注意到至少三个来自莱斯沃斯岛的品牌[米尼(Mini)、阿瓦尼蒂斯(Arvanitis)和瓦瓦吉安尼斯(Varvagiannis)],还有希俄斯岛的赛琪(Psihis)洋乳香茴香酒。桑瑞维尔(Sans Rival)曾是一个获奖品牌,对于现代人的口味来说太甜了,仍旧向游客销售,但没有出现在这个市场的货架上

---

① piquette,向葡萄榨渣中加水制作的酒。

赞·菲尔丁等近代旅行家则不怎么抱怨，无论齐库迪亚酒作为早餐，还是被与甜点——"堆成山的核桃，大量的石榴和一串串无花果干"——一同提供给旅行者。[90]有多个不同名称的拉克酒经常是家庭蒸馏自制的。相反，拥有忠实的本地市场的茴香酒在希腊各地则是由小型商业蒸馏厂制造的。有多个较为知名的品牌的产品在希腊全国销售。它和法国茴香酒以及部分其他地中海烈酒很类似，最初受到欢迎不仅是因为茴芹口味适口，还因为其作为一种消化剂有诸多益处。和这些其他烈酒类似，因为茴香脑的化学特性，茴香酒加水之后会变浑浊，但不加水喝也不会有人有意见，但法国茴香酒并非如此。

常见的希腊开胃酒茴香酒常常搭配小吃饮用，齐库迪亚酒和其他烈酒亦是如此。羊腿正在烤制的时候，招待帕特里克·利·弗莫尔的主人开了一瓶茴香酒，那瓶酒是来自蒂尔纳沃斯的桑瑞维尔牌——颇受欢迎，如今被视为老式品牌；他将香肠、奶酪、小葱、灰鲻鱼籽切成片，在一碟"萝卜"和"大橄榄"上撒上盐，做成搭配茴香酒的小吃。[91]除了非常乐意提供茴香酒的咖啡馆和餐厅，还有店铺专门提供茴香酒和下酒小吃，它们叫作茴香酒屋（*ouzeria*，这个名字强调茴香酒）和小吃铺（*mezedopoleia*，强调小吃）。"小吃"（*meze*）一词直接来自波斯语：在波斯语中意为"风味"或"少量"，这样的语义对这个词后来在土耳其语中发展成一类食物的名称已有所预示，这个词在土耳其语中类似英语中的"零食"（snacks），指餐前时常搭配烈酒的食物。吃小吃的习惯从塞萨洛尼基和北方开始传遍现代希腊的每个角落。它们种类多样、味道浓郁、十分美味，用阿格拉娅·克雷梅兹的话说"雅致而简单"，原料从日常食材到令人意

第七章　近代希腊的食物

外和有点稀少的食材都有。92

糖渍蜜饯

希腊糖渍蜜饯的历史几乎没有被追溯过，但在史前时代有"榲桲果脯或果酱"（kydonata），拜占庭帝国有"核桃蜜饯"（karydaton）。根据这方面最早的记录之一乔治·惠勒的记述，糖浆、蜂蜜和葡萄糖浆在制作古老糖渍蜜饯时可相互替换："他们用新葡萄酒煮成的糖浆、蜂蜜浆保存水果，有时也用糖。"惠勒描写哈尔基斯时又提到了这个话题：

> 他们还在这里制作各式水果的蜜饯，包括榲桲、栗子、梅子、坚果、核桃和杏仁。他们用的甜味剂是葡萄酒煮成的糖浆，做出的蜜饯味道可以入口；然而除非是因为其稀缺性，否则我认为这种蜜饯无法取悦优雅的夫人们。93

约在同一时期，艾弗里雅将希俄斯岛（现在以糖渍蜜饯著称的岛屿）的糖果工人列为君士坦丁堡的行业公会之一，因此，18世纪50年代埃格蒙特和海曼造访希俄斯岛时，主人用"蜜饯、咖啡、果子露、玫瑰水和香水"欢迎他们也就不足为奇了。94从19世纪初，他们描述的仪式逐渐固定："进入房屋首先送来一根烟斗，然后是咖啡，有时还有满满一勺香橼和一碗水。"美国财政家尼古拉斯·比德尔（Nicholas Biddle）写道。香橼皮确实是糖渍蜜饯的传统原料之一。在向东很远的地方、安纳托利亚中部的科尼亚，人们也用咖啡、蜜饯、果子露和香水欢迎利克。95

19世纪90年代，在安德里采纳（Andritsena），主人为两名漫游的英国女子准备了一托盘的食物，包括装在玻璃罐中的两种果酱、装在玻璃杯中的水和小杯咖啡："我们品尝的浅色果酱像梨子果酱，非常值得推荐。"[96]

20世纪30年代达雷尔在科孚岛遇到了"潜水艇"，这种用洋乳香调味的甜酱是这种常见仪式的化身。他将这一切清楚地记录了下来：

> 侍者拿着"潜水艇"从酒馆冲向他们，潜水艇是将一勺洋乳香加入一杯水中制成的。原料不能减少也不能增加。做法很简单。先吃洋乳香，然后喝水去除口中残留的甜味。[97]

潜水艇或 *ypovrikio* 在达雷尔的时代还是新鲜事物，但已经成为有幸吃过的孩子们的最爱。现在仍是如此，不过这种甜品如今已是一种濒临消失的传统美味。如今要让客人确信水中的一勺洋乳香、香草或糖渍水果蜜饯不会甜到该被禁止，客人才愿意为这种食物买单。

过冬食物

食物供应不是一年四季都一成不变的。如果超市试图四季都售卖相同的食物，最终会无法生存。在希腊，多数食物多多少少都是季节性的。拜占庭希腊人被建议一月食用的养生蔬菜包括他们为过冬储存的包菜、芜菁和胡萝卜，被建议食用的果物则是水果干、坚果、石榴（因为可以长期保存）和梨（因为一些品种初

第七章 近代希腊的食物

冬才成熟)。当然，3月他们会留意"盐水浸青橄榄"，因为冬天腌制的生橄榄3月就可以吃了。自然，他们要在4月品味花香，6月吃红樱桃，9月采苹果。[99]

除了这种自然季节性，基督教年历中全年有大量节日，人们满怀热情地用根源可追溯至基督教形成之前的时代的仪式庆祝这些节日。这些仪式（有些各地都有，有些仅限地方）似乎有同样独立于基督教的特定目的：无论现在当道的是什么宗教，这些仪式保证好天气和季节正常轮转，而这又会保证来年食物充足。自然，希腊节日，尤其是冬春的节日，与食物联系紧密。

圣母种子节（*Panagia Polysporitissa*）是11月21日。在基督教语言中，这个节日是圣母玛利亚，也被称为*Panagia*，意为"至圣者"，被献给犹太圣殿的盛宴。最近收获的谷物和多种豆类被一起煮熟，并在教堂被祝福，供明年播种的人食用，以盼丰收。如今和圣母玛利亚相关联的词*polysporitissa*，意为"收到很多种子"，起源可能早于基督教：古典时代的希腊人每年也将多种种子放在一起煮熟，并将它们献给保佑谷物丰收的女神得墨忒耳。[100]

尽管肉类在现代希腊烹饪中占据重要地位，传统上任何一只动物都不是用来宰杀的：相反，圣诞和新年食物的重头戏传统上是特别的面包和精致的蛋糕。在希腊，首先登台的是杏仁黄油饼干（*kourabiedes*），一种面粉、黄油和糖制成的小饼干，时常用杏仁调味，有时会加橙子水甚至白兰地，这种饼干帮助很多人度过圣诞节前的斋戒。杏仁黄油饼干漫长的历史多半与基督教无关，这种饼干可以追溯到阿拉伯、波斯和土耳其料理中的鹰嘴豆酥饼（*ghraiba*）和杏仁酥饼（*qurabiya*），甚至更古老的食物。[101]

"基督面包"（*Christopsoma*）是为圣诞节制作的，似乎继承了将面包和蛋糕献给众神的异教传统。这种面包经常加入香料，其形状和装饰来自宗教符号（有时是十字架，或圣婴像）和蛇等其他象征多产繁荣的形象；面包中可能会加入核桃或鸡蛋，这些也都有类似的象征意义。基督面包和其他传统圣诞食物都是为了给予和分享制作的，会被与陌生人、乞丐、邻居和孩子分享。卡帕多西亚希腊人煮牛肉和米饭，或用肉、碎小麦、洋葱和黄油制作赫尔塞（*cherse*），或煮加入核桃的阿舒拉甜汤（*ashure*），在圣诞节早晨分给邻居或穷人。不过在斋戒多日后，酸奶和面包或肉类一样很受欢迎。[102]

在希腊各地人们新年都会吃巴西勒蛋糕（*vasilopita*），以确保来年的丰产和好运。传统食谱意外多样，咸甜皆有，但甜蛋糕正在成为新的传统（食谱见第348页）。

不可或缺的新年蛋糕——巴西勒蛋糕总是经过装饰的，有时覆有糖衣

第七章　近代希腊的食物

冬日将尽时，四旬斋之前的阿波克里斯（*Apokries*），"狂欢节"就会到来。食物可能会被供给死者，据说在狂欢节期间他们会在活人中游荡。他们无疑和其他人一样享受"烧烤周四"（*tsiknopempti*）的烤肉和动物油脂的香味，那天人们会吃掉大量的烤牛肉以至于那一周都因此而被称为"肉食周"（*Kreatini*）。之后是"食奶酪"（*Tyrofagou*），为四旬斋做准备时不得吃肉，但奶酪仍是可以吃的。烧烤周四11天后，"净周一"（*kathara deftera*）到来，从这天开始四旬斋的所有限制都会开始生效：肉、鱼、油、鸡蛋或乳制品均不得食用。不过，正如中世纪修道院院长所知，贝类和甲壳类可以被制成很多菜肴。净周一会吃拉加纳面包（*Lagana*），一种名字在古典时代文献中就已经出现过的不发酵的面包。[103]

四旬斋芝麻酱蛋糕

256

芝麻酱蛋糕不含蛋、植物油及黄油，是最受欢迎的四旬斋美食，从净周一到圣周五[①]都可以享用。

150克芝麻酱（tahini），如果油分离了则摇匀
170克水
200克软红糖

---

① Big Friday，即耶稣受难日，基督徒纪念耶稣被钉死的节日。

250克中筋面粉

1/2茶匙泡打粉

1/2茶匙丁香粉

芝麻

烤箱170摄氏度预热。在一个20厘米的方蛋糕模底部铺上垫纸,并在底部和侧面抹油。

用打蛋器或金属汤匙在一个大碗中将芝麻酱、水和糖混匀。筛入面粉和泡打粉,搅匀。

将混合物倒入准备好的蛋糕模,将表面处理平滑,上面撒上芝麻,烤45—50分钟。如果蛋糕焦化过于严重,则用锡纸松松盖住。用金属扦或刀测试熟度,拔出后表面应该是干净的。蛋糕会是柔软绵密湿润的质感。

在模具中放凉,然后切成小块。

复活节:宴饮和斋戒

复活节要吃烤羊:完整羔羊或小山羊切成大块后,在烤箱中烤一整夜或用特别的烧烤坑烤制,烧烤坑要足够大,因此每年只用于这个场合。相对较小但仍然很大的烤串以及单独的肉排和肉片可以像下页图中一家餐厅的烧烤

第七章　近代希腊的食物

师傅这样用炭火烤架烤。烤好的肉在客人下单后被从烤串上切下来。

濯足节（Maundy Thursday）要给水煮蛋涂色——几乎都是涂成红色，但也有人喜欢五颜六色的。它们会在周六到周日的夜晚午夜后出现在餐桌上，随后才是开斋的羊杂香草浓汤（*mageiritsa*，一种加入羔羊肠或山羊肠和香草的浓汤）宴。鸡蛋会被对撞：谁的蛋壳不破谁就赢了。

现代希腊的复活节：肉被烤得嘶嘶作响

在色萨利的蒂尔纳沃斯，净周一会举行格外开放的节庆，这无疑有助于缓解四旬斋的低落，可能还会提升那里的生育率。节

涂红的鸡蛋

庆的主要食物是（符合时令的）制作和食用都不加油的菠菜汤（*bourani*）。庆祝包括游行、玩闹、唱歌曲和讲笑话以及畅饮齐普罗酒。菠菜汤有与基督教斋戒无关的独立历史。它无疑源自阿拉伯炖菜（*buraniya*，在安达卢西亚被称为 *alboronia*），中世纪资料显示这道菜得名于其发明者布兰，9世纪哈里发马蒙（al-Ma'mun）之妻。[104]

巴西勒蛋糕

巴西勒蛋糕是传统新年蛋糕，新年的钟声敲响后或新

第七章 近代希腊的食物

年当天,每家酒馆都会为顾客提供一块这种蛋糕。如今巴西勒蛋糕更像蛋糕,但它曾经更像馅料丰富的面包,类似复活节面包(*tsoureki*)或布里欧修面包[①]。这个食谱以斯泰利奥斯·帕利亚罗斯(见第296页)的食谱为基础,适合一个紧跟21世纪的潮流、痴迷越橘的小家庭食用。

越橘干和去核梅干各75克,切碎
100毫升白兰地,科尼亚克或梅塔克萨[②]
125克室温黄油,外加一些额外的黄油涂抹模具
125克过筛糖粉,外加一些额外的糖粉撒在蛋糕表面
125克杏仁粉
3个大鸡蛋,轻轻打散
125克中筋面粉加1/2茶匙泡打粉过筛
1个硬币或小牌子,幸运币(*flouri*),加入混合物中

将切碎的越橘和梅干放入白兰地中浸泡几个小时或过夜。然后用搅拌机打成泥。将过筛的糖粉和杏仁粉加入黄油中并搅拌均匀。

---

① brioche,一种法式面包,特点是黄油和鸡蛋含量高,口感丰富柔软。
② Metaxa,1888年斯皮罗斯·梅塔克萨(Spyros Metaxa)创造的琥珀色烈酒,由蒸馏酒制成的白兰地、爱琴海诸岛的陈年麝香葡萄酒及秘制植物组合——包括玫瑰花瓣和地中海香草——混合而成,以柔滑甜美的口感而著名。

> 逐渐加入水果泥，然后加入蛋液，每加一次都搅拌均匀。
>
> 用一个金属汤匙拌入面粉和泡打粉，将混合物倒入一个事先抹好油并垫好纸的直径20厘米的圆形蛋糕模具。加入幸运币，并将其按到表面下。170摄氏度烤45分钟。

259　　希腊复活节通常是在4月初。复活节前长达40天的四旬斋涵盖3月，因此拜占庭营养学家希罗斐洛斯（Hierophilos）3月没有推荐任何肉类。即便推荐，他的读者也几乎没办法吃。19世纪初，利克在早春穿越伯罗奔尼撒半岛南部；当时他的向导是一名老人，"他走得特别快，我的马几乎都赶不上，而且因为四旬斋，他上个月几乎只吃了面包和洋葱"。[105] 利克曾在其他地方提到，四旬斋期间寻找"可以吃的野菜"格外重要，因为很多其他食物都被禁止食用了。[106] 出于同样的原因，多德韦尔认可，对于希腊乡村居民来说，发现一种他们以前不知道可以食用并对健康有益的植物是很重要的。他号称自己也为这项事业做出了贡献。在德尔斐的卡斯塔里安（Kastalian）泉，他发现岸边长着水田芥，并采了一些晚餐时吃。"那些可怜的人儿们"问他这种食物是不是药草，他告诉他们是可以吃的："次日清晨，我遇到了一群从泉边归来的村民，每人都拿着一些这种新发现的蔬菜。他们……告诉我他们未来会将这种蔬菜命名为 phrankochorton，即弗兰克菜。"[107]

一般，至少会有一个基督教会的盛大节日，也就是固定在3

第七章 近代希腊的食物

月25日庆祝的圣母领报节,缓解四旬斋的严苛。即便这一天通常都在四旬斋期间,守规的现代希腊人也会允许自己吃加入橄榄油的鱼。中世纪修道士也会这么做:拜占庭修道院的规则非常明确和细致,规定了这一天可以吃什么、不可以吃什么,允许吃鱼(除非圣母领报节正好在圣周期间),允许多喝一些葡萄酒,甚至鼓励第二天往剩菜中加更多的油然后吃掉。

复活节准备从濯足节①开始,要将鸡蛋涂成红色并烤制复活节面包。这种面包(*lampropsomo*),即"光明面包"或"复活节面包",也叫 *tsoureki*(其阿拉伯语和土耳其语名)和四旬斋食物不同,富含鸡蛋和黄油,有春花、树叶、十字架和蛇形状的装饰——但也有很多其他传统形式。在复活节前的周六,面包和鸡蛋会被祝福,孩子会送一些给他们的教父母。

年纪较大的希腊人可能会记得,在这一天,在公用取水处被洗净的羊肠会被编成一条粗滑的辫子,用牛至、大量盐和胡椒调味后,放入面包师的烤炉中烤;不过现在羊肠主要用来制作烤羊杂卷(*kokoretsi*)。羔羊或山羊肾脏、肝脏、心脏、肺和大量多余肥肉和网膜脂肪会被串在一根长金属扦上,外面像卷长条形的羊毛球一样包上肠衣。炭烤数小时,可能是用特别建造的烧烤坑和同样穿在扦子上的整只羔羊或山羊一起烤。烤肉慢慢烤制,每隔一段时间就用一小束香草枝做成刷子浇汁,烤肉扦也会不断被转动,最终的成菜会构成一顿令人难忘的开斋盛宴。不过,准确地说,依照传统,漫长斋戒的结束分为三步:首先是复

---

① 复活节前的周四,纪念耶稣与其门徒们最后的晚餐。在最后的晚餐中,耶稣设立了圣餐(圣餐礼),并颁布了新的诫命,即彼此相爱,并以洗门徒的脚来象征。

烤羊杂卷，穿在扦子上烤的复活节羊的内脏。
得克萨斯州达拉斯一个希腊家庭的复活节庆祝

活节午夜过后吃羊杂汤（*magiritsa*，这是一个希腊语名字，意为"做好的菜肴"），一种用肾脏和其他内脏制作的、加入米增稠的汤；然后大约中午的时候在羔羊或小山羊还在烤制时将烤羊杂肠（*kokoretsi*，这显然是个阿尔巴尼亚语名字）作为第一道菜享用；最后再吃烤肉。

在中世纪的君士坦丁堡，关于四旬斋何时开斋，修道院的规则存在分歧，有些规则认为午夜大餐会给修道士的心灵和肠胃造成过重的负担。有些允许完整的一餐，但搭配加入孜然的热红酒缓解胀气。[108]一名穆斯林说，复活节当天会举办从大皇宫到圣索菲亚大教堂的庄严游行，游行路线上的喷泉流出的不是水，而是甜美的香料酒：

第七章　近代希腊的食物

节日当天，水池被用1万罐葡萄酒和1 000罐白蜂蜜灌满，其中加入一头骆驼驮载的甘松、丁香和肉桂……皇帝离开皇宫进入教堂后，会看到雕塑和香料酒从它们的嘴和耳朵中流出，在下方的盆中蓄积直至满溢。游行队伍中的每个人……都会得到满满一杯这种葡萄酒。[109]

复活节刚过，亡者可能会再次被邀请参加庆祝活动。在白色星期二（复活节后两天），在卡尔帕索斯岛奥林波斯山的村庄，女人把一盘盘食物，如煮麦饭（*kollyba*，另一道混合多种种子、坚果和水果的菜肴）、蛋糕、葡萄酒、橙汁、奶酪、甜品和水果，放在村庄墓地的坟墓旁，牧师会在每座坟墓前祈祷。[110]

尾声
欢　宴

食物的重要性其实是有限的。如果早晨已经走了很长一段路，下午还要再走很久，半条面包、一大块奶酪和一瓶松香葡萄酒就能让人无比惬意。这已经是一人用餐的极致愉悦了。本书中描述的所有餐食几乎都是多人共同享用的。例外之一可能是公元前700年前后，赫西奥德在可能是现存最古老的希腊文学文本中描述的一餐——当时是正午，他坐在一块岩石的阴影中，迎着西风，思考七月是"山羊最肥，葡萄酒最甜；妇女最放荡，男人最虚弱"的季节，同时享用柔滑的大麦糊、最后一批山羊牛奶、在森林中觅食的小牛的肉和浓烈的葡萄酒。[1]他似乎是只身一人。另一个例子是968年柳特普兰德主教在君士坦丁堡的一餐：他十分恼怒不愿在皇宫吃饭，气冲冲地走回住处，吃了皇帝送来取悦他的食物，一只塞满大蒜、洋葱和韭菜，用鱼露调味的肥美小山羊。[2]如果他也是独自用餐，那么他的忧郁对我们来说就更容易理解一些了。

这本书中几乎所有其他希腊餐食都至少由两个人享用并因此变得更好。安科纳的西里亚克、皮埃尔·贝隆和几乎所有其他早期旅行家都偶尔提到他们有旅伴，不过没怎么提到具体的名字。我们时常可以在他们对餐食的描述中找到蛛丝马迹：在圣山，修

尾 声 欢 宴

科林斯出土的、公元前600年前后的"欧律提俄斯调酒器"(Eurytios krater)是最早描绘宴会的希腊作品之一。在其描绘的神话故事中，赫拉克勒斯拜访欧律提俄斯及其诸子和女儿伊俄勒(Iole)。这个故事会以悲剧收场，但在这里并没有被表现出来。伊俄勒上菜，父亲、儿子们和赫拉克勒斯斜倚着（下图）。在另外一个场景中，年轻男子在烤肉

道院院长"用芝麻菜"、韭菜、黄瓜、洋葱和青蒜"招待我们",[3]在希俄斯岛,"我们心情愉悦地穿过那些葱茏珍贵的乳香黄连木树林",[4]在色雷斯,"我们在柳树下露营……并买了一些这种肉",[5]在干地亚"我们受到了友善接待……尤其是淑女们,她们常常在她们的花园中为我们举办伴有歌舞的宴会",[6]在雷西姆诺"我们享用了包括红鲻鱼、鸡蛋、面包、奶酪和大量葡萄酒的午餐",[7]在迈索隆吉,"我们几乎没有碰我们的午餐章鱼,一杯又一杯地喝冷的菲克斯啤酒"。[8]有两个突兀的例外:安托万·德斯巴雷斯和威廉·利思戈独自旅行;德斯巴雷斯被希俄斯岛的女孩们嘲笑,[9]利思戈以为她们是妓女。[10]两人都不怎么自在。

两人结伴旅行就可以相互陪伴和安慰;旅伴之间有所差别,比如利克的向导在马尼半岛吃的是豆子汤而利克则吃了沙拉和蜂蜜,不过两人都很满意。[11]当然同行者也可以多于两人。皇帝约翰八世在佛罗伦萨附近野餐,他独自用餐(没有同等地位的伙伴的皇帝别无选择),亲自清洗沙拉,但之后只取自己想吃的量,将其余菜肴派送给树下他的随从们。[12]在克里特岛的一座修道院,利尔的希腊仆人乔治·科卡利斯(George Kokalis)的口福不如同行的土耳其向导:"可怜的乔治不得不吃斋戒食物,香料饭和鸡蛋都给了土耳其人。"[13]爱德华·多德韦尔和萨罗纳主教一起用餐时,严守自己的杯子,他的向导和仆人则与他人共用一个杯子(见第301页方框中的内容)。

从费洛克赛诺斯《晚宴》的时代起,好客(philoxenia,神奇的是,费洛克赛诺斯的名字Philoxenos与表示这个概念的词十分相似)就处于希腊饮食的核心。两人或更多人共同进餐时,需要分别扮演主人和客人的角色。向导可以扮演主人的角色,就像

尾声 欢 宴

14世纪拜占庭圣像画中表现的"亚伯拉罕宴客"（Hospitality of Abraham）。在这个场景——其表现方式由希腊艺术家们逐渐确立——中，男女主人都在桌边招待客人。这是有特殊原因的：他们的客人是圣父、圣子及圣灵。这一场景源自《创世纪》18

那些大胆的圣器保管员所做的那样，和修道院院长不同，他们会带客人参观修道院的地窖；还有那个年轻的修道士，他带领贝隆一行人在圣山误入歧途，却知道哪里能找到可以生吃的河蟹。[14]

主人要公平、讲究礼仪和慷慨。在《伊利亚特》中，阿喀琉斯和他的朋友帕特洛克罗斯（Patroklos）宴客时，阿喀琉斯烤肉（烤肉时常是男人的工作），帕特洛克罗斯为客人送上装在篮子里的面包，阿喀琉斯则亲自端上烤肉。[15] "在希腊，"古典学者约翰·迈尔斯（John Myres）写道，"这仍是用餐前的颇为重要的仪式。主人站着，在整份菜肴中挑选，公平地为每位客人选出等质等量的食物，然后再盛入各个盘子。"[16] 哪怕只有一名客人也要这么做，招待帕特里克·利·弗莫尔的主人将肉块立在锅中，将肉一片片切下，轮流堆在两个盘子中。[17]《奥德赛》中的欧迈奥

斯(Eumaios)献祭了两只小猪,烧掉猪毛,将猪肉切成块后穿在扦子上烤,只有养猪的农民才拥有这样的"烤肉自由":

> 他把肉全部烤熟,连同肉叉热腾腾地递给奥德修斯,撒上雪白的大麦粉,然后用常春藤碗掺好甜蜜的酒酿,坐到奥德修斯对面,邀请客人用餐:"外乡人,现在请吃喝,奴仆们的食物,这些乳猪、肥猪尽被求婚人吞食……"[18]

慷慨不一定是政治性的,但可能是。奥德修斯编造了一个故事,解释其如何召集一支队伍去特洛伊作战:"我的忠实的伴侣们连续会饮六天。"[19]利克引用了年代近很多的一则马尼半岛民谣,在其中特扎内托斯·格里戈拉基斯①也因为类似的好客而闻名:在他位于吉西奥(Gythio)的宫殿里,钟声标志着晚餐时间到来:听见的人都可以入内,在他的餐桌边进餐,满意而归。[20]

扮演客人的角色通常非常容易。"外乡人,"欧迈奥斯对乔装打扮的奥德修斯说道,"按照常理我不能不敬重来客,即使来人比你更贫贱;所有的外乡人和求援者都受宙斯保护。"关于为何不应轻慢外乡人,佩涅洛佩的求婚人中较有思想的一个提出了一个更奇怪的理由:外乡人可能是众神之一。神明,伪装成外乡人,"装扮成各种模样,巡游许多城市,探察哪些人狂妄,哪些人遵守法度。"

欧迈奥斯用"白牙猪的一块长长的里脊肉"表达他对流浪的

---

① Tzanet Bey Grigorakis(1742—1813),希腊政治家、将军和马尼半岛第三任贝伊。

尾声 欢 宴

外乡人（和读者不同，他不知道外乡人正是他的旧主）的敬意。[21]伊莎贝尔·阿姆斯特朗和伊迪丝·佩恩1853年拜访的修道院院长（*igoumenos*）同欧迈奥斯一样慷慨。修道士的菜单上是没有肉的，但他利用她们的造访安排了一餐羊肉，"只要我们看起来快吃完了，他就往我们的盘子里夹肉"，他不确定，但肯定猜到了一些肉最终会被还给他：

> 我们越是推辞，他就越高兴，越坚持我们一定要吃。他转身面向左侧的人时，我总是借机悄悄地把他放在我的盘子上的好菜转移到他的盘子里；我发现他相当喜欢这种润物细无声的关照，但表现出注意到这一点是不符合礼仪的。[22]

招待客人时，家里的女人除了坐在桌边还有很多事情要做。尽管男人烤肉，但几乎所有其他任务都是女人承担的。我们可以从2700年前的《奥德赛》说起。女神卡吕普索与奥德修斯告别时为他准备了午餐（一皮袋葡萄酒、一皮袋水和装在皮包中的食物）。瑙西卡娅去沙滩洗衣服时，她装在篮子里的午餐是她母亲准备的，有装在山羊皮袋中的葡萄酒。后来瑙西卡娅告诉奥德修斯，到她家之后，一定要直接去找她母亲，她会"坐在火焰熊熊燃烧的炉灶边，纺织紫色的羊毛……我父亲的座椅也在那里，依靠立柱，他坐在椅上喝酒，仪容如不死的神明"；晚餐时，如果有客人，女人不会出现，但餐后女仆会再次出现清理晚餐用具。曾在另一个家庭做仆人的欧迈奥斯记得这样一个夜晚，"能当面和女主人说话，询问种种事情，吃点喝点，然后带点东西回田庄"。没有其他客人，仅两人用餐时要简单一些，但仍要扮演主客。因此奥德修斯最后一次与卡吕普索共同进餐时,她为他服务但两人一同享用食物:"神女在他面前摆上凡人享用的各种食物,供他吃喝,她自己在神样的奥德修斯对面坐下,女士们在她面前摆上神食和神液。他们伸手享用面前摆放的肴馔。"[23]

从重新被发现的米南德(Menander)喜剧《坏脾气的人》(*The Bad-tempered Man*)中可以看出,古典时代的雅典仍是类似的情况。女人和奴隶几乎决定关于盛大家庭聚餐的所有事宜——何时举办,在哪里向什么神献祭什么动物,然而女人很少上台发言,剧中的午餐是男人的午餐,主人和客人的名字都是男人的名字。女人在宴会之前、之后或旁边用餐:这方面几乎没有任何记录。在之后的晚宴和舞会(变成了一场婚礼,这在喜剧中发生得比在现实中快得多)中,男人和女人分开用餐,但能够看见彼此。[24]"我告诉你,"主人在另一部喜剧中的一场婚礼上对厨师说,"女人四桌,男人六桌。"[25]"已婚女子不随丈夫赴宴,"一篇雅典法律演讲稿写道,"她们也不想和其他家庭的男子一同进餐。"[26]确实如此:米南德作品中的女人们没有这么做,也能自得其乐。

在威尼斯和土耳其统治的克里特岛,情况仍没有什么大的不同。"女人从来不参与他们的宴会,"皮埃尔·贝隆写道,"他们组团吃喝的时候也没有女人在场。"[27]两个世纪之后,理查德·波科克赞同道:"女人从不坐下和其他家庭的男人吃饭,尽管规矩不像土耳其人那么严格,但她们很少进入有陌生人的房间。"[28]1913年,在欢送埃莱夫塞里奥斯·韦尼泽洛斯离开故乡克里特岛去当希腊政治家的宴会上,他唯一一次祝酒说的是:"敬后来者,他们也很重要的!"他敬的是女人〔其中之一是他的情

尾声 欢宴

在古希腊男人很少看到女人喝酒（在庆典上，男女通常分开用餐），但认为女人肯定会趁没人注意的时候喝酒。这个陶罐上的图案表现了对女性利用自己管理地窖的职责喝酒的想象

人帕拉斯凯沃拉·布卢姆（Paraskevoula Blum）]，因为在她们把甜点准备好之前，女人不上桌用餐——不行，哪怕是嘉宾最好的朋友也不行。[29]

这种角色扮演一般男女有别，但这并不妨碍男女都参与其中。7世纪在希俄斯岛，法国大使诺安特尔侯爵（marquis de Nointel）"为女士们"精心准备了一场娱乐活动。也有男性在场，但有适当的区分：

> 有三排铺着土耳其地毯的长凳，女士们坐在上面，方便她们看到安特尔侯爵的桌子，也方便她们被注视（其中几个

值得欣赏）。女士围成的圈中间耸立着一块八英尺高的蜜饯、糖果、杏仁糖和水果制作的充满乡野气息的岩石，上面涌出三股泉水，分别是柠檬水、橘子水和科多瓦水（Cordova water）①。四个小丘比特不断为女士们提供糖渍蜜饯、水果和饮料。在围成圈的女士们后方有一个盆……活动期间，盆中心一直喷出一股很高的葡萄酒柱。[30]

神是希腊宴饮的参与者而且可能一直都是。如今，人们也会用简单的方式，如画十字的动作——将拇指和前两个手指并拢表达对三位一体的敬意以及从左肩到右肩画十字，向神致意。作为圣餐的标志，面包可能会受到隆重的对待：一条面包被完整地摆在餐桌上（几乎所有希腊餐厅都是这么做的）供主人分配；剩余的碎片可能会被亲吻并收起来。[31] 在修道院会举办更盛大的仪式。用餐后，乔治·惠勒看到一片面包和一杯葡萄酒被送到院长的桌子，院长将它们奉为神圣之物并拿着它们在食堂中走一圈，先分面包，每名修道士都会取用一点，然后是那杯红酒，每名修道士都会抿一小口。[32]

神（古典时代的希腊人可能会说"众神"或"一个神"）要求人们有时斋戒，有时宴饮。《坏脾气的人》中的婚礼之前举行了一场向潘神献祭的家庭宴会——事实上这正是婚礼发生的原因。《奥德赛》中描写了向众神之王宙斯献祭牛，不仅有为神准备的盛宴，也有信徒参与的盛宴：

---

① Cordova water，是一种蒸馏的芳香药物，曾被认为可以预防瘟疫。

尾声 欢宴

待腿肉烤熟,人们尝过牺牲的胹脏,便再把其余的肉切碎,用叉把肉穿好,把尖叉抓在手里,放到火上烤炙。……人们烤好外层肉,从叉上把肉取下,坐下享用。[33]

古老的众神并不总是喜欢肉。古典时代的旅行家保塞尼亚斯迫切想要造访伯罗奔尼撒半岛的菲加利亚(Phigalia),参观著名的、当时就已经很古老的谷物丰收女神得墨忒耳的神庙。进入橡树林后,他遵循规矩,在岩洞口的桌子上献上了"栽培果树的果实,尤其是葡萄,还有表面浇了油的蜂蜡"[34]。

东正教年历上的盛宴不仅使希腊人有别于西方宾客——他们的教会要求没有这么高,也使他们有别于混居在希腊人中的土耳其人——他们的斋月有不同的规矩。在尼科斯·卡赞扎基斯的《自由和死亡》中,努里·贝带来一只山鹑与米查尔斯上尉分享——"我想我们可以一起吃并追忆旧时光":

"我不吃东西,今天是我们的斋戒日。"他回答道。

满心遗憾的努里·贝用双手搂住他。"如果我知道的话,"他说,"向神起誓,我会给你买一些黑鱼子酱。"[35]

这并非随口说说的空话:米查尔斯上尉完全可以吃鱼子酱。贝隆拜访利姆诺斯岛时,岛上的土耳其总督用一顿简单的晚餐招待他("第一道菜是不加醋或油的生黄瓜……除了盐没有任何调味;之后我们吃了生洋葱和新鲜鲟鱼,此外还有谷物奶饼汤,以及蜂蜜和面包"),但因为一行人中有希腊基督徒,所以还有葡萄酒,而主人作为穆斯林是不能喝的。[36]

过去与未来

有些历史悠久的侨居希腊社群（在格鲁吉亚、俄罗斯南部、罗马尼亚、意大利南部和西西里岛）几乎不为世人所知。另一些起源较晚的则非常有名。如今出现了第三种侨居社群：处于工作年龄、有一技之长、去海外工作的希腊人，有时他们一去就是很多年，但保持与家庭、故乡城镇和岛屿的联系并最终返回希腊。随着希腊经济蹒跚前行，第三种侨民仍在不断增加。

部分因为这些侨民，希腊食物具有鲜明的国际形象：多亏了他们，其他人才尝试了解希腊美食，并对其产生需求。几百年来希腊都是旅行者偏爱的目的地，最近希腊和塞浦路斯都是旅游胜地。这也有助于提升希腊美食的国际知名度，尽管其尚未得到充分欣赏。旅行者有时会获得：自己都吃不饱的主人热情招待的贫寒食物，与他们的日常经验相去甚远以至于学不会如何享受的食物（如松香葡萄酒），还有极为著名、无法忽视的食物（如伊米托斯山的蜂蜜）。游客会遇到希腊人巧妙地针对他们的期待打造的食物，这些希腊人中有很多都曾旅居海外，亲眼见过外国人的喜好，但他们对如今最优质的希腊美食的全貌并不了解。1923年被迫移民的人们的后代仍在继续丰富希腊饮食传统，但游客，除非是无畏的探险家，接触不到这些。

希腊一直是南欧的贫穷国家之一，如今债台高筑，出于必要只能接受全球北方①的新殖民主义。为了以低廉的价格接待度假

---

① 指主要分布在北半球的相对富裕、经济发达的国家。

尾声 欢宴

食物是不可或缺的:2015年一个寒冷的雨天,
雅典宪法广场议会大厦前游行人群中的街头小吃

者,希腊已经破坏了大片海岸;此外,还将大块区域出售给跨国公司,如今跨国公司靠着这些肥肉生存,而本地企业则纷纷破产;希腊接受了欧洲原产地保护和标识,但这些应该与市场共同创造性地发展的理念在这里停滞并被官僚化了。无论眼前的结果如何,希腊必须依靠自己。这对那些大家庭中有部分亲戚在乡村的人来说相对容易,因为农场生产的食物和葡萄酒优先供家庭成员使用。但很多人,尤其是在雅典,陷入贫困时没有这样的联系,没有安全网。希腊人在谋求复兴时足智多谋,线上营销对此可能有所帮助,能够保证地方优质食品和小规模企业的存续。

271　　选用本地产品的做法日益流行应该有助于传统希腊饮食习惯的存续，但流行趋势与大多数人不假思索地去做和愿意做的事情是不同的。在不赶时髦的日常现实中，全球化的世界对本地产品的本地使用造成了三大威胁：来自任何地方的任何产品都会被营销推广；远距离运输的食物看似价格低廉，实则不然；漂泊无定的人们对本地产品的需求降低。希腊饮食或许能相对更好地抵御这些威胁，因为希腊生活方式相对更经得住考验。历史上希腊人就很擅长维持自己的文化。数千年来，他们输出希腊文化，维持希腊特色并希望继续维持下去，这一点从他们对希腊美食的喜爱中就可见一斑。

　　那么，五十年后还会有美味的地方希腊食物、希腊烹饪和热爱这一切的希腊人吗？即便是在现在，希腊饮食传统的根源仍然强健。居住在弗兰克西洞穴、锡拉岛阿克罗蒂里遗迹、古典时代的雅典、中世纪的君士坦丁堡以及热那亚、威尼斯和奥斯曼统治下的希腊的人们品尝过的味道全都流传至今，化为希腊饮食传统的一部分。享用春羊是这种传统的一部分，这一习俗早在被与基督教复活节联系在一起很久之前就存在了。爱琴海的优质海鱼亦是如此，古典时代的希腊人花大价钱品尝这些鱼类，现代希腊人在鱼鲜餐厅里亦是如此。还有奶酪和葡萄酒；传入较晚的外来食物，干尼亚的橙子和锡拉岛的西红柿；面包，有2 000年历史的大麦面包干和浸满蜂蜜的蛋糕；塞萨洛尼基特别强身健体的兰茎饮、希俄斯岛的乳香酒和糖渍蜜饯以及莱斯沃斯岛风味丰富的茴香酒。这些传统会薪火相传、永葆活力。

注　释

第一章　源　起

1 在对亚特兰蒂斯神话的多种解读中，这不是最受欢迎的一种——但仍旧可能是真实的。
2 Lawrence Durrell, *Prospero's Cell* (London, 1945), pp. 23–25.
3 "这些变化一定程度上必须归因于史前人类的活动。"Sytze Bottema（p. 46）谈到安息香属、大西洋黄连木和橄榄的传播时写道。Sytze Bottema, 'The Vegetation History of the Greek Mesolithic', in *The Greek Mesolithic: Problems and Perspectives*, ed. N. Galanidou and C. Perles (Athens, 2003), pp. 22–50.
4 P. Warren, *Myrtos: An Early Bronze Age Settlement in Crete* (London, 1972), pp. 255–256.
5 J. Aegidius van Egmont and John Heyman, *Travels* (London, 1759), vol. i, p. 255.
6 Winifred Lamb and Helen Bancroft, 'Report on the Lesbos Charcoals', *Annual of the British School at Athens*, xxxix (1938/9), pp. 88–89.
7 F. Fouque, *Santorin et ses eruptions* (Paris, 1879), pp. 98–129; *une espece de pois encore cultives dans l'ile, ou ils sont connus sous le nom d'arakas*, p. 120; *une matiere pateuse*, p. 128.
8 Anaya Sarpaki and Glynis Jones, 'Ancient and Modern Cultivation of *Lathyrus clymenum* L. in the Greek Islands', *Annual of the British School at Athens*, lxxxv (1990), pp. 363–368.
9 Warren, *Myrtos*, pp. 255–256.
10 *Odyssey* 2.337–343.（译文引自［古希腊］荷马著，王焕生译:《荷马史诗·奥德赛》,北京:人民文学出版社。下同。)

11 Nikos Kazantzakis, *Καπετάν Μιχάλης*, in Jonathan Griffin, trans., *Freedom and Death* (Oxford, 1956)

12 Valasia Isaakidou, 'Cooking in the Labyrinth: Exploring "Cuisine" at Bronze Age Knossos', in *Cooking Up the Past: Food and Culinary Practices in the Neolithic and Bronze Age Aegean*, ed. C. Mee and J. Renard (Oxford, 2007), pp. 5–24, at pp. 8–9.

13 Fouque, *Santorin et ses eruption*s, p. 128.

14 Athenaios, *Deipnosophistai*, in *Athenaeus: The Learned Banqueters,* ed. and trans. S. Douglas Olson (Cambridge, ma, 2006–12), 111a.

15 Martial, *Epigrams*, in *Martial*, ed. D. R. Shackleton Bailey (Cambridge, ma, 1993), Book 14 no. 22; Andrew Dalby, *Empire of Pleasures* (London, 2000), p. 151.

16 Pausanias, *Guide to Greece*, in Peter Levi, trans., *Pausanias: Guide to Greece* (Harmondsworth, 1971), 8.1.5.节选神谕来自H. W. Parke, D.E.W. Wormell, *The Delphic Oracle* (Oxford, 1956), ii, p. 15。Phegos是法罗尼亚栎(*Quercus macrolepis*)。

17 *Homeric Hymn to Demeter*, 480–482.(译文引自梁小平著:《古希腊埃琉息斯秘仪研究》,北京:中国社会科学出版社,2022年。)

18 Herodotos, *Histories*, 8.55.(译文引自[古希腊]希罗多德著,徐松岩译注:《历史:详注修订本》,上海:上海人民出版社,2018年。)

19 Apollodoros, *Mythology,* in *Apollodorus: The Library*, ed. J. G. Frazer (London, 1921), Book 3 ch. 14, 引文节略。(译文引自[古希腊]阿波罗多洛斯著,周作人译:《希腊神话》,阅览文化。该版译文中"Athena"译为"雅典那",此处为前后一致,引用时全部改为"雅典娜"。)

20 *Odyssey*, 7.112–21.

21 这句话是文学双关语。荷马史诗中反复出现"牛和肥羊",用的是表示羊的古语*mela*。在后来的希腊语中,这个词表示"苹果"。

22 Athenaios, *Deipnosophistai*, 650c.

23 *Epitome of Athenaios*, in S. Douglas Olson, ed. and trans., *Athenaeus: The Learned Banqueters* (Cambridge, ma, 2006–12), 49f.

24 Mariana Kavroulaki, 'Pomegranates', at http://297315322.blog.com.gr.

25 Dioskourides, *Materia medica*, in *Pedanii Dioscuridis Anazarbei de materia*

注 释

medica libri quinque, ed. M. Wellmann (Berlin, 1907–14), Book 5 ch. 20.
26 Ibid., 5.21.
27 Athenaios, *Deipnosophistai*, 374d; Aristophanes, *Birds*, 485.
28 Theognis, *Elegies*, in Dorothea Wender, trans., *Hesiod: Theogony, Works and Days; Theognis, Elegies* (Harmondsworth, 1973), ll. 863–864; *Epitome of Athenaios*, 57d.
29 Oreibasios, *Medical Collections*, in Mark Grant, trans., *Dieting for an Emperor: A Translation of Books 1 and 4 of Oribasius' Medical Compilations* (Leiden, 1997), Book 4 ch. 6.
30 Herodotos, *Histories*, 9.82.1–3.
31 Athenaios, *Deipnosophistai*, 82f.
32 Pliny, *Natural History, in Pliny: Natural History*, ed. H. Rackham et al. (Cambridge, ma, 1938–63), Book 15 section 41.
33 Theophrastos, *History of Plants*, in Arthur Hort, ed. and trans., *Theophrastus: Enquiry into Plants* (Cambridge, ma, 1916–26), 4.4.7.
34 Nikandros, *Theriaka*, in *Nicander*, ed. A.S.F. Gow and A. F. Scholfield (Cambridge, 1953), l. 891.
35 al-Istakhri, *Kitāb al-Masālik wa'l-Mamālik*, in *Viae regnorum descriptio ditionis Moslemicae*, ed. M. J. De Goeje (Leiden, 1927), p. 173.
36 Jacques de Vitry, *Historia Orientalis et Occidentalis*, in *Iacobi de Vitriaco ... libri duo* (Douai, 1597), p. 86.
37 H. Winterwerb, ed., *Porikologos* (Cologne, 1992), l. 6.
38 Ibid., 4.
39 *Scholia on Nikandros' Alexipharmaka*, in *Scholia in Theocritum; Scholia et paraphrases in Nicandrum et Oppianum*, ed. F. Dubner and U. C. Bussemaker (Paris, 1847), l. 533. 评注者认为酸橙（*nerantzion*）和古代 melon Medikon是同一种东西。这是个很好的想法，但是是错误的：后者是香橼。
40 Aglaia Kremezi, 'Greece: Culinary Travel: Ionian Islands', at www.epicurious.com/archive.
41 Aglaia Kremezi, 'Tomato: A Latecomer that Changed Greek Flavor', *The Atlantic* (July 2010).
42 Strabo, *Geography*, in *The Geography of Strabo*, ed. H. L. Jones (London,

1917–32), 15.1.18.
43 摘自 Athenaios, *Deipnosophistai* 中的引文，153d。
44 W. M. Leake, *Travels in the Morea* (London, 1830), vol. i, p. 309.
45 Ibid., p. 337.
46 Diogenes Laertios, *Lives*, in *Diogenes Laertius: Lives of Eminent Philosophers*, ed. R. D. Hicks (London, 1925), Book 1 ch. 81.
47 Plutarch, *Banquet of the Seven Sages*, in *Plutarchi Chaeronensis scripta moralia*, ed. F. Dubner (Paris, 1846–7), ch. 14.

第二章　古典盛宴：最早的美食学

1 *Odyssey*, 4.620–624.
2 Ibid., 9.219–223.
3 Ibid., 9.244–249.
4 Ibid., 4.220–221.
5 见 Mariana Kavroulaki, 'Mixing the Kykeon', 网址：http://297315322.blog.com.gr。
6 *Iliad*, 11.624–641.（译文引自［古希腊］荷马著，罗念生译:《荷马史诗〈伊利亚特〉》，上海：上海人民出版社。下同。）
7 *Odyssey*, 10.233–236.
8 最近对这一传统的手捏陶器的研究见 Louise Steel, 'The Social World of Early-middle Bronze Age Cyprus: Rethinking the Vounous Bowl', *Journal of Mediterranean Archaeology*, xxvi (2013), pp. 51–73。
9 Hesiod, *Works and Days*, in M. L. West, trans., *Hesiod: Theogony and Works and Days* (Oxford, 1999), ll. 582–596.（译文引自［古希腊］赫西俄德著，张竹明，蒋平译:《工作与时日·神谱》，北京：商务印书馆，1991年。）
10 *Epitome of Athenarios*, in *Athenaeus: The Learned Banqueters*, ed. S. Douglas Olson (Cambridge, ma, 2006–12), 30f.
11 Athenaios, *Deipnosophistai*, in *Athenaeus: The Learned Banqueters*, ed. and trans. S. Douglas Olson (Cambridge, ma, 2006–12), 138d.
12 Ibid., 462c.
13 Ibid., 65c and 370d.
14 Ibid., 399d.

15 Ibid., 228c.
16 Ibid., 313f.
17 Hesiod, *Works and Days*, 640.
18 Athenaios, *Deipnosophistai*, 293a.
19 Ibid., 295d.
20 Ibid., 322c; 先说话的人回答了一份完整的食谱。
21 Pliny, *Natural History*, in *Pliny: Natural History*, ed. H. Rackham et al. (Cambridge, ma, 1938–63), Book 19 section 39.
22 *Geoponika*, in Andrew Dalby, trans., *Geoponika: Farm Work* (Totnes, 2011), Book 20 ch. 46. 如操作得当、条件合适，鱼露可以被制作出来，但不建议轻易尝试这些食谱。
23 Pierre Belon du Mans, *Les Observations de plusieurs singularitez et choses memorables trouvees en Grece, Asie, Judee, Egypte, Arabie et autres pays etranges* (Paris, 1555), 1.75.
24 Athenaios, *Deipnosophistai*, 302e.
25 *Epitome of Athenaios*, in Olson, *Athenaeus: The Learned Banqueters*, 54f.
26 Columella, *On Agriculture*, in *Lucius Junius Moderatus Columella: On Agriculture*, ed. Harrison Boyd Ash, E. S. Forster and E. H. Heffner (Cambridge, ma, 1941–55), Book 10, ll. 105–106.
27 *Epitome of Athenaios*, 64e.
28 *Apicius*, in *Apicius*, ed. and trans. Christopher Grocock and Sally Grainger, (Totnes, 2006), Book 7 ch. 12.
29 *Odyssey*, 13.412.
30 H. W. Parke and D.E.W. Wormell, *The Delphic Oracle* (Oxford, 1956), vol. ii, pp. 1–2.
31 *Epitome of Athenaios*, 28a.
32 Ibid., 27e.
33 Athenaios, *Deipnosophistai*, 540d.
34 *Epitome of Athenaios*, 29e.
35 Athenaios, *Deipnosophistai*, 321c.
36 *Epitome of Athenaios*, 4e.
37 Athenaios, *Deipnosophistai*, 101c.
38 Ibid., 311a.

39 见 Mariana Kavroulaki, 'Ovens', http://297315322.blog.com.gr.
40 Athenaios, *Deipnosophistai*, 111f.
41 *Epitome of Athenaios*, 64a.
42 Athenaios, *Deipnosophistai*, 92d.
43 Oreibasios, *Medical Collections*, in *Oribasii Collectionum medicarum reliquiae*, ed. Ioannes Raeder (Leipzig, 1929), Book 2 ch. 58.
44 Athenaios, *Deipnosophistai*, 92d.
45 Catullus, in *Catulli carmina*, ed. R.A.B. Mynors (Oxford, 1958), fragment 1.
46 Athenaios, *Deipnosophistai*, 278a.
47 Ibid., 116f.
48 *Apicius*, 9.10.8.
49 Plato, *Gorgias*, 518b.
50 Athenaios, *Deipnosophistai*, 325f.
51 Ibid., 324a.
52 Ibid., 516c.
53 Athenaios, *Deipnosophistai*, 146f, 642f. 有些编辑不认为这首诗是基西拉岛的费洛克赛诺斯所作，称写作这首诗的诗人勒卡斯的费洛克赛诺斯。
54 *Epitome of Athenaios*, 6d.
55 Athenaios, *Deipnosophistai*, 643d.
56 Ibid., 499c.
57 Ibid., 75e.
58 Ibid., 647b.
59 Ibid., 130c.
60 *Souda* s.v. 'Paxamos'. www.stoa.org/sol.
61 Galen, *Handy Remedies*, in *Claudii Galeni opera omnia*, ed. C. G. Kuhn (Leipzig, 1821–33), vol. xiv, p. 537.
62 Athenaios, *Deipnosophistai*, 689c.
63 Oreibasios, *Medical Collections*, in Mark Grant, trans., *Dieting for an Emperor: A Translation of Books 1 and 4 of Oribasius' Medical Compilations* (Leiden, 1997), Book 1 ch. 3.
64 Galen, *On the Properties of Foods*, in O. Powell, trans., *Galen: On the Properties of Foodstuffs* (Cambridge, 2002), 1.3.1–2.

注　释

第三章　罗马和拜占庭风味

1 *Apicius*, 2.4, in *Apicius*, ed. and trans. Christopher Grocock and Sally Grainger (Totnes, 2006), pp. 153–155.
2 Horace, *Epistles*, in *Horace: Satires, Epistles and Ars Poetica*, ed. H. R. Fairclough (London, 1924), Book 2 epistle 1, ll. 32–33.
3 *Anthologia Palatina*, in *The Greek Anthology*, ed. W. R. Paton (London, 1916–18), Book 11 no. 319.
4 *Geoponika*, in Andrew Dalby, trans., *Geoponika: Farm Work* (Totnes, 2011), Book 15 ch. 7.
5 Macrobius, *Saturnalia*, in *Macrobius: Saturnalia*, ed. Robert A. Kaster (Cambridge, ma, 2011), Book 7 ch. 12.
6 *Aetna*, in *Minor Latin Poets*, ed. J. W. Duff and A. M. Duff (Cambridge, ma, 1935), ll. 13–14.
7 Apuleius, *Metamorphoses*, in Sarah Ruden, trans., *Apuleius: The Golden Ass* (New Haven, ct, 2011), Book 1 ch. 5.
8 Pliny, *Natural History*, in *Pliny: Natural History*, ed. H. Rackham et al. (Cambridge, ma, 1938–63), Book 14 section 54; 与 *Odyssey*, 9.39–42 比较。奥德修斯和穆齐阿努斯一样，有时会粉饰事实。
9 Horace, *Odes*, in *Horace: Odes and Epodes*, ed. Niall Rudd (Cambridge, ma, 2004), Book 1 ode 27, ll. 1–2.
10 Galen, *On Antidotes*, in *Claudii Galeni opera omnia*, ed. C. G. Kuhn (Leipzig, 1821–33), vol. xiv, pp. 4–79; A.-M. Rouanet-Liesenfelt, 'Les Plantes medicinales de Crete a l'epoque romaine', *Cretan Studies*, iii (1992), pp. 173–190; Myrsini Lambraki, *Τα χορτά* (Chania, 1997).
11 Strabo, *Geography*, in *The Geography of Strabo*, ed. H. L. Jones (London, 1917–32), 14.1.35.
12 Galen, *Therapeutic Method*, in Kuhn, *Claudii Galeri opera omnia*, vol. x, p. 830.
13 Horace, *Satires*, in *Horace: Satires, Epistles and Ars Poetica*, Fairclough, Book 2 satire 8, l. 52. 两千年后，用单一希腊葡萄品种制作的陈年阿斯提可醋将卖出高价。
14 Pliny, *Natural History*, Book 14 section 78.

15　*Geoponika*, 8.24.
16　Theophrastos, *On Odours*, *Theophrastus: Enquiry into Plants*, ed. and trans. Arthur Hort (Cambridge, ma, 1916–26), ch. 10.
17　Theophrastos, *History of Plants*, in Hort, *Theophrastus* 9.20.1.
18　Tāyan-Kannanār, *Agam*, 149.7–11, in Pierre Meile, 'Les Yavana dans l'Inde tamoule', *Revue asiatique*, ccxxxii (1940/41), pp. 85–123.
19　*Periplous*, *The Periplus of the Erythraean Sea*, ed. and trans. Lionel Casson (Princeton, nj, 1989), ch. 56.
20　Athenaios, *Deipnosophistai*, in *Athenaeus: The Learned Banqueters*, ed. and trans. Douglas Olson (Cambridge, ma, 2006–12), 90f.
21　Plutarch, *Symposion Questions*, in *Plutarch's Moralia*, ed. E. L. Minar et al., vol. ix (Cambridge, ma, 1969), Book 8 ch. 9.
22　Dioskourides, *Materia Medica*, in *Pedanii Dioscuridis Anazarbei de materia medica libri quinque*, ed. M. Wellmann (Berlin, 1907–14), Book 2. ch. 160.
23　Strabo, 在 *Geography* 中被引用，*Geography*, 15.1.20。
24　Galen, *On Antidotes*, vol. xiv, pp. 63–65; translation after Casson, *Periplus*, p. 244.
25　*Prodromic Poems*, 4.174–6, in *Πτωχοπρόδρομος*, ed. Hans Eideneier (Heraklio, 2012).
26　Psellos, *Poem on Medicine*, in *Psellus: Poemata*, ed. L. G. Westerink (Stuttgart, 1992), ll. 208–210.
27　Simeon Seth, *Alphabetical Handbook of the Properties of Foods*, in *Simeonis Sethi Syntagma de alimentorum facultatibus*, ed. B. Langkavel (Leipzig, 1868), p. 33.
28　Ibid., p. 125.
29　Pollux, *Onomastikon*, in *Pollucis Onomasticon*, ed. Ericus Bethe (Leipzig, 1900–37), Book 6 ch. 57.
30　Xan Fielding, *The Stronghold* (London, 1955), p. 115.
31　*Book of the Eparch*, in *The Book of the Eparch*, ed. I. Dujcev (London, 1970), ch. 18.
32　*Prodromic Poems*, 4.17 (ms. g) and 4.80.
33　Prokopios, *On the Wars*, in *Procopius*, ed. H. B. Dewing (London, 1914–40), Book 3 ch. 13.

34 Prokopios, *Anekdota*, in G. A. Williamson, trans., *Procopius: The Secret History* (Harmondsworth, 1966), ch. 6 section 2.
35 *Geoponika*, 18.19.
36 Simeon Seth, *Alphabetical Handbook*, p. 75.
37 Liutprand of Cremona, *Antapodosis*, in F. A. Wright, trans., *The Works of Liudprand of Cremona* (London, 1930), Book 6 ch. 8–9.
38 Ahmad ibn Rustih, *Kitab al-a'lah al-nafisa*, in *Ibn Rustih: Kitab al-a'lak an-nafisa*, ed. M. J. De Goeje (Leiden, 1892).
39 Liutprand, *Antapodosis*, 6.8–9.
40 William of Rubruck, *Report*, in P. Jackson, trans., *The Mission of Friar William of Rubruck* (London, 1990), ch. 9.
41 Evliya Celebi, *Seyahatname*, in Alexander Pallis, *In the Days of the Janissaries: Old Turkish Life as Depicted in the Travel-book of Evliya Chelebi* (London, 1951), p. 95.
42 Simon Malmberg, *Dazzling Dining: Banquets as an Expression of Imperial Legitimacy* (Uppsala, 2003).
43 Liutprand of Cremona, *Antapodosis* and *Embassy to Constantinople*, in Wright, *The Works of Liudprand of Cremona*, ch. 1.
44 W. M. Leake, *Travels in the Morea* (London, 1830), vol. ii, p. 276.
45 Allan Evans, ed., *Francesco Balducci Pegolotti: La pratica della mercatura* (Cambridge, ma, 1936), pp. 33–47.
46 Ioannes Choumnos, *Letters*, in *Monemvasian Wine-Monovas(i)a-Malvasia*, ed. Ilias Anagnostakis (Athens, 2008), p. 131.
47 Anagnostakis et al., *Ancient and Byzantine Cuisine*.
48 Ilias Anagnostakis et al., *Ancient and Byzantine Cuisine* (Athens, 2013), p. 181.
49 *Prodromic Poems*, 4.172–188.
50 Pero Tafur, *Travels and Voyages*, in Malcolm Letts, trans., *Pero Tafur, Travels and Adventures, 1435–1439* (London, 1926), p. 141.
51 Cyril of Skythopolis, *Life of St Sabas*, in *Kyrillos von Skythopolis*, ed. E. Schwartz (Leipzig, 1939), pp. 130–131.
52 Liutprand, *Antapodosis*, 5.23. 与柳特普兰德主教不同，拜占庭编年史作者记载的罗曼努斯一世有更具教育意义的感慨，他引用以赛亚书1:2："我养育儿女，将他们养大，他们竟悖逆我。"

53 Anna Komnene, *Alexiad*, in E.R.A. Sewter, trans., *The Alexiad of Anna Comnena* (Harmondsworth, 1969), 3.1.1.
54 Leontios of Neapolis, *Life of St John the Almsgiver*, in E. Dawes and N. H. Baynes, trans., *Three Byzantine Saints* (London, 1948), Book 2 ch. 21.
55 *Prodromic Poems*, 4.394–412.
56 不幸的是现有唯一的食谱似乎有些不切实际。"这些菜式上桌之后，就会进来一个精美的炖锅，顶部微微发黑，香气扑鼻……里面有4颗洁白如雪的大个包菜心；盐腌旗鱼颈；鲤鱼中段；约20条 *glaukoi*（一种未知鱼类）；1片盐鲟鱼；14个鸡蛋以及一些克里特岛奶酪，4个阿波提拉奶酪，一点芙拉赫奶酪和1品脱橄榄油，1把胡椒，12个小蒜头，15条鲭鱼，上面再洒上甜葡萄酒，然后就卷起袖子开动——食客们纷纷大快朵颐。" *Prodromic Poems*, 4.201–216.

第四章　帝国重生

1 Liutprand of Cremona, *Embassy to Constantinople*, in F. A. Wright, trans., *The Works of Liudprand of Cremona* (London, 1930), ch. 11.
2 Ibid., p. 20.
3 Ibn Battuta, *Travels*, in H.A.R. Gibb, trans., *The Travels of Ibn Battuta ad 1325–1354* (Cambridge, 1958–71), p. 504.
4 Anna Komnene, *Alexiad*, in E.R.A. Sewter, trans., *The Alexiad of Anna Comnena* (Harmondsworth, 1969), 10.11.3–4.
5 *Life of St Theodore of Sykeon*, in E. Dawes and N. H. Baynes, trans., *Three Byzantine Saints* (London, 1948), ch. 3, 6. Andrew Dalby, *Siren Feasts: A History of Food and Gastronomy in Greece* (London, 1996), pp. 195–196.
6 *Timarion*, in Barry Baldwin, trans., *Timarion* (Detroit, mi, 1984), ch. 2.
7 *Pilgrimage of St Willibald*, in W. R. Brownlow, trans., *The Hodoeporicon of Saint Willibald* (London, 1891), p. 256.
8 Michael Choniates, *Letters*, in *Michael Akominatou tou Khoniatou ta sozomena*, ed. S. P. Lampros (Athens, 1879–80), vol. ii, p. 194.
9 Anthony of Novgorod, *Pilgrim's Book*, in M. Ehrhard, trans., 'Le Livre du pelerin d'Antoine de Novgorod', *Romania*, lviii (1932), pp. 44–65, at

注　释

pp. 63-64.
10 Claudian, *Against Eutropius*, in *Claudian*, ed. M. Platnauer (London, 1922), Book 2, ll. 326–41.
11 Benjamin of Tudela, *Itinerary*, in Marcus Nathan Adler, trans., *The Itinerary of Benjamin of Tudela* (London, 1907), p. 23.
12 Ibn Battuta, *Travels*, pp. 506–508; Gibb, pp. 430–432.
13 Allan Evans, ed., *Francesco Balducci Pegolotti: La pratica della mercatura* (Cambridge, ma, 1936), pp. 33–47.
14 *Anthologia Palatina*, in *The Greek Anthology*, ed. W. R. Paton (London, 1916–18), Book 9 no. 650.
15 *Book of the Eparch*, in *The Book of the Eparch*, ed. I. Dujcev (London, 1970), ch. 19.
16 Pero Tafur, *Travels and Voyages*, in Malcolm Letts, trans., *Pero Tafur: Travels and Adventures, 1435–1439* (London, 1926), p. 141.
17 Niketas Choniates, *Chronicle*, in Harry J. Magoulias, trans., *O City of Byzantium: Annals of Niketas Choniates* (Detroit, 1984), p. 57.
18 Ahmad ibn Rustih, *Kitab al-a'lah al-nafisa*, in *Ibn Rustih: Kitab al-a'lak annafisa*, ed. M. J. De Goeje (Leiden, 1892).
19 Simeon Seth, *Alphabetical Handbook of the Properties of Foods*, in *Simeonis Sethi Syntagma de alimentorum facultatibus*, ed. B. Langkavel (Leipzig, 1868).
20 Ibid., ch. 85.
21 Liutprand, *Embassy to Constantinople*, 11.
22 Eustathios, *Capture of Thessaloniki*, in John R. Melville Jones, trans., *Eustathios of Thessaloniki: The Capture of Thessaloniki* (Canberra, 1988), ch. 136–137.
23 Choniates, *Chronicle*, p. 594.
24 Cyriac of Ancona, in *Cyriac of Ancona: Later Travels*, ed. and trans. Edward W. Bonar (Cambridge, ma, 2003), pp. 342–345.
25 Ibid., pp. 254–255, 262–263. 这两个短语是同义的，在写给不同收件人的信中使用，在写给其中一人的信中，西里亚克使用了"酒会"（symposion）这个传统希腊语。
26 近代希腊有小规模的鱼子酱生产：见 Marina Kavroulaki, 'Fish Roe', at

http://297315322.blog.com.gr。
27 Michael Apostolios, *Letters*, in *Lettres inedites de Michel Apostolis, publiees d'apres les manuscrits du Vatican; avec des opuscules inedits du meme auteur*, ed. Hippolyte Noiret and A. M. Desrousseaux (Paris, 1889), p. 77.
28 Ludovicus Nonnius, *Ichtyophagia sive de piscium esu commentarius* (Antwerp, 1616), p. 176.
29 Pierre Belon du Mans, *Les Observations de plusieurs singularitez et choses memorables trouvees en Grece, Asie, Judee, Egypte, Arabie et autres pays etranges* (Paris, 1555), Book 1 ch. 75.
30 George Wheler, *A Journey into Greece* (London, 1682), pp. 203–204.
31 Antoine Galland, *Smyrne ancienne et moderne*, in *Le voyage a Smyrne: un manuscrit d'Antoine Galland* (1678), ed. Frederic Bauden (Paris, 2000), p. 149.
32 Evliya Celebi, *Seyahatname*, in Alexander Pallis, I*n the Days of the Janissaries: Old Turkish Life as Depicted in the Travel-book of Evliya Chelebi* (London, 1951), pp. 88–89.
33 Patrick Leigh Fermor, *Roumeli: Travels in Northern Greece* (London, 1966), p. 186 footnote. 明智的读者几乎可以相信利·弗莫尔，以及后文中的劳伦斯·达雷尔，所说的一切。
35 Ibid., pp. 137–138.
36 Ibid., p. 119. 维迪娅曾是意大利北部流行的葡萄酒风格；现在伊奥尼亚群岛制作一种名为维迪娅的葡萄酒。
37 Ibid., p. 149.
38 *Timarion*, 2.
39 Menander Protector, *History*, in *The History of Menander the Guardsman*, ed. and trans. R. C. Blockley (Liverpool, 1985), fragment 10.3.
40 Ibn Battuta, *Travels*, p. 488.
41 Manuel Palaiologos, *Letters*, in *The Letters of Manuel ii Palaeologus*, ed. And trans. George T. Dennis (Washington, dc, 1977), letter 16.
42 Manuel Palaiologos, *Dialogues with a Muslim*, in *Manuel ii. Palaiologos: Dialoge mit einem Muslim*, ed. and trans. Karl Forstel (Wurzburg, 1995), ch. 10.
43 Giovanni de' Pigli, in Ilias Anagnostakis et al., *Ancient and Byzantine Cuisine* (Athens, 2013), pp. 169–173.

44 Belon, *Observations*, 1.59.
45 Ibid.
46 Bernard Randolph, *Present State of the Morea* (London, 1689), pp. 18–19. 如今已被遗忘的英语名词"wine cute"（葡萄酒糖浆）来自法语 *vin cuit*。
47 Belon, *Observations*, 3.29.
48 Ibid.
49 W. M. Leake, *Travels in the Morea* (London, 1830), vol. i, pp. 17–18.
50 J. Aegidius van Egmont and John Heyman, *Travels* (London, 1759), vol. i, p. 68.
51 Michel Baudier, *Histoire generale du Serrail*, in B. de Vigenere, trans., *Histoire generale des Turcs, contenant l'Histoire de Chalcocondyle* (Paris, 1662), vol. ii.
52 Evliya Celebi, *Seyahatname*, in J. von Hammer, *Evliya Efendi: Narrative of Travels* (London, 1834–50), vol. i pt 2, p. 148.
53 Belon, *Observations*, 3.32.
54 Ibid.
55 Felix Faber, *Evagatorium*, in *Fratris Felicis Fabri Evagatorium*, ed. Cunradus Dietericus Hassler (Stuttgart, 1843–9), vol. i, p. 165.
56 *Geoponika*, in Andrew Dalby, trans., *Geoponika: Farm Work* (Totnes, 2011), Book 3 ch. 8.
57 Belon, *Observations*, 1.59.
58 Charles Perry, 'Trakhanas Revisited', *Petits Propos Culinaires*, 55 (1997), pp. 34–39; William Woys Weaver, 'The Origins of Trachanas: Evidence from Cyprus and Ancient Texts', *Gastronomica*, ii/1 (Winter 2002), pp. 41–48; Mariana Kavroulaki,'Trachana Soup' and 'Xinohondros' at http://297315322.blog.com.gr; Aglaia Kremezi, 'Greece: Culinary Travel: Ionian Islands', at www.epicurious.com/archive.

第五章 美食地理（一）：希腊之外

1 Kritoboulos of Imbros, *History*, in Charles T. Riggs, trans., *Kritovoulos: History of Mehmed the Conqueror* (Princeton, nj, 1954), 5.9.3.
2 Evliya Celebi, *Seyahatname*, in Alexander Pallis, *In the Days of the*

Janissaries: Old Turkish Life as Depicted in the Travel-book of Evliya Chelebi (London, 1951), pp. 83–84.
3 Ibid., pp. 86–87.
4 George Wheler, *A Journey into Greece* (London, 1682), pp. 203–204.
5 *Geoponika*, in Andrew Dalby, trans., *Geoponika: Farm Work* (Totnes, 2011), Book 12 ch. 1.
6 Pierre Gilles (Petrus Gyllius), *De Bosphoro Thracio* (Lyon, 1561).
7 Pierre Belon du Mans, *Les Observations de plusieurs singularitez et choses memorables trouvees en Grece, Asie, Judee, Egypte, Arabie et autres pays etranges* (Paris, 1555), Book 3 ch. 51.
8 Evliya Celebi, *Seyahatname*, in J. von Hammer, *Evliya Efendi: Narrative of Travels* (London, 1834–50), vol. i pt 2, p. 137.
9 Celebi, *Seyahatname*, in Pallis, *In the Days of the Janissaries*, pp. 138–139.
10 Ibid., pp. 142–143.
11 Ibid., pp. 143–144. *Kalikanzaros*是对万圣节（All Saints' Day）的错误指代。
12 Celebi, *Seyahatname*, in von Hammer, *Evliya Efendi*, vol. i pt 2, p. 250. 艾弗里雅的现代读者怀疑他是假装无知。
13 Richard Pococke, *A Description of the East* (London, 1743), vol. ii pt 2, p. 38.
14 Antoine Galland, *Smyrne ancienne et moderne*, in *Le Voyage a Smyrne: un manuscrit d'Antoine Galland (1678)*, ed. Frederic Bauden (Paris, 2000), pp. 146–149.
15 Ibid.
16 Mariana Kavroulaki, 'A Taste of the Past: Pastirma', at http://297315322.blog.com.gr.
17 Andrew Dalby, '"We Talked About the Aubergines": International Diplomacy and the Cretan Diet', in *Vegetables: Proceedings of the Oxford Symposium on Food and Cookery*, ed. Richard Hosking (Totnes, 2009).
18 Jonathan Reynolds, 'Greek Revival', *New York Times* (4 April 2004).
19 Elisabeth Saab, 'Michael Psilakis' Quest to Make Greek Go Mainstream', *Fox News* (19 December 2013).
20 'Sydney Confidential', *Daily Telegraph* (3 August 2013).

注 释

第六章 美食地理（二）：希腊之内　　281

1 Patrick Leigh Fermor, *Roumeli: Travels in Northern Greece* (London, 1966), pp. 184–185.
2 George Wheler, *A Journey into Greece* (London, 1682), pp. 42–43.
3 Karl Baedeker, *Greece* (Leipzig, 1894), p. 10.
4 Lawrence Durrell, *Prospero's Cell* (London, 1945), pp. 44–45.
5 Wheler, *Journey into Greece*, pp. 35, 44.
6 Durrell, *Prospero's Cell*, p. 20.
7 Miles Lambert-Gocs, *The Wines of Greece* (London, 1990), pp. 224–227.
8 Durrell, *Prospero's Cell*, p. 14.
9 摘自 Lambert-Gocs, *The Wines of Greece* 中的引文，p. 207；他给出了完整的译文。
10 Wheler, *Journey into Greece*, p. 32.
11 Baedeker, *Greece*, p. 10.
12 Durrell, *Prospero's Cell*, pp. 20, 78.
13 Shakespeare, *The Tempest*, 1.2.335–336; Durrell, *Prospero's Cell*, p. 80.（译文引自［英］威廉·莎士比亚著，朱生豪译：《暴风雨》，南京：译林出版社，2018年。）
14 就是龙涎香。Wheler, *Journey into Greece*, p. 44.
15 Edward Lear, 'How Pleasant to Know Mr Lear!', in *Edward Lear: The Complete Verse and Other Nonsense*, ed. Vivien Noakes (London, 2001), p. 429.
16 Edward Lear, letter to Chichester Fortescue, in *Edward Lear: The Corfu Years*, ed. Philip Sherrard (Athens, 1988), p. 131.
17 Durrell, *Prospero's Cell*, pp. 85–86, cf. p. 49.
18 Francis Vernon, 'Observations', *Philosophical Transactions of the Royal Society*, xi(1676), pp. 575–582, at p. 580.
19 W. M. Leake, *Travels in the Morea* (London, 1830), vol. ii, pp. 233–234.
20 Ibid., vol. iii, p. 108.
21 Ibid., vol. ii, pp. 517–518.
22 Bernard Randolph, *Present State of the Morea* (London, 1689), p. 17.

23 Leake, *Travels in the Morea*, vol. ii, p. 144.
24 Randolph, *Present State of the Morea*, pp. 18–19.
25 Leake, *Travels in the Morea*, vol. ii, pp. 140–141.
26 Randolph, *Present State of the Morea*, pp. 18–19.
27 Wheler, *Journey into Greece*, pp. 295–296.
28 Jacob Spon, *Voyage d'Italie, de Dalmatie, de Grece et du Levant* (Paris, 1678), vol. i, pp. 111–112.
29 Leake, *Travels in the Morea*, vol. ii, pp. 153–154.
30 *Le Voyage de Hierusalem,* in Ch. Schefer, ed., *Le Voyage de la saincte cyte de Hierusalem* (Paris, 1882), p. 47.
31 Pietro Casola, *Pilgrimage*, in M. M. Newett, trans., *Canon Pietro Casola's Pilgrimage to Jerusalem in the Year 1494* (Manchester, 1907), p. 194.
32 Felix Faber, *Evagatorium*, in *Fratris Felicis Fabri Evagatorium*, ed. Cunradus Dietericus Hassler (Stuttgart, 1843–9), vol. iii, pp. 336–337.
33 Ibid.
34 Ibid.
35 Leake, *Travels in the Morea*, vol. i, pp. 346–348.
36 Cyriac of Ancona, in *Cyriac of Ancona: Later Travels*, ed. and trans. Edward W. Bodnar (Cambridge, ma, 2003), pp. 322–325. 引文节略。
37 Leake, *Travels in the Morea*, vol. i, pp. 309–310.
38 Ibid., p. 337.
39 Ibid., p. 319.
40 Ibid., p. 281.
41 Ibid., pp. 241–242.
42 Wheler, *Journey into Greece*, p. 352.
43 Randolph, *Present State of the Morea*, p. 21.
44 Leigh Fermor, *Roumeli*, p. 210.
45 Ibid., pp. 184–185.
46 Anthimos, *Letter on Diet*, see *Anthimus: De observatione ciborum: On the Observance of Foods*, ed. and trans. Mark Grant (Totnes, 1996), ch. 13.
47 Wheler, *Journey into Greece*, p. 352.
48 Josef von Ow, *Aufzeichnungen eines Junkers am Hofe zu Athen* (Pest, 1854), vol. i, p. 84.

注 释

49 Aischylos, *Suppliants*, 952–953. 这些话是针对来自埃及的旅行者说的, 古希腊人知道啤酒是那里的日常饮料。
50 H.D.F. Kitto, *In the Mountains of Greece* (London, 1933), p. 95.
51 Evliya Celebi, *Seyahatname*, in Alexander Pallis, *In the Days of the Janissaries: Old Turkish Life as Depicted in the Travel-book of Evliya Chelebi* (London, 1951), p. 146.
52 Wheler, *Journey into Greece*, pp. 412–413.
53 'How to Eat Well in Athens', *New York Times* (14 January 2011).
54 W. M. Leake, *Travels in Northern Greece* (London, 1835), vol. i, p. 164.
55 Vernon, 'Observations', p. 581.
56 摘自 Mariana Kavroulaki, 'The Only Food They Had Was the Spring Swallows' 中引用的资料, at http://297315322.blog.com.gr。
57 Strabo, *Geography*, in *The Geography of Strabo*, ed. H. L. Jones (London, 1917–32), 10.2.3.
58 Ludovicus Nonnius, *Ichtyophagia sive de piscium esu commentarius* (Antwerp, 1616), p. 176.
59 Leake, *Travels in Northern Greece*, vol. i, pp. 9–10.
60 Athenaios, *Deipnosophistai*, in *Athenaeus: The Learned Banqueters*, ed. and trans. S. Douglas Olson (Cambridge, ma, 2006–12), 121c.
61 Diane Kochilas, *The Glorious Foods of Greece* (New York, 2001), p. 113.
62 Leake, *Travels in Northern Greece*, vol. i, pp. 176–182.
63 Ibid., p. 307.
64 Rumili, 更常见的拼法为 Roumeli, 是奥斯曼帝国的欧洲省份的名称。Leake, *Travels in Northern Greece*, vol. i, p. 306.
65 Miles Lambert-Gocs, *The Wines of Greece*, p. 133. 引文节略。
66 Hesiod, *Works and Days*, in M. L. West, trans., *Hesiod: Theogony and Works and Days* (Oxford, 1999), ll. 609–614.
67 Gil Marks, *Encyclopedia of Jewish Food* (Hoboken, nj, 2010).
68 关于也很著名且实至名归的克里特岛酥皮派, 见 Mariana Kavroulaki, 'Cretan Food Markets', at http://297315322.blog.com.gr。
69 Pierre Belon du Mans, *Les Observations de plusieurs singularitez et choses memorables trouvees en Grece, Asie, Judee, Egypte, Arabie et autres pays etranges* (Paris,1555), Book 1 ch. 60.

70 Celebi, *Seyahatname*, pp. 137–138.
71 Leake, *Travels in Northern Greece*, vol. i, pp. 142–143.
72 Ibid., p. 273.
73 Ibid., pp. 280–281.
74 阿格拉娅·克雷梅兹发现他们如今定居在帕尔纳索斯山的山坡上，多么理想的地点啊！'Greece: Culinary Travel: Athens and Central Greece', at www.epicurious.com/archive.
75 Leigh Fermor, *Roumeli*, pp. 15–16.
76 *Timarion*, in Barry Baldwin, trans., *Timarion* (Detroit, mi, 1984), pp. 4–5.
77 Bartolf of Nangis, *History of the Franks who Stormed Jerusalem*, in *Recueil des historiens des croisades: Historiens occidentaux* (Paris, 1866), vol. iii, pp. 487–543, at p. 493.
78 Eustathios, *Capture of Thessaloniki*, in John R. Melville Jones, trans., *Eustathios of Thessaloniki: The Capture of Thessaloniki* (Canberra, 1988), ch. 136, 137.
79 Claudia Roden, *The Book of Jewish Food* (New York, 1996); Diane Kochilas, *The Glorious Foods of Greece* (New York, 2001), p. 202.
80 Cyriac, *Later Travels*, pp. 212–215.
81 Belon, *Observations*, 2.8.
82 Richard Pococke, *A Description of the East* (London, 1743), vol. ii pt 2, pp. 3–4.
83 Antoine Des Barres, *L'estat present de l'Archipel* (Paris, 1678), pp. 93–95.
84 William Lithgow, *The Totall Discourse, 1632* (Glasgow, 1906), p. 92.
85 Pococke, *Description of the East*, vol. ii, pt 2, pp. 3–4.
86 Dimitrios G. Ierapetritis, 'The Geography of the Chios Mastic Trade from the 17th through to the 19th Century', *Ethnobotany Research and Applications*, viii(2010), pp. 153–167.
87 Pococke, *Description of the East*, vol. ii pt 2, p. 22.
88 J. Pitton de Tournefort, *Relation d'un voyage du Levant fait par ordre du Roy* (Paris, 1717), vol. i, p. 409.
89 Belon, *Observations*, 1.31.
90 Lithgow, *Totall Discourse*, p. 158.
91 Aglaia Kremezi, 'Greece: Culinary Travel: Aegean Islands', at www.

epicurious.com/archive.
92 引自 W. B. Stanford and E. J. Finopoulos, eds, *Travels of Lord Charlemont in Greece and Turkey* (London, 1984) 中的引文。
93 Kitto, *In the Mountains of Greece*, p. 145.
94 J. Aegidius van Egmont and John Heyman, *Travels* (London, 1759), vol. i, p. 69.
95 Wheler, *Journey into Greece*, p. 61.
96 Leigh Fermor, *Roumeli*, pp. 184–185.
97 Mariana Kavroulaki, 'Recording Food Culture of Amari Valley', at http://297315322.blog.com.gr.
98 Leake, *Travels in the Morea*, vol. i, p. 325.
99 Symon Semeonis, *Pilgrimage*, in *Monemvasian Wine-Monovas(i)a-Malvasia*, ed. Ilias Anagnostakis (Athens, 2008), p. 131.
100 Lithgow, *Totall Discourse*, p. 71.
101 *Le Voyage de Hierusalem*, p. 51.
102 Faber, *Evagatorium*, vol. i, p. 49.
103 Casola, *Pilgrimage*, p. 202.
104 Marjorie Blamey and Christopher Grey-Wilson, *Wild Flowers of the Mediterranean* (London, 2004).
105 Belon, *Observations*, 1.19.
106 Semeonis, *Pilgrimage*, p. 131.
107 Belon, *Observations*, 1.5.
108 Xan Fielding, *The Stronghold* (London, 1955), p. 230.
109 Celebi, *Seyahatname*, p. 146.
110 Fielding, *The Stronghold*, p. 75.
111 Mariana Kavroulaki, 'How to Make Your Own Butter', at http://297315322.blog.com.gr.
112 Casola, *Pilgrimage*, p. 202.

第七章　近代希腊的食物

1 Mariana Kavroulaki, 'English Desserts' and 'Admiral's Miaoulis Sea Bass', at http://297315322.blog.com.gr.

2 Jonathan Reynolds, 'Greek Revival', *New York Times* (4 April 2004).
3 Aglaia Kremezi, '"Classic" Greek Cuisine: Not So Classic' and 'Tomato: A Latecomer that Changed Greek Flavor', *The Atlantic* (July 2010).
4 Artemis Leontis, *Culture and Customs of Greece* (Westport, ct, 2009), pp. 93–94.
5 James Pettifer, *The Greeks: The Land and People since the War*, 2nd edn (London, 2012), ch. 12.
6 'Interview with Lefteris Lazarou' and 'Interview with Christoforos Peskias', at www.exero.com.
7 摘自 Lena Corner, 'Vefa Alexiadou: Meet Greece's Answer to Delia Smith', in *The Independent* (16 July 2009) 中的引言。
8 Isabel J. Armstrong, *Two Roving Englishwomen in Greece* (London, 1893), pp. 1–3.
9 Ibid., pp. 143–144.
10 W. M. Leake, *Travels in the Morea* (London, 1830), vol. i, p. 110.
11 Edward Dodwell, *A Classical and Topographical Tour through Greece* (London, 1819), pp. 155–157.
12 Pierre Belon du Mans, *Les Observations de plusieurs singularitez et choses memorables trouvees en Grece, Asie, Judee, Egypte, Arabie et autres pays etranges* (Paris,1555), Book 1 ch. 47.
13 Xan Fielding, *The Stronghold* (London, 1955), p. 64.
14 Patrick Leigh Fermor, *Roumeli: Travels in Northern Greece* (London, 1966), pp. 130–131.
15 Edward Lear, letter to Chichester Fortescue, in *Edward Lear: The Corfu Years*, ed. Philip Sherrard (Athens, 1988), p. 89.
16 Leake, *Travels in the Morea*, vol. i, p. 305.
17 George Wheler, *A Journey into Greece* (London, 1682), pp. 323–326.
18 Belon, *Observations*, 1.48.
19 Ibid., 1.35.
20 Wheler, *Journey into Greece*, pp. 323–324.
21 Dodwell, *Classical and Topographical Tour*, pp. 143–144.
22 Belon, *Observations*, 1.49.
23 Ibid., 1.38; Vasilii Barskii, *Travels*, in *Vasilii Barskii: Ta taxidia*, ed. Pavlos

Mylonas et al. (Thessaloniki, 2009), pp. 414–415.
24 Cyriac of Ancona, in *Cyriac of Ancona: Later Travels*, ed. and trans. Edward W. Bodnar (Cambridge, ma, 2003), pp. 122–125, cf. p. 421.
25 Wheler, *Journey into Greece*, pp. 323–324.
26 Ibid., pp. 176–177.
27 Ibid., pp. 323–324.
28 Armstrong, *Two Roving Englishwomen*, pp. 250–251.
29 Lawrence Durrell, *The Greek Islands* (London, 1980).
30 H.D.F. Kitto, *In the Mountains of Greece* (London, 1933), p. 121.
31 Fielding, *The Stronghold*, p. 125.
32 Leigh Fermor, *Roumeli*, p. 149.
33 Armstrong, *Two Roving Englishwomen*, p. 27.
34 Kitto, *In the Mountains of Greece*, p. 103.
35 Ibid., p. 123.
36 Durrell, *Greek Islands*.
37 Armstrong, *Two Roving Englishwomen*, p. 22. "非常酸的凝乳"显然是酸奶。
38 Felix Faber, *Evagatorium*, in *Fratris Felicis Fabri Evagatorium*, ed. Cunradus Dietericus Hassler (Stuttgart, 1843–9), vol. i, pp. 167–168.
39 Durrell, *Greek Islands*.
40 Fielding, *The Stronghold*, p. 135. "火山沙拉"的原料在本书第318页上被列出。
41 *Odyssey*, 7.112–121.
42 Gareth Morgan, 'The Laments of Mani', *Folklore*, lxxxiv (1973), pp. 265–298, at p. 268.
43 Lawrence Durrell, *Prospero's Cell* (London, 1945), p. 112.
44 Theodore Stephanides, *Island Trail* (London, 1973), p. 101.
45 Bernard Randolph, *Present State of the Morea* (London, 1689), p. 21.
46 Richard Pococke, *A Description of the East* (London, 1743), vol. ii pt 1, pp. 243–244.
47 Edward Lear, *Cretan Journal*, in *Edward Lear: The Cretan Journal*, ed. Rowena Fowler, 3rd edn (Limni, Evia, 2012), p. 41 and note 42. 在后来撰写的文书中，利尔将葡萄藤的消失归咎于"两年前的葡萄藤病害"，但如果他指的是葡萄根瘤蚜，1862年葡萄根瘤蚜尚未传入希腊的任何地区。

根据迈尔斯·兰伯特–戈克斯在其作品《希腊葡萄酒》(伦敦,1990年)第14页上的说法,在该书撰写时,葡萄根瘤蚜尚未传播到克里特岛西部。

48 John Fowles, *The Magus*, revd edn (London, 1977).
49 *Epitome of Athenaios, Athenaeus: The Learned Banqueters*, ed. and trans. S. Douglas Olson (Cambridge, ma, 2006–12), 54f.
50 Cyriac, *Later Travels*, pp. 322–325.
51 Leake, *Travels in the Morea*, vol. i, pp. 258–259.
52 Morgan, 'The Laments of Mani', p. 269.
53 Fielding, *The Stronghold*, p. 135.
54 Leontis, *Culture and Customs of Greece*, p. 94.
55 *Souda s.v. poulypous*, www.stoa.org/sol.
56 Fielding, *The Stronghold*, p. 156.
57 Alan Davidson, *Mediterranean Seafood*, 2nd edn (Harmondsworth, 1981).
58 Xenokrates, in *Xenokratous kai Galenou peri tes apo ton enydron trophes*, ed. Adamantios Korais and Georgios Christodoulos (Chios, 1998).
59 Belon, *Observations*, 1.72.
60 Wheler, *Journey into Greece*, p. 352.
61 编辑:如何用脚鼓励某事?作者们:通过在里面插一脚。①
62 Fielding, *The Stronghold*, p. 12.
63 Martial, *Epigrams*, 13.84.
64 Diane Kochilas, *The Glorious Foods of Greece* (New York, 2001), p. 126.
65 Leigh Fermor, *Roumeli*, pp. 200, 210–211.
66 Mariana Kavroulaki, 'Blood in Food', at http://297315322.blog.com.gr.
67 Kochilas, *Glorious Foods*.
68 Mariana Kavroulaki, 'Cured Lean Pork: A Byzantine Tradition' and 'Cretan Food Markets', at http://297315322.blog.com.gr.
69 Leake, *Travels in the Morea*, vol. i, p. 17.
70 J. Aegidius van Egmont and John Heyman, *Travels* (London, 1759), vol. i, p. 66.
71 Armstrong, *Two Roving Englishwomen*, p. 22.

---

① 原文正文对应处中作者用了意为"脚"的"foot"一词表示"方面"。

72 Durrell, *Prospero's Cell*, p. 139.
73 *Geoponika*, in Andrew Dalby, trans., *Geoponika: Farm Work* (Totnes, 2011), Book 15 ch. 7.
74 Pindar, *Olympian Odes*, in *Pindar*, ed. W. H. Race (London, 1997), ode 1, l. 1.
75 George Manwaring, *A True Discourse of Sir Anthony Sherley's Travel into Persia*, in *The Three Brothers: Travels and Adventures of Sir Anthony, Sir Robert and Sir Thomas Sherley in Persia, Russia, Turkey and Spain* (London, 1825), p. 28.
76 *Epitome of Athenaios*, 42f.
77 W. M. Leake, *Travels in Northern Greece* (London, 1835), vol. i, pp. 326–327.
78 Kitto, *In the Mountains of Greece*, p. 122.
79 Wheler, *Journey into Greece*, pp. 203–204.
80 Karl Baedeker, *Greece* (Leipzig, 1894), p. xxiv, 略有节略。
81 Theodora Matsaidoni, 'Historic Cafes in Athens Completely Gone' (2014), at http://greece.greekreporter.com.
82 Stephanides, *Island Trail*, p. 7; Andrew Dalby, 'The Name of the Rose Again; or, What Happened to Theophrastus on Aphrodisiacs?', *Petits Propos Culinaires*, 64 (2000), pp. 9–15.
83 Evliya Celebi, *Seyahatname*, in J. von Hammer, *Evliya Efendi: Narrative of Travels* (London, 1834–50), vol. i pt 2, p. 155.
84 *Odyssey*, 7.122–6.
85 Leake, *Travels in the Morea*, vol. i, p. 102, cf. vol. ii, pp. 279–280.
86 William Lithgow, *The Totall Discourse*, 1632 (Glasgow, 1906), pp. 163–164.
87 Durrell, *Prospero's Cell*, p. 112.
88 Ibid., p. 128.
89 J. Pitton de Tournefort, *Relation d'un voyage du Levant fait par ordre du Roy* (Paris, 1717), vol. i, p. 89.
90 Fielding, *The Stronghold*, p. 127.
91 Leigh Fermor, *Roumeli*, p. 210.
92 Aglaia Kremezi, 'Greece: Culinary Travel: Macedonia and Thrace', at www.epicurious.com/archive.
93 Wheler, *Journey into Greece*, pp. 203–204, 458.

94 Egmont and Heyman, *Travels*, vol. i, p. 258.
95 R. A. McNeal, *Nicholas Biddle in Greece: The Journals and Letters* (University Park, pa, 1993); W. M. Leake, *Journal of a Tour in Asia Minor* (London, 1824), pp. 47–48.
96 Armstrong, *Two Roving Englishwomen*, p. 74.
97 Durrell, *Prospero's Cell*, p. 49.
98 Nelli Paraskevopoulou, 'Ένα «υποβρύχιο», παρακαλώ!' at www.womenonly.gr.
99 Hierophilos, *Dietary Calendar*, in Andrew Dalby, *Flavours of Byzantium* (Totnes, 2003).
100 献圣母于圣殿的故事并非来自《圣经》,而是真伪存疑的《雅各福音书》(*Infancy Gospel of James*)讲述的。Mariana Kavroulaki, 'Ensuring Abundance of Food', at http://297315322.blog.com.gr; Evy Johanne Haland, 'Rituals of Magical Rainmaking in Modern and Ancient Greece: A Comparative Approach', *Cosmos*, xvii (2001), pp. 197–251, at pp. 205–208.
101 Charles Perry, at www.anissas.com/medieval-virgins-breasts; Mariana Kavroulaki, 'O kourabiedes!', at http://297315322.blog.com.gr.
102 Eleni Stamatopoulou, ed., *Χερσέ βασιλόπιτες και άλλα. Το μικρασιάτικο τραπέζι του δωδεκαημέρου* (Athens, 1998).
103 Haland, 'Rituals of Magical Rain-making', pp. 209–220.
104 Mariana Kavroulaki, 'Bourani: A Celebration of Fertility', at http://297315322.blog.com.gr; Manuela Marin, 'Sobre Buran y buraniyya,' in *al-Qantara*, ii (1981), pp. 193–207; Tor Eigeland, 'The Cuisine of al-Andalus', *Saudi Aramco World* (September 1989).
105 Leake, *Travels in the Morea*, vol. iii, p. 173.
106 Ibid., vol. i, pp. 258–259.
107 Dodwell, *Classical and Topographical Tour*, pp. 173–174.
108 John Thomas, Angela Constantinides Hero, eds, *Byzantine Monastic Foundation Documents* (Washington, dc, 2000), pp. 1701–1709.
109 Ahmad ibn Rustih, *Kitab al-a'lah al-nafisa*, in *Ibn Rustih: Kitab al-a'lak an-nafisa*, ed. M. J. De Goeje (Leiden, 1892).
110 Haland, 'Rituals of Magical Rain-making', p. 221.

注　释

尾声　欢　宴

1. Hesiod, *Works and Days*, in M. L. West, trans., *Hesiod: Theogony and Works and Days* (Oxford, 1999), ll. 582–596.
2. Liutprand of Cremona, *Embassy to Constantinople*, in F. A. Wright, trans., *The Works of Liudprand of Cremona* (London, 1930), ch. 20.
3. Pierre Belon du Mans, *Les Observations de plusieurs singularitez et choses memorables trouvees en Grece, Asie, Judee, Egypte, Arabie et autres pays etranges* (Paris, 1555), Book 1 ch. 48.
4. Cyriac of Ancona, in *Cyriac of Ancona: Later Travels*, ed. and trans. Edward W. Bodnar (Cambridge, ma, 2003), pp. 212–215.
5. Belon, *Observations*, 1.60.
6. George Manwaring, *A True Discourse of Sir Anthony Sherley's Travel into Persia*, in *The Three Brothers: Travels and Adventures of Sir Anthony, Sir Robert and Sir Thomas Sherley in Persia, Russia, Turkey and Spain* (London, 1825), p. 29.
7. Edward Lear, *Cretan Journal*, in *Edward Lear: The Cretan Journal*, ed. Rowena Fowler, 3rd edn (Limni, Evia, 2012), p. 59.
8. Patrick Leigh Fermor, *Roumeli: Travels in Northern Greece* (London, 1966), p. 162.
9. Antoine Des Barres, *L'estat present de l'Archipel* (Paris, 1678), pp. 93–95.
10. William Lithgow, *The Totall Discourse, 1632* (Glasgow, 1906), pp. 92–93.
11. W. M. Leake, *Travels in the Morea* (London, 1830), vol. i, p. 305.
12. Giovanni de' Pigli, in Ilias Anagnostakis et al., *Ancient and Byzantine Cuisine* (Athens, 2013), pp. 169–173.
13. Lear, *Cretan Journal*, p. 43.
14. Belon, *Observations*, 1.47.
15. *Iliad*, in Martin Hammond, trans., *Homer: The Iliad* (Harmondsworth, 1987), Book 9, ll. 202–17.
16. J. L. Myres, in *Homer's Odyssey*, ed. D. B. Monro (Oxford, 1901), vol. ii, p. 39.
17. Leigh Fermor, *Roumeli*, pp. 210–211.
18. *Odyssey*, 14.73–81.

19 Ibid., 14.249–251.
20 Leake, *Travels in the Morea*, vol. i, p. 333.
21 *Odyssey*, 14.56–58, 17.483–487, 14.437–438.
22 Isabel J. Armstrong, *Two Roving Englishwomen in Greece* (London, 1893), p. 251.
23 *Odyssey* 6.303–309, 15.376–379, 5.194–201.
24 Andrew Dalby, *Siren Feasts: A History of Food and Gastronomy in Greece* (London, 1996), pp. 2–11.
25 Athenaios, *Deipnosophistai*, in *Athenaeus; The Learned Banqueter*, ed. and trans. S. Douglas Olson (Cambridge, ma, 2006–12), 644d.
26 Isaios, *On Pyrrhos's Estate*, in *Isaeus*, ed. E. S. Forster (London, 1927), ch. 14.
27 Belon, *Observations*, 1.4.
28 Richard Pococke, *A Description of the East* (London, 1743), vol. ii pt 1, p. 266.
29 Andrew Dalby, *Eleftherios Venizelos: Greece* (London, 2010), p. 54.
30 Des Barres, *Estat present de l'Archipel*, pp. 113–124.
31 Leigh Fermor, *Roumeli*, p. 130 footnote, cf. p. 210. 如今餐厅一般的做法是切开面包，但不完全切断。
32 George Wheler, *A Journey into Greece* (London, 1682), pp. 323–324.
33 *Odyssey*, 3.461–472.
34 Pausanias, *Guide*, in Peter Levi, trans., *Pausanias: Guide to Greece* (Harmondsworth, 1971), Book 8 ch. 42.
35 Nikos Kazantzakis, *Καπετάν Μιχάλης*, in Jonathan Griffin, trans., *Freedom and Death* (Oxford, 1956).
36 Belon, *Observations*, 1.27.

参考文献

延伸阅读

Anagnostakis, Ilias, ed., *Monemvasian Wine-Monovas(i)a-Malvasia* (Athens, 2008)

——, et al., *Ancient and Byzantine Cuisine* (Athens, 2013)

Blamey, Marjorie, and Christopher Grey-Wilson, *Wild Flowers of the Mediterranean* (London, 2004)

Bottema, Sytze, 'The Vegetation History of the Greek Mesolithic', in *The Greek Mesolithic: Problems and Perspectives*, ed. N. Galanidou and C. Perles (Athens, 2003), pp. 22–50

Bozi, Soula, *Καππαδοκία, Ιονία, Πόντος. Γεύσις και παραδόσις* (Athens, 1997)

——, *Μικρασιατική κουζίνα* (Athens, 2005)

——, *Πολιτική κουζίνα* (Athens, 1994)

Brewer, David, *Greece: The Hidden Centuries* (London, 2010)

Brubaker, Leslie, and Kalliroe Linardou, eds, *Eat, Drink, and Be Merry ... Food and Drink in Byzantium: In Honour of Professor A. A. M. Bryer* (Aldershot, 2007)

Campbell, J. K., *Honour, Family and Patronage* (Oxford, 1964)

Dalby, Andrew, *Flavours of Byzantium* (Totnes, 2003)

——, *Food in the Ancient World: From A to Z* (London, 2003)

——, trans., *Geoponika: Farm Work* (Totnes, 2011)

——, *Siren Feasts: A History of Food and Gastronomy in Greece* (London, 1996)

Davidson, Alan, *Mediterranean Seafood*, 2nd edn (Harmondsworth, 1981)

——, and Tom Jaine, eds, *The Oxford Companion to Food*, 2nd edn (Oxford,

2006)

Eideneier, Hans, ed., *Πτωχοπρόδρομος* (Heraklio, 2012)

Fowler, Rowena, ed., *Edward Lear: The Cretan Journal*, 3rd edn (Limni, Evia, 2012)

Gerasimou, Marianna, *Η οθωμανική μαγειρική* (Athens, 2004)

Graham, J. Walter, 'A Banquet Hall at Mycenaean Pylos', *American Journal of Archaeology*, lxxi (1967), pp. 353–360

Grant, Mark, trans., *Dieting for an Emperor: A Translation of Books 1 and 4 of Oribasius' Medical Compilations* (Leiden, 1997)

Halstead, P., and J. C. Barrett, eds, *Food, Cuisine and Society in Prehistoric Greece* (Oxford, 2004)

Hamilakis, Y., and S. Sherratt, 'Feasting and the Consuming Body in Bronze Age Crete and Early Iron Age Cyprus', in *Parallel Lives: Ancient Island Societies in Crete and Cyprus*, ed. G. Cadogan et al. (London, 2012), pp. 187–207

Harvey, David, and Mike Dobson, eds, *Food in Antiquity* (Exeter, 1995)

Hitchcock, L. A., R. Laffineur and J. Crowley, eds, *Dais: The Aegean Feast* (Liège, 2008)

Hort, Arthur, ed. and trans., *Theophrastus: Enquiry into Plants* (London, 1916–26)

Isaakidou, Valasia, 'Cooking in the Labyrinth: Exploring "Cuisine" at Bronze Age Knossos', in *Cooking Up the Past: Food and Culinary Practices in the Neolithic and Bronze Age Aegean*, ed. C. Mee and J. Renard (Oxford, 2007), pp. 5–24

Kochilas, Diane, *The Glorious Foods of Greece* (New York, 2001)

Kremezi, Aglaia, '"Classic" Greek Cuisine: Not So Classic' and 'Tomato: A Latecomer that Changed Greek Flavor', *The Atlantic* (July 2010)

——, *The Foods of the Greek Islands* (New York, 2000)

——, 'Nikolas Tselementes', in *Cooks and Other People: Proceedings of the Oxford Symposium on Food and Cookery, 1995*, ed. Harlan Walker (Totnes, 1996), pp. 162–169

Lambert-Góçs, Miles, *The Wines of Greece* (London, 1990)

Lambraki, Myrsini, *Τα χορτά* (Chania, 1997)

Leigh Fermor, Patrick, *Roumeli: Travels in Northern Greece* (London, 1966)

参考文献

Leontis, Artemis, *Culture and Customs of Greece* (Westport, ct, 2009)
Louis, Diana Farr, *Feasting and Fasting in Crete* (Athens, 2001)
——, and June Marinos, *Prospero's Kitchen: Island Cooking of Greece* (New York, 1995)
Luard, Elisabeth, *European Peasant Cookery* (London, 2007)
Lyons-Makris, Linda, *Greek Gastronomy* (Athens, 2004)
Malmberg, Simon, *Dazzling Dining: Banquets as an Expression of Imperial Legitimacy* (Uppsala, 2003)
Marks, Gil, *Encyclopedia of Jewish Food* (Oxford, 2010)
Matalas, Antonia-Leda, and Mary Yannakoulia, 'Greek Street Food Vending: An Old Habit Turned New', *World Review of Nutrition and Dietetics*, lxxxvi (2000), pp. 1–24
Mee, C., and J. Renard, eds, *Cooking Up the Past: Food and Culinary Practices in the Neolithic and Bronze Age Aegean* (Oxford, 2007)
Megaloudi, Fragkiska, *Plants and Diet in Greece from Neolithic to Classic Periods: The Archaeobotanical Remains* (Oxford, 2006)
Motzias, Christos, *Τι έτρωγαν οι Βυζαντινοί* (Athens, 1998)
Nikitas of the Holy Mountain, *Παραδοσιακές Αγιορειτικές συνταγές* (Thessaloniki, 2013)
Olson, S. Douglas, ed. and trans., *Athenaeus: The Learned Banqueters* (Cambridge, ma, 2006–12)
Palidou, Paraskevi, *Βιβλία μαγειρικής ως πήγες της ιστορίας της διατρόφης στην Ελλάδα*(Athens, 2005)
Pallis, Alexander, *In the Days of the Janissaries: Old Turkish Life as Depicted in the Travel-book of Evliyá Chelebí* (London, 1951)
Papanikola-Bakirtzi, Demetra, *Food and Cooking in Byzantium* (Athens, 2005)
Papoulias, Th., *Τα φαγώσιμα χορτά* (Athens, 2006)
Perry, Charles, 'Trakhanas Revisited', *Petits Propos Culinaires*, 55 (1997), pp. 34–39
Pettifer, James, *The Greeks: The Land and People since the War*, 2nd edn (London, 2012)
Pittas, George, *Kafenia in the Aegean Sea* (Lefkes, Paros, 2012)
Powell, O., trans., *Galen: On the Properties of Foodstuffs* (Cambridge, 2002)

Prekas, Kostas, *Tastes of a House in Syros* (Ermoupolis, Syros, n.d.)
Roden, Claudia, *The Book of Jewish Food* (New York, 1997)
——, *Mediterranean Cookery* (London, 1987; new edn, 2006)
Rouanet-Liesenfelt, A.-M., 'Les Plantes médicinales de Crète à l'époque romaine', *Cretan Studies*, iii (1992), pp. 173–190
Salaman, Rena, *The Cooking of Greece and Turkey* (London, 1987)
——, *Greek Food* (London, 1993)
Sarpaki, Anaya, and Glynis Jones, 'Ancient and Modern Cultivation of *Lathyrus clymenum* L. in the Greek Islands', *Annual of the British School at Athens*, lxxxv (1990), pp. 363–368
Sherrard, Philip, ed., *Edward Lear: The Corfu Years* (Athens, 1988)
Sherratt, Susan, 'Feasting in Homeric Epic', *Hesperia*, lxxiii (2004), pp. 301–37
Simeonova, Liliana, 'In the Depths of Tenth-century Byzantine Ceremonial: The Treatment of Arab Prisoners of War at Imperial Banquets', *Byzantine and Modern Greek Studies*, xxii (1998), pp. 75–104
Skarmoutsos, Dimitris, *64 εδώδιμα* (Athens, 2011)
Spintheropoulou, Charoula, *Οινοποιήσιμες ποικιλίες του Ελληνικού αμπελώνα* (Loutrouvio, Corfu [2000?])
Stamatopoulou, Eleni, ed., *Χερσέ βασιλόπιτες και άλλα. Το μικρασιάτικο τραπέζι του δωδεκαημέρου* (Athens, 1998; 2nd edn, 2002)
Steel, Louise, 'The Social World of Early-middle Bronze Age Cyprus: Rethinking the Vounous Bowl', *Journal of Mediterranean Archaeology*, xxvi (2013), pp. 51–73
Stocker, Sharon R., and Jack L. Davis, 'Animal Sacrifice, Archives, and Feasting at the Palace of Nestor', *Hesperia*, lxxiii (2004), pp. 179–195
Τα αυτοφυή μανιτάρια της Πάρου (Naoussa, Paros, 2011)
Thomas, John, and Angela Constantinides Hero, eds, *Byzantine Monastic Foundation Documents* (Washington, DC, 2000)
Valamoti, Soultana Maria, 'Ground Cereal Food Preparations from Greece: The Prehistory and Modern Survival of Traditional Mediterranean "Fast Foods"', *Archaeological and Anthropological Sciences*, iii (2011), pp. 19–39
Weaver, William Woys, 'The Origins of Trachanás: Evidence from Cyprus and Ancient Texts', *Gastronomica*, ii/1 (Winter 2002), pp. 41–48

参考文献

Wilkins, John, and Shaun Hill, trans., *Archestratus: The Life of Luxury* (Totnes, 1994)

Wright, James C., 'A Survey of Evidence for Feasting in Mycenaean Society', in *The Mycenaean Feast*, ed. J. C. Wright (*Hesperia*, lxxiii, 2004), pp. 133–78

Yotis, Alexander, *Ιστορία μαγειρικής και διατρόφης*, 2nd edn (Athens, 2003)

——, E. Kalosakas, and A. Panagoulis, *Greek Culinary Tradition: The Past Lingers On*, 3rd edn (Athens, 2007)

Zen, Ziggy, *The Ten Unexpected Greeks Just Arrived for Dinner Cookbook* (2001)

Zohary, Daniel, and Maria Hopf, *Domestication of Plants in the Old World: The Origin and Spread of Cultivated Plants in West Asia, Europe and the Nile Valley*, 3rd edn (Oxford, 2001)

网　　站

Kavroulaki, Mariana, 'History of Greek Food', at http://297315322.blog.com.gr

Kochilas, Diane, at www.dianekochilas.com

Kremezi, Aglaia, at www.aglaiakremezi.com

Mamalakis, Ilias, at www.eliasmamalakis.gr

Parliaros, Stelios, at www.steliosparliaros.gr

Sotiropoulos, Sam, at http://greekgourmand.blogspot.com

致　谢

我们在正文、脚注和参考书目中尽量注明了我们从他人处得到的帮助。我们要感谢为我们提供了部分食谱的朋友们：莱夫克斯的克里苏拉、滨海咖啡馆的琳达、普罗德罗莫斯的亚历克西娅、科林比斯雷斯餐厅的马诺利斯、帕罗伊基亚的万格利斯·哈尼奥蒂斯和维也纳的迪特尔与赫迪。特别感谢教给我们大量本都食物知识的泰奥菲洛斯·乔治亚迪斯和埃莱尼·乔治亚杜，马诺利斯·帕诺里奥斯和莱夫克斯的马诺利斯，还有对我们多有帮助的琳达·马克里斯和黛安娜·法尔·路易斯。感谢反应出版社（Reaktion）的玛莎·杰伊、哈里·吉洛尼斯和迈克尔·利曼的帮助和耐心。

最后，我们要感谢分别与两位作者共同生活的莫琳和科斯塔。

照片致谢

作者和出版社希望就以下插图或复制许可的提供方表示感谢。为简洁起见，此处仅列出部分作品的位置。

Archaeological Museum, Thessaloniki: pp. 72, 82; from Isabel J. Armstrong, *Two Roving Englishwomen in Greece* (London, 1893): p. 226; Sebastian Ballard: pp. 10, 11; from Pierre Belon, *Observations de plusieurs singularitez et choses memorables, trouvees en Grece, Asie, Iudee, Egypte, Arabie, et autres Pays Etranges* ... (Paris, 1553): p. 129; Benaki Museum, Athens: p. 264; Bibliotheque Nationale de France, Paris: pp. 52 (Cabinet des Medailles), 129; Bodrum Sualtı Arkeoloji Muzesi, Bodrum, Turkey: p. 61; photo Cobija: p. 146; from William Curtis, illustration for *The Botanical Magazine, or, Flower-garden Displayed* ..., vol. viii (1794): p. 23; photo Ian Dagnall/Alamy Stock Photo: p. 8; photos by, or courtesy of, Andrew Dalby: pp. 121, 238, 264; photos by, or courtesy of, Rachel Dalby: pp. 15, 16, 18, 26, 28 (top), 32, 41, 62, 66, 72, 81, 82, 83, 92, 101, 109, 116, 118, 120, 133, 141, 143, 144, 152, 153, 159, 166, 174, 189, 193, 194, 195, 200, 201, 206, 209, 216, 227, 239, 242 (foot), 247, 251, 255, 257; from Edward Dodwell, *Views in Greece, from Drawings by Edward*

Dodwell, Esq. fsa. &c. (London, 1821): pp. 177, 221; photo Valery Fassiaux: p. 52; Getty Villa, Malibu: pp. 48, 49, 86, 267; from Vasilii Grigorovich-Barskii, *Vtoroe Poseshchenie Sviatoi Afonskoi Gory Vasiliia Grigorovicha- Barskago* [1774] (St Petersburg, 1887): p. 97; photo Martin Henke: p. 127; from the *Illustrated Times*, 19 September 1868: p. 160; photos jps68: pp. 160, 161; photo Karaahmet at English Wikipedia: p. 126; photo Library of Congress, Washington, dc (Prints and Photographs Division): p. 142; photo Мико: p. 188; Musee du Louvre, Paris: pp. 45, 46, 51, 263; Museo Archeologico Nazionale di Napoli: p. 67; National Archaeological Museum, Athens: pp. 28 (foot), 114, 198; photo Marie-Lan Nguyen: p. 67; Osterreichische Nationalbibliothek, Vienna: p. 71; photo Peter Pearsall/u.s. Fish and Wildlife Service: p. 88; photo Peter H. Raven Library, Missouri Botanical Garden, St Louis: p. 23 (courtesy the Biodiversity Heritage Library); Rethymno Archaeological Museum, Rethymno, Crete: p. 17; photo Sailko: p. 71; photos Bibi Saint-Pol, pp. 46, 51; Walters Art Museum, Baltimore: p. 196; photo Zde: p. 17.

Bernard Gagnon has published online the images on pp. 24 and 110 under Creative Commons Attribution-Share Alike 4.0 International, 3.0 Unported, 2.5 Generic, 2.0 Generic and 1.0 Generic licenses; Badseed has published online the image on p. 184, Dietrich Krieger that on p. 35, and Nikater that on p. 205 under Creative Commons Attribution-Share Alike 3.0 Unported, 2.5 Generic, 2.0 Generic and 1.0 Generic licenses; Bogdan Giuşcă has published online the image on p. 164 under a Creative Commons Attribution-

照片致谢

Share Alike 2.5 Generic, 2.0 Generic and 1.0 Generic license; Klaas 'z4us 'v has published online the image on p. 231, and Zde that on p. 202, under a Creative Commons Attribution-Share Alike 4.0 International license; Badseed has published online the image on p. 191, and Gordito1869 p. 105, under a Creative Commons Attribution 3.0 Unported license; Ad Meskens has published online the image on p. 61, Claus Ableiter that on p. 55, CosmoSolomon that on p. 223, Gamluca that on p. 151, Hans Hillewaer that on p. 56; Hmioannou that on p. 155, Ji-Elle that on p. 37, Lazaregagnidze that on p. 39, Lucarelli that on p. 57, pra that on p. 243, Rogi. Official that on p. 270, Saintfevrier that on p. 148, Stefan Thiesen that on p. 93, Tamorlan that on p. 64, and the Walters Art Museum, Baltimore, that on p. 196, under a Creative Commons Attribution-Share Alike 3.0 Unported license; Jastrow has published online the image on p. 263, Marie-Lan Nguyen those on pp. 45, 52 and 60, and Sailko that on p. 114, under a Creative Commons Attribution 2.5 Generic license; Alexandros Kostibas has published online the image on p. 260, and JJ Harrison that on the top of p. 242, under a Creative Commons Attribution-Share Alike 2.5 Generic license; Robert Wallace has published online the image on p. 165, and Vegan Feast Catering that on p. 130, under a Creative Commons Attribution 2.0 Generic license; and Dave & Margie Hill/Kleerup have published online the image on p. 267, and Michal Osmenda that on p. 70, under a Creative Commons Attribution-Share Alike 2.0 Generic license. Readers are free to share — to copy, distribute and transmit these works — or to remix — to adapt these works — under the following conditions: they must attribute the work(s) in the manner specified by the author or licensor (but not in any way that suggests that they endorse you or your use of the work(s)); and if they alter, transform, or build upon the work(s), they may distribute the resulting work(s) only under the same or similar licenses to those listed above.

In addition, gailhampshire, the copyright holder of the image on p. 230, has published this online under conditions imposed by a Creative Commons Attribution 2.0 Generic license, and topsyntarges. gr, the copyright holder of the image on p. 183, has published this online under conditions imposed by a Creative Commons Attribution-Share Alike 2.0 Generic license. Any reader is free to share — to copy and redistribute the material in any medium or format, or to adapt — to remix, transform, and build upon the material, for any purpose, even commercially, under the following conditions: — you must give appropriate credit, provide a link to the license, and indicate if changes were made — you may do so in any reasonable manner, but not in any way that suggests the licensor endorses you or your use; and you may not apply legal terms or technological measures that legally restrict others from doing anything the license permits.

索 引

（索引条目后页码为原书页码，即本书边码。有插图的页码会用*斜体*表示）

absinthe wine 苦艾酒 102
acorn 橡子 14, 25, 30
Aegean 爱琴海 13, 22, 196–203
afelia 阿菲利亚 157
Agapios Landos 阿加皮奥斯·兰多斯 114, 127
agriasparangia 野芦笋 207
Akrotiri 阿克罗蒂里遗迹 20, 22–23, 26, 28
Alexander the Great 亚历山大大帝 38, 42, 137
Alexiadou, Vefa 阿莱克西亚杜，韦法 217
Aliakmon 阿克蒙河 189
Alkman 阿尔克曼 27
allspice 多香果粉 236
almond 杏仁 12, 33
Alpha beer 阿尔法啤酒 179
Alpha restaurant 阿尔法餐厅 162
ambelofasoula 嫩黑眼豆豆荚 *101*
ambergris 龙涎香 113
Ambrakia 安博拉基亚 64
Anafi 阿纳菲 24, 203

Anagnostakis, Ilias 阿纳诺斯塔基斯，伊利亚斯 102
anari 阿纳里奶酪 160
anchovy 鳀鱼 51
Andronikos ii 安德洛尼卡二世 107, 122
Andros 安德罗斯岛 240, 241
angler-fish 鮟鱇鱼 105, *105*
anise 茴芹 12, 26, 251
Annunciation 圣母领报 259
anthotyro 安索提罗奶酪（奶酪之花）210
Apicius 阿皮基乌斯 76, 77
apokries 阿波克里斯（狂欢节）255
apple 苹果 32–34, 172, 254
apricot 杏 38, 78
Arapian 阿拉皮安 149
arbutus 草莓树 230, *231*
Archanes 阿卡尼斯 204, 209
Archestratos 阿切斯特亚图 50, 61–65, 183, 226, 237
Ariousion 阿里乌西翁 84
Aristotle 亚里士多德 38, 68

403

Arkadia 阿卡迪亚 30, 59, 170
Armenia 亚美尼亚 20
Armstrong, Isabel 阿姆斯特朗，伊莎贝尔 218
Artemis 阿耳忒弥斯 30
artichoke 洋蓟 126
Asafoetida 阿魏 53, *53*
asparagus 芦笋 12
ass 驴 12, 94
assyrtiko 阿斯提可 202
Athena 雅典娜 31, 59
Athenaios 阿赛奈奥斯 65, 74-75
Athenaios of Attaleia 安塔利亚的阿赛奈奥斯 73
Athens 雅典 31, 32, 63, 79-80, 176-181, 213, 230, 266
    Central Market 中央市场 176, *177*
Athinaikon restaurant 阿泰纳伊克餐厅 181
Atlantis 亚特兰蒂斯 13
atzem pilaf 羊肉饭 149
aubergine 茄子 41, 94, 140-141, *141*, 234

Baedeker guide 贝德克尔旅行指南 166, 168
Bakaliarakia 巴卡利亚拉基亚 181
bakaliaros 盐腌鳕鱼 170
baklava 巴克拉瓦 *126*, 129
barley 大麦 16, 25, 47, 63
Barskii, Vasilii 巴尔斯基，瓦西里 *97*, 224

bass 鲈鱼 51, 52, 55
Baudier, Michel 博迪耶，米歇尔 134
bean 豆子 222
bear 熊 13
beccafigo 园林莺 203
beef 牛肉 17, 47, 187, 241-243
beer 啤酒 121, 178-179
beetroot 甜菜根 141
Belon, Pierre 贝隆，皮埃尔 55, 115, 126-135, *129*, 141-142, 190, 197-199, 219-221, 223
bitter vetch 苦豌豆 19
blackberry 黑莓 12, 19
black-eyed pea 牛豆 100-101, *101*, 103, 116-117, *118*
bluefish 扁鲹 51
bonito 鲣鱼 51, 64-65
Book of the Eparch《市政官法》95, 109, 111
Bosporus 博斯普鲁斯海峡 16
botargo 灰鲻鱼籽 115, 183-186, *183*, 219
Botsacos, Jim 博萨科斯，吉姆 162
bougatsa 布加萨 190, 193, *193*, 196
bourani 菠菜汤 258
bourdouni 牛血猪肉肠 240
bread 面包 42, 44, *45*, 95, 119, 244, 268
breakfast 早餐 45, 222
bream 欧鳊 *15*, 16, 238
broad bean 蚕豆 17
bulbs (grape-hyacinth, *volvoi*) 球茎

索 引

（葡萄风信子）56, 57-58, 63
bulgur wheat 布格麦 159
butter 黄油 219, 243

cabbage 包菜 49, 112, 155, 225
cakes and pastries 蛋糕和甜点 129, 190, 192, 245, 255-256
camel 骆驼 243
caper 刺山柑 37, *37*, 211, 236
Cappadocia 卡帕多西亚 149, 255
carp 鲤鱼 189
carrot 胡萝卜 12, 78
catfish 鲇鱼 189
caviar 鱼子酱 115, 219, 269
celeriac 块根芹 223
celery 芹菜 27
Chalkis 哈尔基斯 59, 252
Chamois 臆羚 12, 13
chamomili 母菊 207
Chania 干尼亚 34, 210, 236
chard 苔菜 141
cheese 奶酪 18-19, 45, 46, 49, 95-96, 108, *152-153*, 154, 182, 210, 219, 244
cherry 樱桃 33
chestnut 栗子 25, 33
chicken 鸡 36-37, 147
chickpea 鹰嘴豆 17, *194*, 199-200
chicory 菊苣 141, 207
chilli 辣椒 41-42, 127, *195*
Chios 希俄斯岛 29, 60, 84-85, 138, 143, 163, 196-197, 203, 253, 267
Choniates, Niketas 乔尼亚蒂斯，尼基塔斯 111-113

Christopsoma 基督面包 254
Chrysippos of Tyana 蒂亚纳的阿波罗尼乌斯 69
icada 蝉 c58
cinnamon 肉桂 90, 261
citron 香橼 39, 77, 172, *230*
Clauss, Gustav 克洛斯，古斯塔夫 172
Clean Monday 净周一 100, 256
cloves 丁香 89, 261
coffee 咖啡 142, 147, 246, 253
Columbus, Christopher 哥伦布，克里斯托弗 197
Commandaria 卡曼达蕾雅葡萄酒 160, *161*
conditum 五香葡萄酒 102
conger 康吉鳗 51-52
Conistis, Peter 科尼斯蒂斯，彼得 162
Constantinople 君士坦丁堡 17, 64, 94-99, 102, 108-12, 138, 139, 145
Great Palace 大皇宫 96-97, 110
Conviviality 欢宴 262
Cookbooks 食谱 212
coquille Saint-Jacques 圣雅克扇贝 64
rek 珙 120
Corfu 科孚岛 32, 164, 166, 167, 168, 170, 240
coriander 香菜 12, 27, 156
cornel 山茱萸 12
Cos 科斯岛 85
courgette 西葫芦 42

cow *see* beef 奶牛 见牛肉
cowpea 豇豆 58
crab 螃蟹 *143*, 220
crayfish 小龙虾 *67*, 228
Crete 克里特岛 13, 17–19, 81–84, 99, 138, 163, 166, 204–210, 217, 266, 267
Crimea 克里米亚 21, 54, 137
cucumber 黄瓜 198–199, 234
cumin 孜然 28, 156
currant 无籽小粒葡萄 126, 164–165, *165*, 172
cuttlefish 乌贼 51
Cycladia 基克拉迪亚 13
Cyclops 独眼巨人 45
Cyclops cave 独眼巨人洞穴 15
Cyprus 塞浦路斯 138, 155–160, 240, 249
Cyriac of Ancona 安科纳的基里亚克 114, 175, 197, 262

dakos 大麦面包干 132, *133*, 222
dandelion 蒲公英 12, 208
danewort 矮接骨木 12
date 枣 58, *109*, 110
deer 鹿 12, 171
deipnon 餐会 49
Delos 提洛岛 203
Delphi 德尔斐 182, 259
Demeter 得墨忒耳 30, 63, 254, 268
Dieuches 迪尼克斯 37
Dikili Tash 迪基利塔什遗址 20
dill 莳萝 26
Diocletian 戴克里先 76, 101

Diokles 迪奥克勒斯 72
Dionysos 狄俄尼索斯 31
Dionysos restaurant 狄俄尼索斯餐厅 181
Dioskourides 迪奥斯库里德斯 39, 73, 89
Diphilos 狄费洛斯 72, 87
dittany 白鲜 83
Dodecanese 佐泽卡尼索斯群岛 163, 202
Dodwell, Edward 多德韦尔，爱德华 *177*, 219–222, *221*, 224, 259
dolmades, *dolmadakia* 葡萄叶包饭，迷你葡萄叶包饭 92, 94, 128, *148*, 149
drugs 药物 46
duck 鸭 12
Durrell, Lawrence 达雷尔，劳伦斯 16, 166–168, 226–228, 230, 244, 249–250, 253
durum wheat 硬粒小麦 17

Easter 复活节 257–261
eel 鳗鱼 52, 186
egg 鸡蛋 226, 259
Egypt 埃及 27
einkorn 一粒小麦 19
Eleusis 厄琉息斯 30
emmer 二粒小麦 17, 63
Erythrai 埃里斯赛 63
Euboia 埃维亚岛 33, 59
Evliya Celebi 艾弗里雅 98, 119, 139, 248
eye 眼睛 195, 225

索引

Faber, Felix 费伯，费利克斯 173-174, 205, 228
Farr Louis, Diana 法尔·路易斯，黛安娜 217
Farsala 法尔萨拉 187
fasolada 豆汤, *116*, 116-117, *118*
fasting 斋戒 102, 105, 224, 255-260, 264, 268-269
fava Santorinis 桑托林蚕豆 23-24, *23*
fennel 茴香 12, 27
fenugreek 胡卢巴 141
festival 节日 254
feta 菲达奶酪 182, 234, *242*
Fielding, Xan 菲尔丁，赞 210, 222, 227-228, 235-237, 251
fig 无花果 19-20, 32, 78, *92-93*, 168, 171, 174
fish 鱼 12, 16, 50-55, 110, 144, *144*, 189, 236-237
Fix beer 菲克斯啤酒 179-180
flax 亚麻 19, 144
food shops 食品店 149, 152
forks 叉子 106
Fouqué, Ferdinand 富克，费迪南德 22
fox 狐狸 12
Franchthi cave 弗兰克西洞穴 14
francolin 鹧鸪 147
fruit 水果 32-36, 229-232
funeral feast 葬礼餐食 82

gais 拉丝奶酪 *152*-153, 154
galaktoboureko 希腊蛋奶派 *191*

Galata 加拉塔 117-120
galatopita 鲜奶派 190, 192
Galen 盖伦 73, 83, 90
galeos 狗鲨 51, 52
Galland, Antoine 加朗，安托万 119-121, 146, 198, 246
garlic 大蒜 107, 131, 134, 223, 239
garos (fish sauce) 鱼露 54-55, *55*, 106
gazelle 瞪羚 93
Geoponika《农事书》85, 112, 141
Georgia 格鲁吉亚 20
giachnista 炖蔬菜 157
gigantes (lima beans) 棉豆 40, *41*, 42, *194*, 234
ginger 姜 89
ginger beer 姜汁啤酒 168
Giorgiadis, Theofilos and Eleni 乔治亚迪斯，提奥菲勒斯和埃莱尼 152
Gioura 焦拉岛 15
Glaukos 格劳科斯 65
goat, kid 山羊，小山羊 17, 23, 45, 52, 241, 260
gods 众神 30-31, 268
gold-of-pleasure 亚麻荠 19
gooseberry 醋栗 171
gourd 葫芦 234
grape 葡萄 19-21, 32, 230, 268 298
grass pea 家山黧豆 12, 19
graviera 格拉维埃拉奶酪 *243*
Great Lavra monastery 大拉伏拉修道院 97
grey mullet 灰鲻鱼 16, 186

407

grouper 石斑鱼 16
gyros 卷饼 157

hake 鳕鱼 16
Hall of the Nineteen Couches 十九榻厅 96–97
halloumi 哈罗米奶酪 *155*, 159–160
halva 哈尔瓦 119–120, 187, 219
hamades (dry-cured olives) 腌制橄榄干 222–224, *224*
hare 野兔 12, 50, 177–178, 187
haricot bean 菜豆 127
Hasköy 哈什科伊 139
hawthorn 山楂 12
hazelnut 榛子 33
Hegesippos 赫格西波斯 65
hellebore 铁筷子 84
Hellespont (Dardanelles) 达达尼尔海峡 16, 59, 64
Henri d'Andeli 亨利·德安德利 160
Heraklion 伊拉克利翁 228
herbs 草药 81–84, *83*, 177, 182, 204, 223; 另见野菜 *see also* horta
Hermes 赫尔墨斯 63
herring 鲱鱼 94
Hesiod 赫西奥德 46, 188, 262
Hikesios 希克塞奥斯 72
honey 蜂蜜 26, *26*, 81, 82, 176, 181, 203, 210
honeycomb 蜂巢 223, 268
horse-mackerel 竹荚鱼 53
horta (wild greens) 野菜 53, 80, 127–128, 154, 168, 182, 204, 206–209, 236

hosts and guests 主人和客人 *263–264*, 264–266
hyssop 神香草 84

ibex 巨角塔尔羊 12, 13
Ibn Battuta 伊本·巴图塔 109, 122
Ikaria 伊卡里亚岛 217
Iliad《伊利亚特》264
imam bayıldı 香倒伊玛目 140, *141*, 162
India 印度 36, 39, 42, 87
Ionia 伊奥尼亚 145–146
Ionian islands 伊奥尼亚群岛 163–170
Ios 伊奥斯 203
Ithake 伊萨卡 164, 166, 168
Iviron monastery 依维龙修道院 *223*, 225

John viii Palaiologos 约翰八世 123, 263
Jones, Glynis 琼斯，格莉妮丝 23
jujube 枣 210
juniper berries 杜松子 171

kafkalithres 地中海鹿草 204
Kalamata 卡拉马塔 174–175
kalfa 卡尔法莱 200, *200*
Kalydon 卡吕冬 31, 182–183
Kalymnos 卡利姆诺斯 203
Karpathos 卡尔帕索斯岛 24, 202–203, 261
Kasos 卡索斯岛 203
Kastanas 卡斯塔纳斯 27

索 引

kavourmas 油封肉 241
Kavroulaki, Mariana 卡夫鲁拉基，玛丽安娜 217
Kea 凯阿岛 217
keftedes 希腊肉丸 149, 157, 240
Kephallenia 凯法利尼亚岛 164–170
kid *see* goat 小山羊 见山羊
Kissamos 基萨默斯 209
Kitto, H. D. F. 基托，H. D. F. 179–180, 202, 227–228, 246
kiwi 猕猴桃 42
Klithi 克利希 14
Knapweed 矢车菊 206, *206*
Knossos 科诺索斯 17, 18
Kochilas, Diane 科奇拉斯，黛安娜 217
Kokoretsi 烤羊杂卷 *257, 260*, 260
Kos 科斯岛 *61*, 69, 70
koulouri 面包圈 119, *120*, 245
kourabiedes 杏仁黄油饼干 254
Kozani 科扎尼 240
krater 调酒器 49, 263
kreatini 肉食周 255
Kremezi, Aglaia 克雷米兹，阿格拉娅 217
Kryoneri 克里奥内里 189
kumiss 霉乳酒 122
kykeon 大麦饮 46, *46*
Kyrene 昔兰尼 *52, 54*, 59, 136
Kythera 基西拉岛 176, 244
Kythnos 基斯诺斯 203

lagana 拉加纳面包 256

lagoto 炖兔肉 180
lakerda 盐渍鱼肉 *16*
lamb 羔羊 225, 228, 239, *257*, 260; 另见羊肉 see also mutton
  intestines 肠 259–260, *260*
Lambert-Gócs, Miles 兰伯特-戈奇，米莱斯 167, 188 299
lampropsomo 复活节面包 259
Lazarou, Lefteris 拉扎鲁，莱夫泰里斯 213
Leake, W. M. 利克，W. M. 43, 98–99, 131, 173–176, 183–188, 191–192, 222, 233–234, 243–244, 259
Lear, Edward 利尔，爱德华 168, 222, 231
leek 韭菜 141, 234
Leigh Fermor, Patrick 利·弗莫尔，帕特里克 119, 163, 177, 194, 203, 227, 239
Lemnos 利姆诺斯岛 198, 244, 269
lemon 柠檬 39–40, 204, 210
lentil 小扁豆 12, 17, 19, *194*, 222, 229
lentisk 乳香黄连木 29
Lesbos 莱斯沃斯岛 43, 60, 63, 84–85, 135, 163, 197–198
lettuce 生菜 78
Leukas 费洛克赛诺斯 167, 243
liasto 葡萄干酒 188
liatiko 里亚提克 205, 209
lima beans *see gigantes* 利马豆 见棉豆
Linear B B类线形文字 25–26
lion 狮子 13

Lithgow, William 利思戈，威廉 197, 202, 249, 263
Liutprand 柳特普兰德 94, 98, 106-107, 113, 262
Livadia 利瓦迪亚 223
Livanos, Nick 利瓦诺斯，尼克 162
liver 肝 78-79, 228
lobster 龙虾 *143*, 228
London 伦敦 162
loukaniko 希腊香肠 76-77, 158, 187
lountsa 腌猪里脊 158-159, *159*
lupin 羽扇豆 12
Lydia 吕底亚 67
Lynkeus 吕刻乌斯 50, 68-69

Macedonia 马其顿 19, 189, 195, 240, 243
mackerel 鲭鱼 16
magiritsa 羊杂汤 260
mahalepi 白布丁 160
mahimahi (dolphinfish) 鲯鳅 *198*
maize 玉米 43
Makris, Linda 马克里斯，琳达 217
mallow 锦葵 92
malmsey 马姆齐葡萄酒 99-101, 173, 205, 209, 228
Mamalakis, Ilias 马马拉基斯，伊利亚斯 217
Mani peninsula 马尼半岛 43, 175-176, 222, 240-241, 265
Manuel ii Palaiologos 曼努埃尔二世帕里奥洛格斯 123
marides (smelt) 胡瓜鱼 *144*

mastic 洋乳香 23, 29, *196*, 196-197, 253
masticha liqueur 乳香酒 102
Mavrodaphne 黑月桂酒 172, 202
meat 肉 16-17, 49-50, 218-219, 225, 236, *239*, 243, 260, 264-265
Megaspelio monastery 大岩洞修道院 225
Melanes 梅拉内斯 232
melipasto 梅里帕斯托奶酪 244
melon 瓜 36, 113, 168
Melos 米洛斯岛 15, 202
men and women 男人和女人 266-267, 267
Menander 米南德 266
Mende 芒德 60
Mesolongi 迈索隆吉 182, 263
Messenia 麦西尼亚 173
Meteora 迈泰奥拉 225
mezedes 小吃 226, 236, 241, 252
milk 牛奶 18, 45, 47, 190, 243
millet 小米 145
Milos restaurant 米罗斯餐厅 162
Minoans 米诺斯人 *17*, 21-22, *28*, *198*
mint 薄荷 154, 156-157
Miran 米栏熟食店 *239*
Mithaikos 米泰科斯 65
mithridateion 米特里达梯解毒剂 89
Modon 莫东 135, 173
Molyvos 莫利沃斯餐厅 162
monastery food 修道院食物 *97*, 108, 222-225, 265, 268
Monemvasia 莫奈姆瓦夏 175

Montreal 蒙特利尔 162
moray 海鳗 16
Mount Athos 圣山 220, 223, 262
Mount Hymettos 伊米托斯山 26, 80, 82, 181, 269
moussaka 穆萨卡 170, 212–216, *216*
moustalevria 希腊葡萄布丁 250
mulberry 桑叶 51
muscat 麝香葡萄 98–99, 146, 198, 205, 209
mushroom 蘑菇 88, 203
mustard 芥菜 26
mutton, sheep 羊肉, 羊 17, 44–45, 49, 176, 187, 190, 192
Mycenaeans 迈锡尼 21–22
Mykonos 米科诺斯岛 240
myroni 欧亚针果芹 208
Myrtos 米尔托斯遗迹 19, 25
myzithra 米泽拉乳清奶酪 95, 154, *242*, 244

Nafplio 纳夫普利奥 175
Naoussa 纳乌萨 189, 240
nard 甘松 261
Naxos 纳克索斯岛 *109*, 232, 235
Neanderthals 尼安德特人 13
Nemea 奈迈阿 175
Neolithic revolution 新石器时代革命 17
nettle 荨麻 154, 208
New York 纽约 162
Nonnius, Ludovicus 诺尼乌斯, 卢多维克斯 115, 183

nutmeg 肉豆蔻 89
oats 燕麦 12, 16
octopus 章鱼 49, 66, *66–67*, 229, 236
Odyssey《奥德赛》22, 32, 44–46, 82, 167–168, 265–266
olive oil 橄榄油 19, *24*, 110, 166, 175, 186, 210, 245
olives 橄榄 *18*, *164–165*, *174*, 222–224, *224*, 245, 254
Olympia 奥林匹亚 *226*, 228
onion 洋葱 46, 107, 134, 154
orach 榆钱菠菜 141
orange 橙子 39–40, 94, 172–173, 204, 210, 235, 240
oregano 牛至 51
Oreibasios 奥里巴修斯 90–91
ouzo 希腊茴香酒 102, 187, 197–198, 203, 236, 251–252, *251*
oyster 牡蛎 64, 139

paprika 红辣椒粉 134, 170
Parliaros, Stelios 帕里亚罗斯, 斯泰利奥斯 217
Paros 帕罗斯岛 47, *202*, 203, 240
parsley 欧芹 124, 234
partridge 山鹑 147, 177
pasta 面食 154–155, 160
pastitsada 茄汁肉酱面 170
pastitsio 烤肉酱面 157
pasturma 烟熏肉 93, 134, 149, 158, 243
Patras 帕特雷 170–173

Paul of Aigina 艾金纳的保罗 91
Pausanias 保塞尼亚斯 30, 268
Paxamos 帕克萨摩斯 69–70
paximadia 大麦面包干 70, 95, 133, 135, 146, 222, 245
pea 豌豆 17, 104
peach 桃 38, 78, 168
pear 梨 12, 32–34, 199
Pegolotti, Francesco 佩戈洛季, 弗朗切斯科 99, 110
Peloponnese 伯罗奔尼撒半岛 170–176
pepper 胡椒 42, 87
perch 鲈 189
Pero Tafur 佩罗·塔富尔 102, 111
Persephone 珀耳塞福涅 30
Peskias, Christoforos 佩斯基亚斯, 克里斯托弗罗斯 217
petimezi 石榴糖浆（或葡萄糖浆）*127*, 129, 145, 155, 252
petromaroulo 野莴苣 *206*, 208
Peza 佩扎 84, 204, 209
Phigalia 菲加利亚 268
Philoxenos 费洛克赛诺斯 67–68
Phygela 费吉拉 108
picnic 野餐 45, *48*
pig *see* pork 猪 见猪肉
pigeon 鸽子 12
pikralida 野菊苣 207
pine nut 松子 171
Piraeus 比雷埃夫斯 213
piroski 皮罗什基 154
pistachio 开心果 38–39

Platanias 普拉塔尼亚斯 231
Plato 柏拉图 65
plum 梅子 12, 34, 78
Pluto 普鲁托 30
Pococke, Richard 波科克, 理查德 146, 197–198, 210, 231, 266
polysporitissa 种子节 254
pomegranate 石榴 32, 34, 254
Pontos 本都 33, 137, 138, 149, 152–155
poppy 罂粟 26–27
pork, pig 猪肉, 猪 16, 17, 110, 173, 241, 265
Porto delle Quaglie 鹌鹑港 176, 222
Poseidon 波塞冬 30
potato 土豆 43, 160, 235
Prekas, Kostas 普雷卡斯, 科斯塔斯 227
Preveza 普雷韦扎 186
prickly pear 仙人掌果 42, 175
Prodromic Poems《普罗德罗莫斯诗集》90, 102, 105
Psellos, Michael 普塞洛斯, 迈克尔 91
Psilakis, Michael 普西拉基斯, 迈克尔 162
purslane 马齿苋 124–125
Pylos 皮洛斯 25

quail 鹌鹑 175–176
quince 榅桲 34–36, *35*, 77, 210

rabbit 兔子 178–180
radikia 菊苣 206

索引

Ragian 拉吉亚斯美食 *152–153*, 152–154, 196
raki 拉克酒 145, 219, 222, 250–251
Randolph, Bernard 伦道夫，伯纳德 171, 177
Rascasse 岩鱼 16
ray 魟 52
red mullet 红鲻鱼 *15*, 51
red sanders 檀香紫檀 113
Renfrew, Colin 伦弗鲁，科林 24
restaurants 餐厅 162, 181, *202*, 213, 226–228, 268
Rethymno 雷西姆诺 205, *205*, 209–210, 262
retsina 松香葡萄酒 60, 106, 172–173, 177–178
revithada 鹰嘴豆 199, 201, *201*
Rhodes 罗得岛 69, 138, 163
rhubarb 大黄 142
rice 米 42–43, 97, 145
robola 罗柏拉葡萄 250
rocket 芝麻菜 223
rose 玫瑰 12
rosemary 迷迭香 114, 201
rue 芸香 141
rye 黑麦 171

saffron 番红花 26, 28, *28*, 90, 240
Sage 鼠尾草 12
St Lucy cherry 圣露西樱桃 160
salad 沙拉 103, 124–125, 177, 229, 232–235, 264
salepi 兰茎饮 143, 196, *247*, 248

Salona 萨罗纳 220–221
Samos 萨摩斯岛 59, 69, 198
Santorini 桑托林岛 21–26, 202, 241
Sarakatsani 萨拉卡察尼人 194
Saranda 萨兰达 183
Sarantis, Nikolaos 萨兰蒂斯，尼古劳斯 12
sargue 萨尔格鱼 61
Sarpaki, Anaya 萨尔帕基，安纳亚 23
sausage 香肠 76–77, 157–159, *159*, 187, *239*, 240–241
savory 香薄荷 12, 240
scallops 扇贝 64, *64*
scurvy-grass 岩荠 *71*
sea-squirt 海鞘 223, 236
sea-urchin 海胆 236
seftalia 塞浦路斯香肠 156–157
sesame 芝麻 27, 130
sheep *see* mutton, lamb 羊 见羊肉，羔羊
shellfish 贝类 12, 15, 63, 102, 236
Sherbet 果子露 142, 147
shrimp 虾 12
Siatista 锡阿蒂斯塔 187–188
Sicily 西西里岛 45, 59, 62, 136
Silenos 西勒诺斯 60
silphion 罗盘草 *52*, 53, *54*, 59, 62
Simeon Seth 西米恩·塞思 91, 94, 112
Siphnos 锡弗诺斯岛 163, 203, 212
Sitagri 西塔格里 21
Siteia 锡蒂亚 209–210

skaltsounia 核桃月牙面包 212
skordalia 大蒜土豆蘸酱 229
Skyros 斯基罗斯 59
small fry 小鱼 51
smoked meat 熏肉 241
Smyrna 士麦那 119–121, 138, *146*, 146–148
snail 蜗牛 12, 16, 79–81, *81*, 222
sofrito 酱汁煎肉 169–170
soumada 希腊杏仁糖浆 160
soup 汤 37, 105, 112, 135, 154, 170, 228
soutzouk 苏茨克 243
soutzoukakia 希腊烤肉丸 149–151, *151*, 228, 240
souvlakia 希腊烤串 158
Sparta 斯巴达 38, 47, 59, 171, 175
Spata 斯帕塔 177, 178
spetsofai 辣椒香肠 *184*, 184–187
spiced wine 香料酒 100–101, 261
spices 香料 26, 42, *83*, 85–90, 109–110, 177
Spiliadis, Costas 斯皮里阿迪斯，科斯塔斯 162
spinach 菠菜 127, 235, 256, 258
spleen 脾脏 52
spoon sweets 糖渍蜜饯 252–253, 268
sprouting broccoli 西蓝花芽 141
squid 鱿鱼 51
squill 棉枣儿属 90
squirrel 松鼠 12
stakovoutyro 乳脂 210
stamnagathi 刺菊苣 204
strapatsada 希腊炒蛋 124

strawberry 草莓 171
street food 街头小吃 111–112, 120, *142*, 245, *270*
Strymon 斯特赖蒙河 189–190
sucking-pig 乳猪 229, 265
sugar 糖 89, 119, 144, 268
sultanas 小粒无籽葡萄干 210
sumach 盐肤木果 29, *29*
swordfish 旗鱼 139
Sydney 悉尼 162
symposion 会饮 48, *49*, 69
Syracuse 锡拉库萨 67
Syros 锡罗斯岛 *62*, 203, 212, *227*, 240–241

tahini 芝麻酱 256
tamarind 罗望子 142
tan 稀酸奶 153–154
taramasalata 希腊鱼子酱 116, 118
tarragon 龙蒿 113
taverns 酒馆 110–111, *110*, 119, 135, 145, 229
tea 茶 246
tench 丁鲅 189
Tenedos 特尼多斯岛 119, 198
terebinth 大西洋黄连木 14, 29, 39
terroir 独特地方风味 59
Thasos 萨索斯 60, *60*
Theodore of Sykeon 西凯翁的圣西奥多 107
Theophrastos 提奥弗拉斯特 72, 82, 85, 87
Therasia 锡拉西亚岛 22

索 引

Thermi 特米 21, 27
Thessaloniki 塞萨洛尼基 113, 148, 163, 186, *194*, 195-196, 248
Thessaly 色萨利 63, 81, 187
Thrace 色雷斯 19, 82, 194-195, 240-241
thyme 百里香 12
Tinos 蒂诺斯岛 240-241
tomato 西红柿 41-42, 202, 235
trachanas 谷物奶饼 135, 159
transhumance 季节性迁移放牧 189, 192
Triglia 特里格利亚 119
Trikkala 特里卡拉 240
tripe 牛肚 143, 187
Triptolemos 特里普托勒摩斯 30
trout 鳟鱼 189, 192
Tsakonia 察科尼亚 164, 175, 227
Tselementes, Nikolaos 特雷门特斯, 尼古劳斯 203, 212, 213
Tsikoudia 齐库迪亚酒 250, 251
tsipouro 齐普罗酒 154, 241, 250, 258
tsoureki 希腊复活节面包 259
tuna 金枪鱼 16, 52, 55, 65
turnip 芜菁 58
turtle-dove 斑鸠 203
tylichtaria 锦葵叶包饭 92
Tyrnavos 蒂尔纳沃斯 187, 256
tyrofagou 食奶酪 255
tzatziki 黄瓜酸奶酱 128, *130*, 131

Valamoti, Tania 瓦拉莫蒂, 塔尼亚 19
Varoulko restaurant 瓦鲁尔科餐厅 217
Vasilopita 巴西勒蛋糕 255, *255*, 258
Vatopedi monastery 瓦托佩迪修道院 *121*, 238
Venice 威尼斯 164, 166
Vernon, Francis 弗农, 弗朗西斯 170, 172, 182
vetch 野豌豆 12
vin santo 圣酒 202
Vlachs 弗拉赫人 186, 191-195
vlita (blite) 凹头苋 204, 208
Volo 沃洛斯 217
vrouves (mustard greens) 芥菜叶 142, 204, 208

walnut 核桃 33
Warren, Peter 沃伦, 彼得 25
water 水 147, 245-246
watercress 水田芥 259
watermelon 西瓜 36, 234
Wheler, George 惠勒, 乔治 117, 139, 164-168, 172, 181, 222-225, 252
wild boar 野猪 72, *114*, 114
wild greens *see horta* 野生蔬菜, 见野菜
William of Rubruck 威廉·鲁布鲁克 97
Wine 葡萄酒
  archaeology and mythology 考古学与神话 19-21, 25, 31, 82
  culture 文化 47-49, 69, 82, 105,

415

121, 196, 204, 225, 248–249
names and origins 名字和起源 60–61, 84–85, 97–100, 119, 146–147, 167–168, 172–173, 187–188, 208
vintage 收获葡萄酿酒 *86, 160*
woodcock 丘鹬 147
wrasse 隆头鱼 51, 237

Xenokrates 克赛诺克拉底 236

Xenophanes 克赛诺芬尼 48
xynomavro 黑喜诺 *188*, 189

yoghurt 酸奶 130–131, 153, 228, 244
ypovrikio (submarine) 潜水艇 253

Zakynthos 扎金索斯岛 164–168
zivania 果渣白兰地 160
zochos 无刺苦菜 206, 209